"十四五"时期国家重点出版物出版专项规划项目

智慧养殖系列

U0272129

引领奶山羊养殖业数智化转型

——高寒地区奶山羊智能养殖管理与生物饲料开发

◎ 安晓萍　王　园　王步钰　著

中国农业科学技术出版社

图书在版编目（CIP）数据

引领奶山羊养殖业数智化转型：高寒地区奶山羊智
能养殖管理与生物饲料开发/安晓萍，王园，王步钰著. --
北京：中国农业科学技术出版社，2025.2
　　ISBN 978-7-5116-6784-7

　　Ⅰ.①引… Ⅱ.①安… ②王… ③王… Ⅲ.①奶山羊
—饲养管理 Ⅳ.①S827.9

　　中国国家版本馆CIP数据核字（2024）第078757号

责任编辑　施睿佳　姚　欢
责任校对　王　彦
责任印制　姜义伟　王思文

出 版 者　中国农业科学技术出版社
　　　　　北京市中关村南大街 12 号　　邮编：100081
电　　话　（010）82106631（编辑室）　　（010）82106624（发行部）
　　　　　（010）82109709（读者服务部）
网　　址　https://castp.caas.cn
经 销 者　各地新华书店
印 刷 者　北京建宏印刷有限公司
开　　本　185 mm×260 mm　1/16
印　　张　25.25
字　　数　570 千字
版　　次　2025 年 2 月第 1 版　　2025 年 2 月第 1 次印刷
定　　价　78.00 元

《引领奶山羊养殖业数智化转型
——高寒地区奶山羊智能养殖管理与生物饲料开发》
著作委员会

主　著：安晓萍　王　园　王步钰

副主著：刘　娜　木其尔

参　著：段卫军　范晓黎

团队介绍

前　　言

　　奶山羊是我国重要的畜牧业品种之一，奶山羊产业是我国奶业的重要组成部分，在促进乡村振兴经济发展、养殖户增收和优质畜产品供给等方面起着重要作用。近年来，随着国民对奶山羊产业的认识与市场需求增加，奶山羊产业向规模化、集约化、标准化、现代化方向发展，物联网、大数据、人工智能等智能养殖新技术不断融入，生物饲料等绿色健康营养调控技术不断使用，现代化的特征不断凸显，产业持续强劲发展。

　　为了适应奶山羊产业现代化发展，笔者团队针对当下现状，编写了《引领奶山羊养殖业数智化转型——高寒地区奶山羊智能养殖管理与生物饲料开发》。本书共分为3个篇章：第一篇概述了奶山羊产业现状与发展趋势；第二篇主要介绍了高寒地区奶山羊智能化管理，包括高寒地区奶山羊场实景数据管理和奶山羊智能化养殖两个章节；第三篇介绍了奶山羊生物饲料的开发及品质评价，包括生物饲料图像数据收集与数据集的建立和分析、生物饲料的开发及智能化评定两个章节。本书以真实奶山羊生产为基础，系统而全面地介绍了奶山羊智能养殖和生物饲料相关技术、应用与实践，具有较强的针对性、操作性及实用性。

　　本书既可以作为新农科背景下的高等农林院校和高职高专院校智慧牧业科学与工程等专业的畜牧相关专业教材，也可用于现代化羊场基础培训资料，帮助从业人员和相关研究人员对奶山羊智能养殖和生物饲料相关技术的概念与应用加深理解，对促进奶山羊产业的发展具有重要作用。

　　全书共分3篇5章，第一章由内蒙古农业大学安晓萍教授所著，第二章由内蒙古农业大学王步钰教授所著，第三章由内蒙古农业大学王园教授所著，第四章由内蒙古农业大学刘娜博士所著，第五章由内蒙古农业大学木其尔讲师所著，参著的还有段卫军（内蒙古农业大学）、范晓黎（内蒙古自治区环境监测总站呼和浩特分站）。

著　者

2024年10月

目　　录

第一篇　奶山羊产业现状与发展趋势

第一章　绪　论···3

1.1　世界奶山羊产业现状　·······································3

1.2　中国奶山羊产业现状　·······································4

1.3　存在的问题　···5

1.4　奶山羊产业的发展趋势　···································5

第二篇　高寒地区奶山羊智能化管理

第二章　高寒地区奶山羊场实景数据管理····················9

2.1　用户数据管理　···9

2.2　基础数据管理　···10

2.2.1　羊场管理　···10

2.2.2　圈舍管理　···11

2.2.3　设备管理　···12

2.3　实景监控　···14

2.4　历史数据　···15

2.4.1　历史视频数据查看　·····························15

2.4.2　历史环境数据查看　·····························15

2.4.3　数据分享　···16

第三章　奶山羊智能化养殖····································17

3.1　奶山羊智能化养殖各模块功能介绍　···············17

3.1.1　首页　··17

3.1.2　养殖管理　···18

　　3.1.3　提醒预警 ……………………………………………………… 27

　　3.1.4　物料管理 ……………………………………………………… 33

　　3.1.5　疾病防疫 ……………………………………………………… 35

3.2　采食管理系统精准饲喂 ………………………………………………… 38

　　3.2.1　TMR设备管理 ………………………………………………… 39

　　3.2.2　日粮管理 ……………………………………………………… 40

　　3.2.3　任务预览 ……………………………………………………… 44

　　3.2.4　采食行为识别 ………………………………………………… 45

　　3.2.5　数据采集与存储 ……………………………………………… 46

　　3.2.6　数据分析与统计 ……………………………………………… 46

　　3.2.7　行为趋势分析 ………………………………………………… 47

3.3　移动端智慧化养殖 ……………………………………………………… 47

　　3.3.1　系统登录 ……………………………………………………… 47

　　3.3.2　提醒预警 ……………………………………………………… 48

　　3.3.3　养殖 …………………………………………………………… 53

第三篇　奶山羊生物饲料的开发及品质评价

第四章　生物饲料图像数据收集与数据集的建立和分析 …………………… 63

4.1　生物饲料数据集建立 …………………………………………………… 63

　　4.1.1　生物饲料数据采集装置 ……………………………………… 63

　　4.1.2　生物饲料图像采集和数据集构建 …………………………… 63

4.2　生物饲料图像特征 ……………………………………………………… 64

　　4.2.1　颜色特征 ……………………………………………………… 64

　　4.2.2　生物饲料RGB图像数据 ……………………………………… 64

　　4.2.3　生物饲料HSV图像数据 ……………………………………… 64

　　4.2.4　RGB图像与HSV图像的关联与转换 ………………………… 64

　　4.2.5　生物饲料灰度图像数据 ……………………………………… 65

　　4.2.6　生物饲料纹理特征图像数据 ………………………………… 65

第五章　生物饲料的开发及智能化评定 ……………………………………… 66

5.1　饼粕类生物饲料的开发及智能化评定 ………………………………… 66

　　5.1.1　饼粕饲料发酵过程实时监测 ………………………………… 66

　　5.1.2　饼粕类发酵饲料产品图像数据集构建及图像特征 ………… 69

　　5.1.3　发酵豆粕图像数据 …………………………………………… 71

5.2 　糠麸类生物饲料的开发及智能化评定　⋯⋯⋯⋯⋯⋯⋯⋯⋯⋯　116

　5.2.1　糠麸类生物饲料品质数字化管理　⋯⋯⋯⋯⋯⋯⋯⋯⋯　117

　5.2.2　糠麸类生物饲料产品图像数据集构建及图像特征　⋯⋯⋯　123

5.3 　玉米副产物类生物饲料的开发及智能化评定　⋯⋯⋯⋯⋯⋯⋯　192

5.4 　中草药类生物饲料的开发及智能化评定　⋯⋯⋯⋯⋯⋯⋯⋯⋯　198

　5.4.1　固态发酵饲料品质智能评定系统　⋯⋯⋯⋯⋯⋯⋯⋯⋯　198

　5.4.2　产品图像数据集构建及图像特征　⋯⋯⋯⋯⋯⋯⋯⋯⋯　201

第一篇

奶山羊产业现状与发展趋势

第一章 绪 论

奶山羊是指以生产羊奶为主要经济用途的山羊品种，经过人类不断精心选育形成的专门化奶用家畜，也被称为"小奶牛"。我国是最早利用羊奶和认知羊奶医学功效的国家之一。羊奶属温性食品，有暖胃、补肾、润心肺、治消瘦、疗虚劳、益精气等多种功效，自古被视为极佳的营养补品而记载于古代医典中。羊奶独有的保健功效使其消费市场快速扩大，促使我国奶山羊产业从传统散养模式转向集约化、标准化、现代化、产业化模式发展。此外，奶山羊具有个体小、耗能少、成本低、抗病强、繁殖快、产奶多（按每千克体重计算）、乳质优、可舍饲可放牧等养殖优势。因此，奶山羊产业正逐渐成为我国畜牧产业中最具发展潜力、最具活力的产业之一。

1.1 世界奶山羊产业现状

奶山羊是从山羊中选育分化出来的产奶量高的山羊品种。18世纪后期，瑞士、英国、法国等欧洲国家出现了山羊选育协作组织，加快了专门化山羊品种的培育步伐，在世界范围内形成了具有区域经济特征、体现民族特色的初级山羊生产体系，并由此推动了山羊品种类型的形成。19世纪后期，萨能、吐根堡等奶山羊品种被引入世界各地。目前，全世界共有60多个著名的奶山羊品种，主要分布在欧洲，以瑞士的萨能、吐根堡，法国的阿尔卑斯及北非的努比亚等奶山羊品种为代表。

随着人们经济水平的提高和食物偏好的改变，全球奶山羊养殖规模持续扩大。据联合国粮食及农业组织（FAO）数据统计，2018年全球奶山羊存栏约2.16亿只，其中亚洲奶山羊存栏比例最大，约为53%，且印度奶山羊存栏3 683万只，居世界第一。在奶山羊只均年产奶量方面，世界排名前十位的均为欧洲国家，其中比利时以奶山羊只均年产奶量1 209.50 kg居世界首位。欧洲国家奶山羊单产水平高与其先进的饲养管理技术和奶山羊品种选育密切相关选育。20世纪以前，国外奶山羊良种主要是通过体型外貌来进行选育。20世纪初，一些育种专家开始利用生产数据进行奶山羊选种。1986年，美国率先使用BLUP（最佳线性无偏预测）法进行奶山羊育种，选种的准确性提高，羊奶的产量、乳脂量、乳脂率均大幅提高，育种进展速度明显提升。2013年以后，在常规BLUP遗传评估基础上，利用高通量测序手段，应用全基因组选择技术如育种芯片的研发加强奶山羊育种工作，使选种的准确性进一步提高。目前，多国的奶山羊育种公司已开始应用全基因组选择技术，大批量选育良种奶山羊。同时在互联网、大数据、人工智能等大时代背景下，基于跨学科、多技术交叉体系，未来应用分子育种技术选育奶山羊的力度以及准确性会进一步增强。

在欧洲，先进的奶山羊饲养管理技术体现在多个方面，这些技术不仅提高了产奶效率和质量，还确保了高水平的动物福利和环境可持续性。欧洲广泛采用的先进奶山羊饲养管理技术如下。

精准畜牧业技术：使用传感器和监控系统跟踪个体动物的健康、生产性能和福利状态。这些技术使农场主能够实时监控每只奶山羊的行为和生理状况，及时识别疾病和生产问题。奶山羊是从山羊中选育分化出来的产奶量高的山羊品种。

自动化饲喂系统：这些系统能够根据每只奶山羊的具体需要自动调整饲料类型和数量，从而提高饲料效率和生产效率。自动化饲喂还有助于减少浪费，确保动物获得均衡的营养。

环控系统：先进的通风和调温系统确保养殖环境的舒适度，有助于提高动物福利和生产性能。通过控制环境参数（如温度、湿度和空气质量），农场主可以创造出最适合奶山羊生长和产奶的环境。

健康管理和预防医学：通过定期的健康检查、疫苗接种计划和定制的寄生虫控制策略，欧洲的奶山羊养殖业注重预防而非治疗疾病。这种方法不仅提高了动物的健康和福利，还减少了对抗生素的依赖。

法国是世界上最早建立奶山羊育种体系的国家，具有完备的体型外貌评定系统和非常成熟的育种权重模型：奶山羊产奶表现=IPC（基因遗传）+IMC（外貌指数）+Cell（体细胞指数）+生产管理效应+母畜体况，同时积累了大量后裔测定记录。

1.2　中国奶山羊产业现状

中国奶山羊产业起步相对较晚。20世纪初期，西方传教士在中国传教过程中，把萨能奶山羊引入中国，逐渐带动中国奶山羊产业的发展。20世纪30年代，中国的科研工作者开始对引入国内的萨能奶山羊群体加强培育，经过多年的不懈努力和精心选育，育成了"西农萨能奶山羊"等知名品种。20世纪80年代初，国务院提出成立全国奶山羊发展领导小组，在西北农林科技大学组建成立全国第一个奶山羊研究室。至此，中国奶山羊产业进入了快速发展时期。

奶山羊产业是我国奶业发展的重要组成部分。自1970年以来，我国奶山羊在数量和产能上都实现了快速增长。除陕西、山东两大主产区外，内蒙古、云南、安徽、黑龙江、河南、贵州等省区奶山羊存栏量也逐年增加。但我国奶山羊存栏量根据数据来源不同差异巨大，目前尚没有准确数据。FAO数据统计，2022年我国奶山羊存栏量约125万只，山羊奶产量约23万t。陕西省2020年统计年鉴上2019年陕西省奶山羊存栏量为131.9万只，山羊奶产量49.98万t。2017年山东省奶山羊存栏量132.45万只，山羊奶产量约19.07万t。据统计，陕西和山东两省奶山羊总存栏量和山羊奶总产量分别占全国的57.41%和57.1%。2018年罗军等根据主产区调研情况测算，认为我国2018年奶山羊存栏量约为1 400万只，山羊奶总产量约为200万t。据国家统计局2023年我国奶类产量为4 197万t，山羊奶产量占比约4.8%，成为继牛奶后我国第二大奶类。近年来，我国奶山羊产业发展迅速，经历了生产方式的快速转变，羊乳制品的产量和质量持续提升，并且市场份额不断增长。国家对奶山羊产业发展越加重视。2018年国务院办公厅印发了《关于推进奶业振兴保障乳品质量安全的意见》，明确提出积极发展奶山羊生产，进一步丰富奶源结构。继而农业农村部、国家发展改革委等9部门联合印发的《关于进一步促进奶业振兴的若干意见》，针对国家奶山羊产业，明确提出了支持核心育种场的建设，并积极开发羊奶等特色乳制品，为未来产业发展指明了明确的方向和发展路径。各地相继出台了一系列支持奶山羊产业发展的政策措施，以推动该产业的长远发展和增强其竞争力，其中陕西省提出了"培育千亿级奶山羊全产业链""构建陕西关中奶山羊产业集群"，着力创响"陕西羊乳"品牌，建成国内一流、世界领先的奶山羊优势特色产业集群示范区，夯实"陕西羊乳世界级产业地位"，为乡村振兴提供产业支撑。内蒙古自治区人民政府办公厅印发了《奶业振兴三年行动方案（2020—2022年）》，方案中明确了开展奶羊引进品种的本土化培育、中西部地区鼓励发展奶羊养殖，存栏达到50万只，以及开发羊奶等特色奶制品等工作目标，把奶山羊产业列入重点支持范围。

当前，我国最优秀的奶山羊品种是西农萨能奶山羊，各地以此为基础培育形成了4个知名的奶山羊品种，分别是关中奶山羊、崂山奶山羊、文登奶山羊和雅安奶山羊。国内一些院校和科研单位利用全基因组关联分析、基因组、表观基因组学和转录组测序等多组学技术，解析了一批高产奶、高繁殖率和抗病等重要性状的遗传基础，为奶山羊的品种培育提供了理论基础。此外，羊只体征识别与管理软件系统、大数据分析和云端平台介入，为奶山羊选育提供了更加便捷的途径。

1.3 存在的问题

传统的奶山羊养殖大多数采用家庭农户分散养殖模式，养殖模式存在饲养管理不精细、养殖环境不符合标准、养殖风险较大等问题。尽管中国在奶山羊表型自动化、智能化测定以及云端化管理等技术研发方面已走到国际前列，但是仍存在精准程度低和实际应用程度低的问题。

1.4 奶山羊产业的发展趋势

近年来随着政策的支撑，奶山羊产业迎来了空前利好的发展前景，正从传统养殖模式快速向现代化、集约化、标准化、多样化的质量效益型适度规模经营模式转变。整体上行业发展形势良好，但仍然面临许多困难，主要表现在基础设施、操作规范和管理制度等方面，制约了我国奶山羊产业高质量快速发展。随着传感器、移动通信和物联网技术的发展并运用在畜牧中，一定程度上弥补了牧场管理方面的不足。以物联网、云计算、大数据及人工智能为代表的新一轮信息技术革命推动畜牧养殖向知识型、技术型、现代化的智慧畜牧养殖转变，利用智能化技术优势已成为驱动畜牧业快速发展的重要因素。

我国应不断吸取国外尤其是欧洲奶山羊产业发展的经验教训，在引进国外优良奶山羊品种的同时，健全本土奶山羊良种繁育，强化疫病和群发普通病防控能力，推进标准化精准养殖，加强乳品质量安全源头和过程监管，培育壮大羊乳品加工企业，把奶山羊产业作为推进奶业供给侧结构性改革的重要突破点，推动奶山羊产业发展壮大，真正实现"牛羊并举"。

第二篇

高寒地区奶山羊智能化管理

第二章 高寒地区奶山羊场实景数据管理

高寒地区奶山羊场实景数据管理包括基于实景监控设备、环境监控设备的实时数据查看、查询及存储的管理，分为结构化数据和非结构化数据。可实时查看查询羊场不同圈舍的设备采集数据和实景监控视频，并可调取查看历史羊场圈舍的环境大数据。同时可按照时间维度将羊场的视频数据及环境数据存储起来，为后续的性能分析提供数据。对奶山羊场从养殖环境、设备、生产过程及奶山羊个体生物特征进行数字化表征，实现智能生产监管决策。

2.1 用户数据管理

用户管理包括角色管理和管理员管理。管理员登录到管理后台，可进行用户配置，按照提示进行用户新增，设置信息包括羊场信息、角色信息、数量信息，角色身份可设置为采购部、主管、内勤等，如图2-1所示。建好管理员账号后，可通过登录名及密码进行登录，登录后可通过后台页面来进行数据查看，数据主要包括员工ID、登录名、用户名、手机号、创建时间、角色、场、状态、操作，管理员还可进行编辑、拉黑、重设密码及删除信息操作（图2-2）。

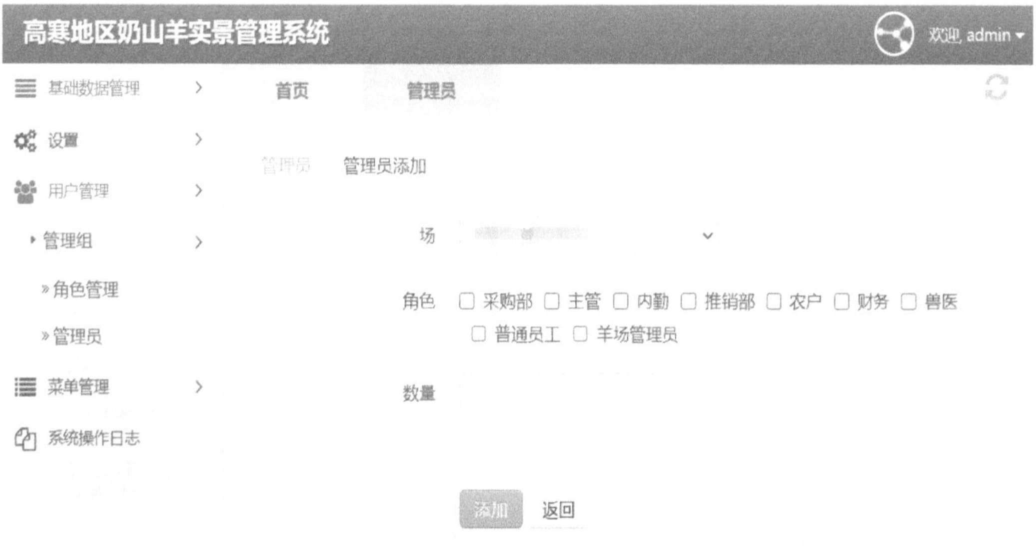

图2-1 用户添加管理

图2-2　用户查看管理

2.2　基础数据管理

基础数据管理主要包括羊场管理、圈舍管理及设备管理三部分内容。

2.2.1　羊场管理

登录账号后，点击"基础数据管理"中"羊场管理"选项（图2-3）。当有新羊场需要添加时，点击"添加"按钮，填写羊场编号、羊场名称及羊场地址后，即可添加新的羊场（图2-4）。可根据羊场编号、名称及地址来筛选羊场，并可进行编辑及删除操作。

图2-3　羊场管理

图2-4　添加羊场信息

2.2.2　圈舍管理

添加完羊场后，需要根据羊场的实际情况添加羊场的羊舍信息。点击"基础数据管理"下的"圈舍管理"选项，可以看到已添加的羊舍信息；可根据羊场、圈舍名称来进行羊舍筛选；可以编辑、删除已有的羊舍；可以管理已有的羊舍下的栏位（图2-5）。点击"添加"按钮后，会弹出添加圈舍信息对话框，按照对话框的提示填写所属场及圈舍名称后，点击"添加"按钮即可添加新的圈舍（图2-6）。

图2-5　圈舍管理

图2-6　添加圈舍

2.2.3　设备管理

登录到后台管理系统后，点击"基础数据管理"中的"设备管理"选项，即可进入设备管理页面，设备类型分为环境设备和视频设备两种。可根据设备编号、设备名称来筛选搜索设备，并可查看设备所属场、所属圈舍及其IP地址，管理员可进行编辑及删除操作（图2-7）。

图2-7　设备管理

　　点击"添加环境设备"，弹出如图2-8所示对话框，填写所属场、所属圈舍、设备名称及IP地址，在选择好设备功能后点击"添加"按钮即可添加新的环境设备。

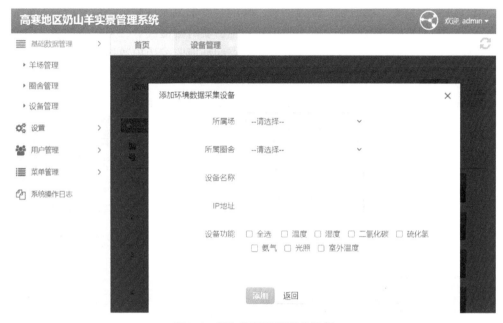

图2-8　添加环境数据采集设备

　　点击"添加视频设备"，弹出如图2-9所示对话框，填写所属场、所属圈舍、内网播放IP、通道等信息后点击"保存"按钮即可添加新的视频设备。

图2-9　添加摄像头设备

2.3 实景监控

管理员在后台将羊场信息、圈舍信息、环境设备信息及视频设备信息配置好后，就可通过点击圈舍名称查看对应舍的实时视频数据、实时温湿度、二氧化碳浓度、氨气浓度、硫化氢浓度、甲烷浓度及光照信息，并可查询环境监控历史数据（图2-10）。

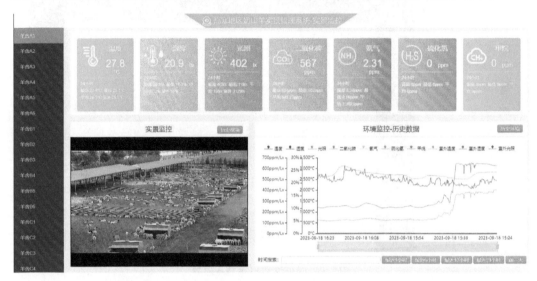

图2-10　实景监控

环境监控的历史数据查看如图2-11所示：可以显示温度感应、湿度感应、光照感应、二氧化碳、硫化氢、氨气的读数，按照24 h内、48 h内、本月、上月、最近50组数据等条件来画出对应读数的曲线。同时还支持使用时间搜索的方式来搜索具体的时间段所对应的数值。

图2-11　历史视频文件夹查看

2.4　历史数据

2.4.1　历史视频数据查看

视频实景数据按照日期、IP地址等规则存储在服务器中，通过点击相应的文件夹（例如：2023-08-18）寻找要查看的视频文件，进入到视频文件夹中即可看到相应的视频文件（图2-12）。

图2-12　历史视频文件列表

点击具体的视频即可弹出，如图2-13所示的视频播放页面，可以对相应的视频进行查看，该视频播放还可以进行暂停、播放、调整播放速度等操作，方便视频的查看。

图2-13　历史视频播放

2.4.2　历史环境数据查看

点击"环境实景"即可查看历史的环境，可选择羊场、羊舍来进行筛选要查看的环境数据，还可以指定时间段来查看具体时间段的环境数据。

环境数据还可以分享给平台内部来进行访问使用，也可以提供API接口给外部程序使用，让环境数据得到更高效的利用。历史环境数据查看如图2-14所示。

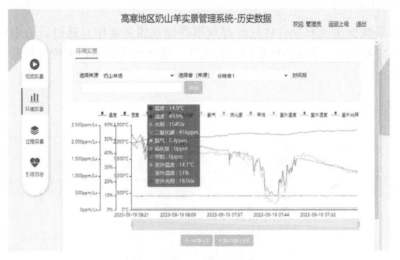

图2-14　历史环境数据查看

2.4.3　数据分享

图2-15显示了平台内部分享和外部API接口分享的分享记录，当用户要进行分享时，点击相应的分享按钮，那么对应的在"我的分享"中就会出现一条相关的信息，可以在"我的分享"中点击对应分享数据的"打开"选项，打开分享的数据进行查看，也可以复制分享的链接来快速地分享给其他用户，当分享结束时可以点击"取消分享"按钮来取消分享。

图2-15　数据分享管理

第三章 奶山羊智能化养殖

奶山羊智能化养殖主要通过智能化技术和数据分析系统实现对奶山羊养殖过程的监控和优化，帮助养殖场提高产量、降低成本，并保障羊只健康和养殖效益。其具备羊只档案管理、饲料管理、繁育管理、疫苗管理等功能，提供智能预警和提醒，实现对重要事件和异常情况的监测和预警，同时支持物料管理和疾病防疫措施，确保养殖场的正常运行和羊只的健康状态。

3.1 奶山羊智能化养殖各模块功能介绍

3.1.1 首页

首页包括养殖管理、提醒预警、物料管理、疾病防疫模块（图3-1）。通过四大模块结合多种流程和标准，对不同环节的信息和业务进行管理，使养殖人员在养殖过程中更加方便，在养殖管理上更加规范，同时也使养殖场更加信息化、规模化、现代化。

图3-1 首页

3.1.2 养殖管理

养殖管理主要功能包括：种羊管理、调群管理、新养殖管理、采精管理、配种管理、分娩管理、淘汰管理、死亡管理、体尺测定、销售管理等，通过操作这些功能可记录每只羊从进场到调群、采精、配种、分娩、淘汰、死亡、体尺测定、销售每一个环节的信息。

进入"种羊管理"页面，点击"羊资料卡"页面可通过搜索羊所属舍，也可以通过搜索羊耳号查看羊基本信息（主要包括羊品种、所属场、所属舍等）、羊系谱、分娩性能、配种情况、断奶数据、离群数据、疾病记录、转舍转栏等信息（图3-2）。

图3-2 羊资料卡

进入"羊只信息"页面（图3-3），可通过羊所属舍和羊耳号搜索查看编号、羊品种、羊耳号、毛色、出生日期、入场方式、入场日期、入场分类、羊公母、羊场、羊舍、栏和状态。可对羊只信息进行编辑及删除。

调群管理有添加、打印、批量导入、导出、删除功能，进入"调群管理"页面可查看调群羊的耳号、原圈舍、原栏位、新圈舍、新栏位、转群时间及操作人等详细信息，点击"添加"功能可以添加调群羊信息，点击"删除"可以删除调群羊信息，点击"打印"功能可以打印调群羊信息，点击"批量导入"功能下载导入模板进行上传可导入调群信息（图3-4）。

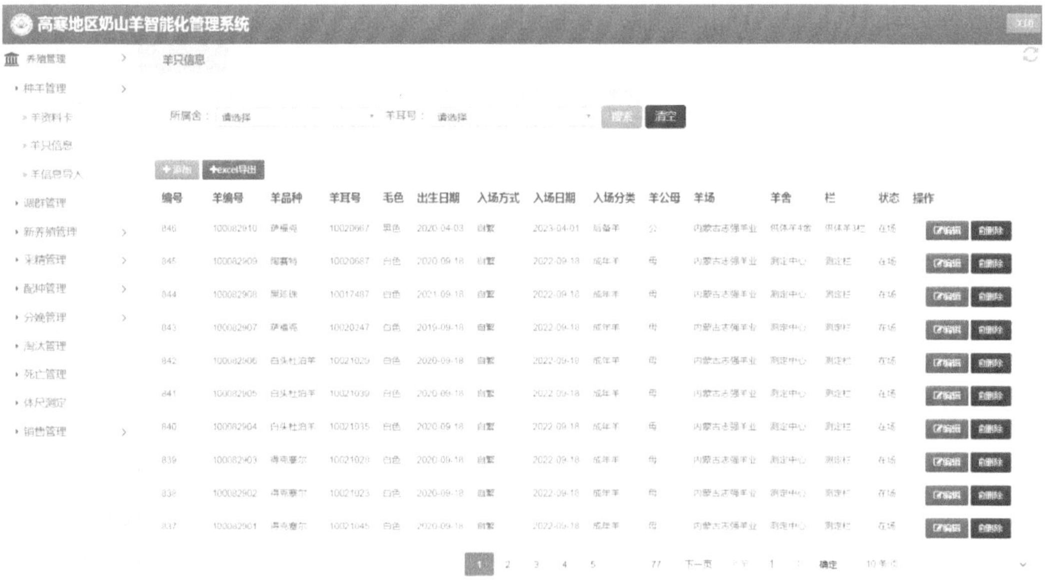

图3-3 羊只信息

图3-4 调群管理

进入"杂交羊进场管理"页面可通过羊所属舍和入场时间来查看入场羊的编号、舍、数量、入场日期以及批次，点击"添加"功能可添加杂交羊进场信息，点击"编辑"功能可修改杂交羊进场信息，点击"删除"功能可以删除杂交羊进场信息（图3-5）。

图3-5　杂交羊进场管理

进入"妊检管理"页面可通过羊耳号和妊检时间搜索来查看羊耳号、妊检时间、妊检方法、妊检结果、操作人以及操作时间等信息，点击"添加"功能选择耳号、妊检日期、妊检方法、妊检结果可添加妊检记录，点击"删除"功能可删除对应的妊检记录（图3-6）。

图3-6　妊检管理

奶山羊的配种主要有自然交配、人工辅助自然交配和人工授精3种方法，目前规模化养殖场采用人工授精。人工授精是指用输精设备把公羊的精液输入发情母羊的子宫颈口或子宫颈深部。这种方法能克服地理距离、时间环境和经济费用等限制因素，并能充分发挥优秀种公羊的优势。

进入配种方案页面可查看种羊耳号、主选公羊、主选公羊毛色、体高、体长、育种值、近交系数等信息，通过"生成配种方案"功能可新增配种方案，通过"删除"功能可删除配种方案记录（图3-7）。

图3-7　生成配种方案

进入"近交系数计算"页面可查看羊耳号、出生日期、进场日期、公羊毛色信息，点击"计算"功能选择母羊耳号可计算出近交系数比较小的公羊（图3-8）。

图3-8　近交系数计算

进入"配种记录"页面可查看配种母羊的耳号、配种日期、操作时间、配种次数、公羊耳号、配种时间、配种类型、配种人员等信息，点击"添加"功能选择羊耳号与配种日期可新增配种记录，点击"添加配种信息"选择公羊耳号、配种日期、配种类型可完成配种，点击"删除"功能可删除配种信息（图3-9）。

图3-9　配种记录

进入"妊检记录"页面可通过羊耳号与妊检时间查看妊检羊耳号、妊检时间、妊检方法、妊检结果、操作人及操作时间等信息，点击"添加"功能选择羊耳号、妊检时间、妊检方法、妊检结果即可新增妊检记录，点击"删除"功能可删除妊检记录（图3-10）。

图3-10　妊检记录

母羊妊娠期间还会出现流产现象。主要流产原因：①由布鲁氏菌病、羊流产衣原体病、弓形虫病、羊链球菌病、小反刍兽疫等传染性疾病造成的流产；②由普通疾病造成内分泌紊乱导致流产；③摄入有毒有害物质造成的流产，包括发霉变质饲料、有毒牧草；④由于饲养管理不当造成的流产，包括饲养密度过大、饲槽不足、圈舍卫生差、免疫程序不科学。

进入"流产记录"页面可通过羊耳号、流产时间搜索查看流产羊耳号、流产时间、流产原因及操作人等信息，点击"添加"功能选择羊耳号、流产时间以及流产原因即可新增流产记录，点击"删除"功能可删除流产记录（图3-11）。

图3-11　流产记录

进入"分娩记录"页面可通过羊耳号、分娩状态以及分娩时间搜索查看分娩羊耳号、分娩状态、分娩时间、产羔数量、存活数量、母羔数量、弱羔数量及操作人等信息，点击"添加"功能选择羊耳号、分娩时间、产羔数量、存活数量、母羔数量、弱羔数量即可新增分娩记录，点击"编辑"功能可在未完成分娩之前对分娩记录进行修改，点击"结束分娩"功能即可完成分娩记录，点击"删除"功能可删除分娩记录（图3-12）。

图3-12　分娩记录

进入"去势记录"页面可通过羊耳号、去势时间搜索查看去势羊耳号、去势时间、去势方法、操作人等信息。点击"添加"功能选择羊耳号、去势时间、去势方法即可新增去势记录，点击"编辑"功能即可修改去势记录，点击"删除"功能即可删除去势记录（图3-13）。

图3-13　去势记录

进入"断奶记录"页面可通过羊耳号、断奶时间搜索查看断奶羊耳号、断奶时间、断奶重量、操作人等信息，点击"添加"功能选择羊耳号、断奶时间、断奶重量即可新增断奶记录，点击"删除"功能即可删除断奶记录（图3-14）。

图3-14　断奶记录

进入"淘汰管理"页面可通过羊耳号、淘汰时间搜索查看淘汰羊耳号、淘汰时间、淘汰原因、体重及操作人等信息，点击"添加"功能选择羊耳号、淘汰时间、淘汰原因、体重即可新增淘汰记录，点击"编辑"功能可对淘汰记录进行修改，点击"删除"功能即可删除淘汰记录（图3-15）。

图3-15　淘汰管理

进入"死亡管理"页面可通过羊耳号、死亡时间搜索查看死亡羊耳号、死亡时间、死亡原因、体重、操作人等信息，点击"添加"功能选择羊耳号、死亡时间、死亡原因、体重即可新增死亡记录，点击"编辑"功能可对死亡记录进行修改，点击"删除"功能可删除死亡记录（图3-16）。

图3-16　死亡管理

　　进入"体尺测定"页面可通过羊耳号、测定方式、测定日期搜索查看羊耳号、测定日期、体长、体高、体温、体重、可见光图像、AI识别图像、热成像图像、原始热成像、灰度图1、灰度图2以及测定人等信息，通过"添加"功能可新增体尺测定信息，点击"编辑"功能可修改体尺测定信息，点击"删除"功能可删除体尺测定信息（图3-17）。

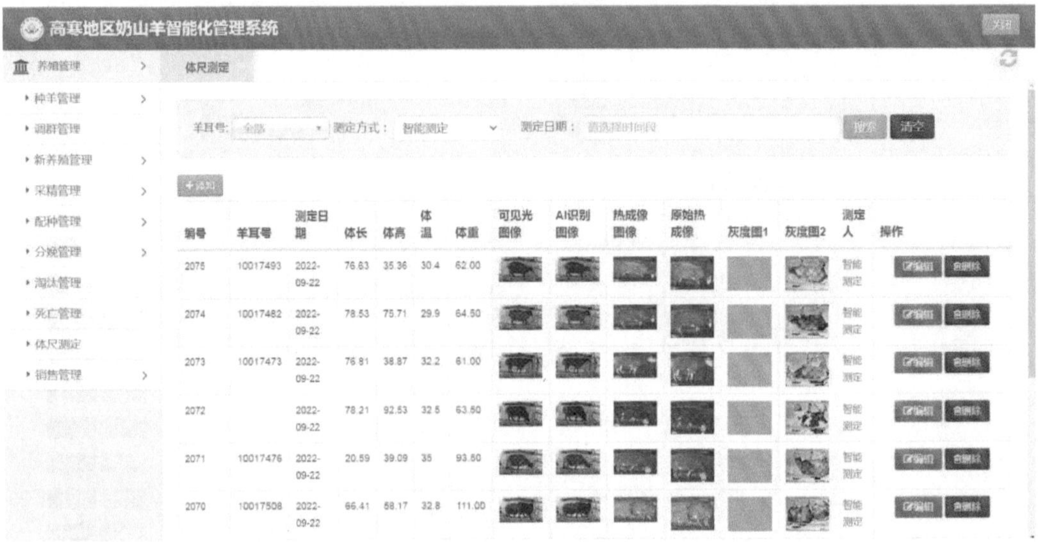

图3-17　体尺测定

　　进入"种羊销售"页面可通过所属舍、客户、销售日期搜索查看客户类型、客户联系人、客户电话、耳号、舍、栏、重量、价格、销售日期、销售人等信息，点击"添加"功能可新增种羊销售记录，点击"删除"功能可删除种羊销售记录（图3-18）。

图3-18　种羊销售

进入"杂交羊销售"页面可通过所属舍、客户、销售日期搜索查看客户类型、客户联系人、客户电话、舍、数量、总重量、总价格、销售日期、销售人等信息，点击"添加"功能可新增杂交羊销售记录，点击"删除"功能可删除杂交羊销售记录（图3-19）。

图3-19 杂交羊销售

进入"客户管理"页面可通过客户名称搜索查看客户名称、联系人名称、联系电话等信息，点击"添加"功能输入客户名称、联系人名称、联系电话即可新增客户记录，点击"编辑"功能可修改客户信息，点击"删除"功能可删除客户信息（图3-20）。

图3-20 客户管理

3.1.3 提醒预警

进入"羊只参数管理"页面可查看提醒名称、提醒天数、提前天数、预警名称、预警天数、预警提前天数等详细信息，点击"编辑"功能填写预警名称、提醒天数、提前天数即可新增预警信息（图3-21）。

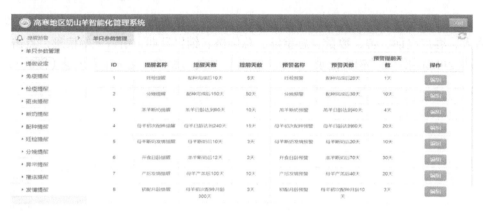

图3-21　羊只参数管理

进入"提醒设定"页面，可查看免疫提醒、检疫提醒、驱虫提醒下的名称、羊类别、方式、周期、药物、药物剂量、预警时间、创建时间等详细信息，点击"编辑"功能可对免疫提醒信息进行修改，点击"删除"功能即可删除免疫提醒信息（图3-22）。

图3-22　提醒设定

进入"免疫提醒"页面，可查看免疫提醒、免疫预警下羊名称、耳号、羊类别、当前舍、周期、方式、药物、免疫日期等详细信息（图3-23）。

图3-23　免疫提醒

进入"检疫提醒"页面，可查看检疫提醒、检疫预警下羊名称、耳号、羊类别、当前舍、周期、方式、药物、检疫时间等详细信息（图3-24）。

图3-24　检疫提醒

进入"驱虫提醒"页面，可查看驱虫提醒、驱虫预警下羊名称、耳号、羊类别、当前舍、周期、方式、药物、驱虫日期等详细信息（图3-25）。

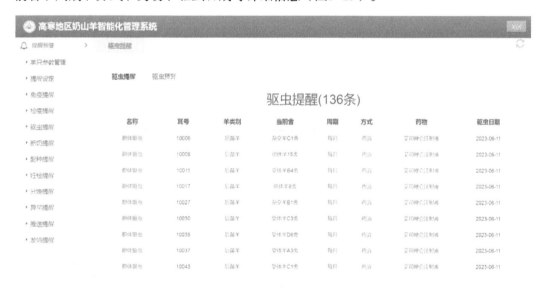

图3-25　驱虫提醒

进入"断奶提醒"页面，可通过羊耳号、时间搜索查看断奶提醒、断奶预警下编号、类型、耳号、断奶时间、分娩时间等详细信息（图3-26）。

图3-26 断奶提醒

进入"配种提醒"页面，可通过羊耳号、时间搜索查看配种提醒、配种预警下编号、类型、耳号、发情时间、配种时间等详细信息（图3-27）。

图3-27 配种提醒

进入"妊检提醒"页面，可通过羊耳号、时间搜索查看妊检提醒、妊检预警下编号、类型、耳号、妊检时间、配种时间等详细信息（图3-28）。

图3-28 妊检提醒

进入"分娩提醒"页面，可通过羊耳号、时间搜索查看分娩提醒、分娩预警下编号、类型、耳号、分娩时间、预计发情时间等详细信息（图3-29）。

图3-29 分娩提醒

进入"推送提醒"页面，可通过类型、时间搜索查看推送提醒下编号、类型、内容、时间、接收人等详细信息（图3-30）。

图3-30 推送提醒

　　识别发情迹象对于及时配种非常关键。奶山羊常见发情迹象包括：尾巴摇动、神情不安、食欲减退、时常叫唤、外阴部肿胀、透明状的牵缕性黏液分泌物增多以及对其他奶山羊有爬跨行为等。为了便于生产管理和提高奶山羊的发情配种率，规模化奶山羊场通常采用种公羊试情诱导和性激素药物诱导等措施诱导发情。

　　进入"发情提醒"页面，可通过羊耳号、时间搜索查看发情提醒、发情预警下编号、类型、耳号、分娩时间、预计发情时间等详细信息（图3-31）。

图3-31 发情提醒

3.1.4 物料管理

进入"物资分类"页面，可通过类型名称搜索查看编号、类型名称（图3-32）。

图3-32 物资分类

进入"物资管理"页面，可通过物资类型、物资名称、物资编号搜索查看编号、物资类型、物资名称、单位、物资编号、价格等详细信息，点击"编辑"功能可以对物资记录进行修改，点击"删除"功能即可删除物资记录（图3-33）。

图3-33 物资管理

　　进入"物资入库"页面，可通过仓库、物资名称、入库时间搜索查看编号、仓库、物资名称、单位、数量、操作人、入库时间等详细信息，点击"编辑"功能可对物资入库记录进行编辑，点击"删除"功能即可删除物资入库记录（图3-34）。

图3-34　物资入库

　　进入"物资出库"页面，可通过仓库、物资名称、出库时间搜索查看编号、仓库、物资名称、单位、数量、操作人、出库时间等详细信息，点击"编辑"功能可对物资出库记录进行编辑，点击"删除"功能即可删除物资出库记录（图3-35）。

图3-35　物资出库

　　进入"物资盘点"页面，可通过仓库、物资类型、物资名称搜索查看编号、仓库、物资类型、物资名称、单位、数量等详细信息（图3-36）。

图3-36　物资盘点

3.1.5　疾病防疫

　　进入"疾病分类"页面，可通过疾病分类、疾病名称搜索查看编号、分类、疾病名称等详细信息，点击"添加"功能选择疾病类型、输入疾病名称即可新增疾病分类，点击"编辑"功能可对疾病分类进行修改，点击"删除"功能即可删除疾病分类（图3-37）。

图3-37　疾病分类

进入"疾病记录"页面，可通过羊耳号、疾病时间搜索查看编号、圈舍、耳号、疾病名称、发病时间、疾病详细名称、体温、心跳、呼吸、主要症状、病因、处置、兽医姓名等详细信息，点击"添加"功能即可新增疾病，点击"编辑"功能即可对疾病信息进行修改，点击"删除"功能即可删除疾病记录信息（图3-38）。

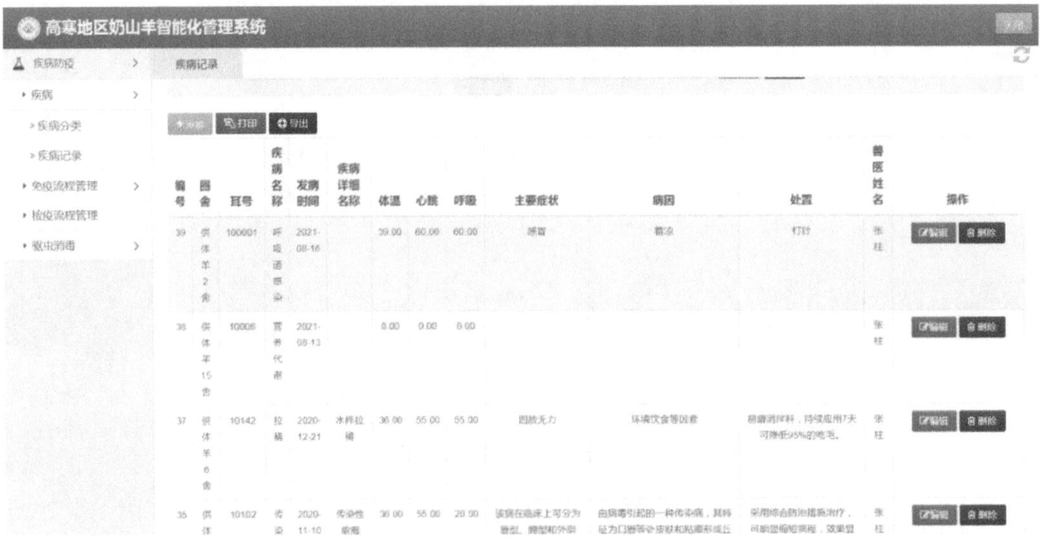

图3-38　疾病记录

进入"免疫计划"页面，可通过免疫名称搜索查看编号、免疫名称、疫苗名称、使用剂量、免疫周期、时间等详细信息，点击"添加"功能即可新增免疫计划，点击"编辑"功能可以对免疫计划进行修改，点击"删除"功能可删除免疫计划（图3-39）。

图3-39　免疫计划

进入"免疫羊只"页面，可通过羊耳号、免疫时间搜索查看编号、所属羊舍、羊耳号、免疫时间、免疫计划名称、疫苗名称、使用剂量、免疫方法、操作人等详细信息，点击"添加"功能即可新增免疫信息，点击"删除"功能即可删除免疫信息（图3-40）。

图3-40　免疫羊只

进入"检疫流程管理"页面，可通过羊耳号、检疫时间搜索查看编号、所属羊舍、羊耳号、检疫时间、检疫计划名称、疫苗名称、使用剂量、检疫方法、操作人等详细信息，点击"添加"功能即可新增检疫信息，点击"删除"功能即可删除检疫信息（图3-41）。

图3-41　检疫流程管理

进入"驱虫记录"页面，可通过羊耳号、驱虫时间搜索查看编号、所属羊舍、羊耳号、驱虫时间、驱虫名称、驱虫方法、药品、兽医姓名等详细信息，点击"添加"功能即可新增驱虫记录，点击"删除"即可删除驱虫记录（图3-42）。

图3-42　驱虫记录

进入"消毒方案管理"页面，可通过所属舍、消毒时间搜索查看编号、羊舍、消毒时间、药品、相关人姓名等详细信息，点击"添加"功能即可新增消毒信息，点击"编辑"功能即可对消毒信息进行修改，点击"删除"功能就可以删除消毒信息（图3-43）。

图3-43　消毒方案管理

3.2　采食管理系统精准饲喂

采食管理系统是一种提高养殖场对羊精准饲喂管理效率，优化生产流程的系统。该系统涵盖多个功能模块，包括TMR设备管理、日粮管理、任务预览、采食行为识别、数据采集与存储、数据分析与统计、行为趋势分析等，管理各项任务、记录和分析数据，为系统提供实时的数据分析和决策支持，从而帮助养殖场对羊精准饲喂提高效率、降低风险，并优化生产结构。

3.2.1　TMR设备管理

进入"TMR设备管理"页面，可通过TMR编号、所属场搜索查看TMR编号、所属场、添加时间、状态等信息（图3-44）。

图3-44　TMR设备管理

点击"添加"功能输入TMR编号，选择所属场、状态，即可新增设备记录（图3-45）。

图3-45　添加设备

点击"编辑"功能进入修改设备信息窗口，输入TMR编号，选择所属场、状态，即可对TMR设备信息进行修改（图3-46）。

图3-46　修改设备信息

在"TMR设备管理"页面点击"删除"功能,再点击"确定"按键即可删除TMR设备管理信息(图3-47)。

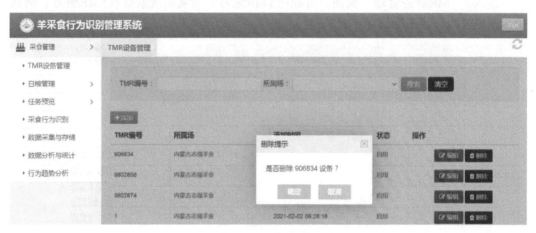

图3-47 删除设备

3.2.2 日粮管理

6月龄以下奶山羊日粮配方如表3-1所示,6月龄以上奶山羊日粮配方如表3-2所示。

表3-1 6月龄以下奶山羊日粮配方

日粮组成	含量(%)
玉米青贮	20.60
苜蓿干草	39.90
玉米	20.90
麸皮	10.70
豆粕	5.90
石粉	0.30
磷酸氢钙	0.30
食盐	1.30
预混料	0.10
合计	100.00

注:预混料为每千克日粮提供维生素A 1 750 IU,维生素D3 3 500 IU,维生素E 43 mg,维生素B_5 25.74 mg,硒1.00 mg,锌92.5 mg,碘1.25 mg,钴0.72 mg,锰31 mg,铜30 mg。

表3-2 6月龄以上奶山羊日粮配方

日粮组成	含量（%）
玉米青贮	24.00
苜蓿干草	16.00
玉米	35.50
麸皮	6.00
豆粕	12.50
菜籽粕	4.20
磷酸氢钙	0.60
食盐	0.60
预混料	0.60
合计	100.00

注：预混料为每千克日粮提供维生素A 1 750 IU，维生素D3 3 500 IU，维生素E 43 mg，维生素B_5 25.74 mg，硒1.00 mg，锌92.5 mg，碘1.25 mg，钴0.72 mg，锰31 mg，铜30 mg。

进入"配方管理"页面，可通过配方名称搜索查看编号、配方名称、配制人、状态、配方价格等信息，点击"编辑"功能可对配方信息进行修改，点击"删除"功能即可删除配方记录（图3-48）。

图3-48 配方管理

在"配方管理"页面点击"添加"功能进入"添加配方"页面，输入配方名称、备注，选择配制人、状态，点击"添加"即可新增配方（图3-49）。

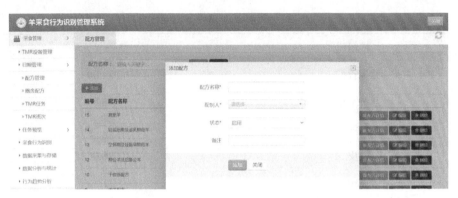

图3-49　添加配方

点击"编辑"进入"修改配方"页面，输入配方名称、备注，选择配制人、状态，点击"保存"之后即可完成修改配方（图3-50）。

图3-50　修改配方

点击"配方详情"可查看装料顺序、物料、物料重量、延跳时间（分）、延跳重量（kg）、单价、金额等详细信息，点击"添加"功能输入装料顺序、物料、物料重量、延跳时间、延跳重量、单价、金额等信息即可新增配方，点击"删除"功能即可删除配方详情（图3-51）。

图3-51　配方详情

在"配方详情"页面点击"添加"功能进入"添加配方详情"页面，输入装料顺序、物料类型等信息即可添加配方详情（图3-52）。

图3-52　添加配方详情

点击"编辑"功能输入饲喂头数、配方名称、班次1比例、班次2比例、班次3比例、班次4比例以及状态，可对圈舍配方进行修改，如图3-53所示。

图3-53　编辑配方

点击"添加"功能添加TMR编号、班次、圈舍、加料人、撒料人、状态等信息，点击"添加"按键即可添加TMR任务（图3-54）。

图3-54　添加TMR任务

3.2.3 任务预览

进入"加料预览"页面，可通过TMR编号、班次搜索查看TMR编号、班次、圈舍名称、配方、头数、总重量（kg）、物料、重量（kg）等详细信息（图3-55）。

图3-55 加料预览

进入"撒料预览"页面，可通过TMR编号、班次搜索查看TMR编号、班次、圈舍名称、配方、头数、重量（kg）等信息（图3-56）。

TMR编号	班次	圈舍名称	配方	头数	重量(kg)
9802874	核心种羊午班(12:00:00 ~ 13:30:00)	供体羊3舍	空怀期及妊娠早期母羊	110	0.00
9802874	核心种羊早班(06:30:00 ~ 07:30:00)	供体羊3舍	空怀期及妊娠早期母羊	110	600.00
9802874	核心种羊早班(06:30:00 ~ 07:30:00)	供体羊4舍	空怀期及妊娠早期母羊	110	600.00
9802874	核心种羊早班(06:30:00 ~ 07:30:00)	供体羊8舍	干物质配方	300	300.00
9802874	育肥早班(07:00:00 ~ 07:30:00)	杂交羊A1舍	肉羊配方	130	200.00
9802874	育肥午班(11:30:00 ~ 12:00:00)	杂交羊A1舍	肉羊配方	130	200.00
9802874	育肥晚班(17:00:00 ~ 17:30:00)	杂交羊A1舍	肉羊配方	130	300.00
9802874	育肥夜班(21:00:00 ~ 21:30:00)	杂交羊A1舍	肉羊配方	130	300.00

图3-56 撒料预览

进入"撒料报表"页面，可通过日期、TMR编号、班次搜索查看日期、TMR编号、班次、圈舍、计划重量、实际重量、计划价格、实际价格、误差值、误差率、完成时间、配方名称、饲喂头数、加料人、撒料人信息（图3-57）。

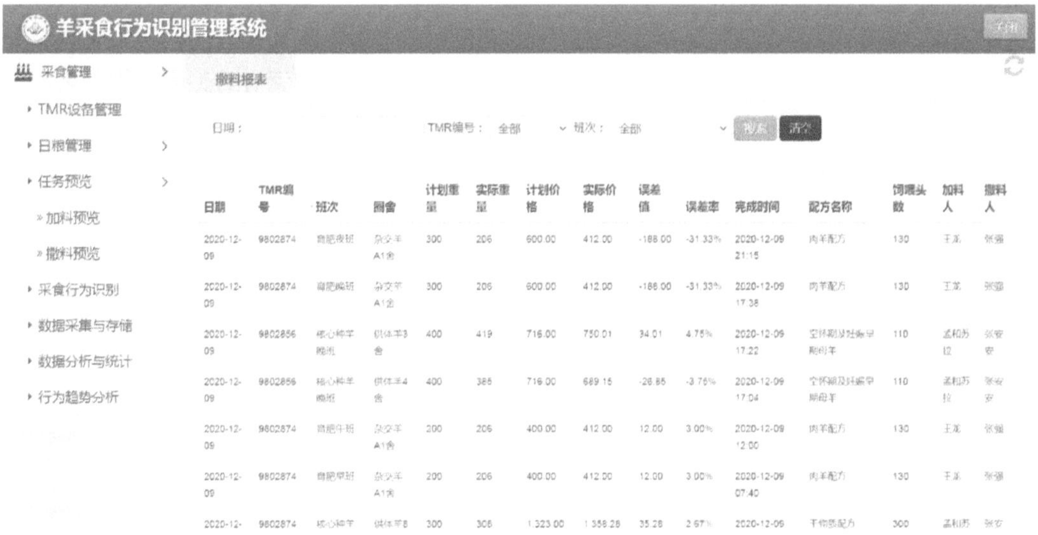

图3-57　撒料报表

3.2.4　采食行为识别

进入"采食行为识别"页面，可通过羊耳号搜索查看编号、耳号、品种、公母、体重、采食量、采食时长、采食频率，点击"添加"功能可新增采食信息，点击"编辑"功能可对采食行为识别信息进行修改，点击"删除"功能可删除采食行为识别信息（图3-58）。

图3-58　采食行为识别

3.2.5　数据采集与存储

进入“数据采集与存储”页面，可在搜索栏通过设备名称搜索查看编号、视频名称、采集时间、设备IP、视频时长、采集圈舍、存储位置等详细信息，点击“添加”功能可新增设备，点击“编辑”功能可对设备信息进行修改，点击“删除”功能可删除设备信息（图3-59）。

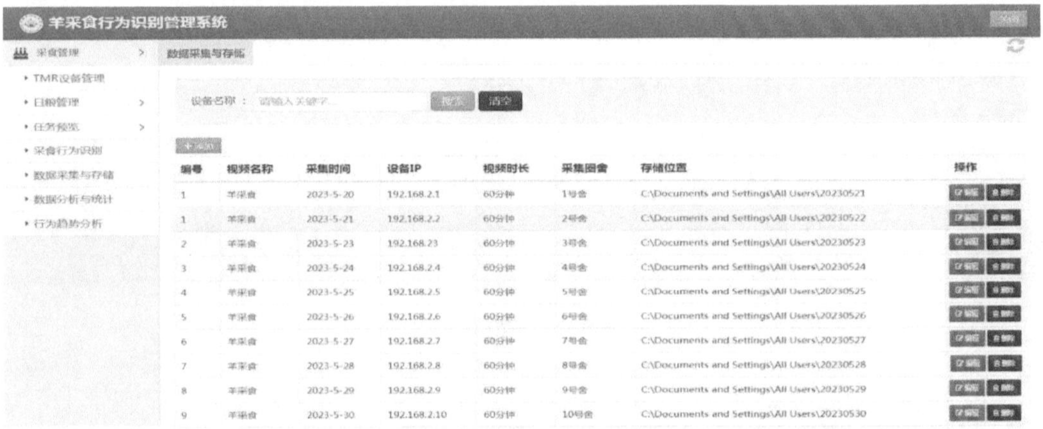

编号	视频名称	采集时间	设备IP	视频时长	采集圈舍	存储位置	操作
1	羊采食	2023-5-20	192.168.2.1	60分钟	1号舍	C:\Documents and Settings\All Users\20230521	
1	羊采食	2023-5-21	192.168.2.2	60分钟	2号舍	C:\Documents and Settings\All Users\20230522	
2	羊采食	2023-5-23	192.168.23	60分钟	3号舍	C:\Documents and Settings\All Users\20230523	
3	羊采食	2023-5-24	192.168.2.4	60分钟	4号舍	C:\Documents and Settings\All Users\20230524	
4	羊采食	2023-5-25	192.168.2.5	60分钟	5号舍	C:\Documents and Settings\All Users\20230525	
5	羊采食	2023-5-26	192.168.2.6	60分钟	6号舍	C:\Documents and Settings\All Users\20230526	
6	羊采食	2023-5-27	192.168.2.7	60分钟	7号舍	C:\Documents and Settings\All Users\20230527	
7	羊采食	2023-5-28	192.168.2.8	60分钟	8号舍	C:\Documents and Settings\All Users\20230528	
8	羊采食	2023-5-29	192.168.2.9	60分钟	9号舍	C:\Documents and Settings\All Users\20230529	
9	羊采食	2023-5-30	192.168.2.10	60分钟	10号舍	C:\Documents and Settings\All Users\20230530	

图3-59　数据采集与存储

3.2.6　数据分析与统计

进入“数据分析与统计”页面，可查看数据采集日期、耳号、采集时间、视频时长、羊舍、采食开始时间、采食时长、采食量、状态等信息（图3-60）。

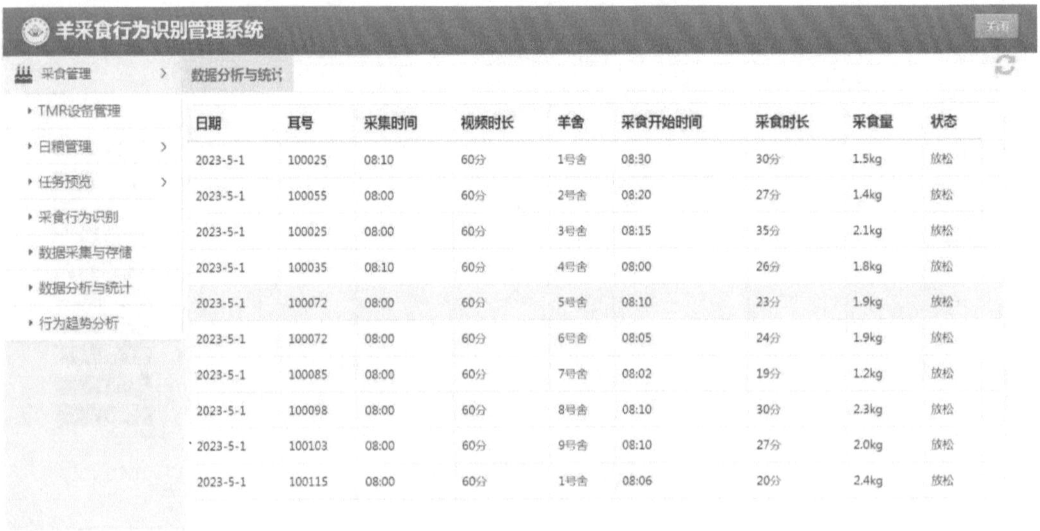

日期	耳号	采集时间	视频时长	羊舍	采食开始时间	采食时长	采食量	状态
2023-5-1	100025	08:10	60分	1号舍	08:30	30分	1.5kg	放松
2023-5-1	100055	08:00	60分	2号舍	08:20	27分	1.4kg	放松
2023-5-1	100025	08:00	60分	3号舍	08:15	35分	2.1kg	放松
2023-5-1	100035	08:10	60分	4号舍	08:00	26分	1.8kg	放松
2023-5-1	100072	08:00	60分	5号舍	08:10	23分	1.9kg	放松
2023-5-1	100072	08:00	60分	6号舍	08:05	24分	1.9kg	放松
2023-5-1	100085	08:00	60分	7号舍	08:02	19分	1.2kg	放松
2023-5-1	100098	08:00	60分	8号舍	08:10	30分	2.3kg	放松
2023-5-1	100103	08:00	60分	9号舍	08:10	27分	2.0kg	放松
2023-5-1	100115	08:00	60分	1号舍	08:06	20分	2.4kg	放松

图3-60　数据分析与统计

3.2.7 行为趋势分析

进入"行为趋势分析"页面，可查看羊耳号、观测日期时间、行为类型、持续时间、频率、行为状态、特殊事件等详细信息（图3-61）。

耳号	观测日期时间	行为类型	持续时间	频率	行为状态	特殊事件
100025	5-2-08:10	采食	30分	5.001	放松	无
100015	5-2-08:00	采食	30分	4.101	紧张	警惕
100026	5-2-08:10	采食	25分	3.901	放松	兴奋
100016	5-2-10:05	采食	20分	2.001	焦虑	生病
100007	5-2-08:10	采食	25分	2.009	蜷卧	患病
100008	5-2-08:00	采食	25分	4.201	放松	无
100025	5-2-08:00	采食	40分	5.750	放松	无
100025	5-2-08:10	采食	25分	4.230	紧张	无伤
100025	5-1-09:15	采食	32分	5.001	放松	无
100025	5-3-08:10	采食	30分	5.001	放松	无

图3-61 行为趋势分析

3.3 移动端智慧化养殖

移动端智慧化养殖是为奶山羊养殖者设计的一款综合管理工具。该系统通过提供全面的管理功能和预警系统，帮助养殖者更加便捷地管理奶山羊群，提高生产效率，同时确保羊群的健康和经济效益。养殖者可以根据系统提供的信息和智能化提醒，科学决策，优化养殖计划，预防疾病，提高繁殖管理水平，从而提高羊群的生产性能和经济效益。

3.3.1 系统登录

安装App后，点击图标启动高寒地区奶山羊智能化移动管理系统，系统登录页面如图3-62所示。

图3-62 系统登录

3.3.2　提醒预警

登录后点击左下角"提醒预警"菜单即可查看免疫提醒、检疫提醒、驱虫提醒、发情提醒、异常提醒、断奶提醒、配种提醒、妊检提醒、分娩提醒的数量（图3-63）。

3.3.2.1　免疫提醒预警

根据制定的免疫程序做好羊破伤风、羊三联四防苗、羊快疫、布鲁氏菌病、口蹄疫等病的防疫。免疫程序要根据当地羊的流行病情况而定。

点击"免疫提醒"即可查看免疫提醒预警的详细信息，可查看羊的耳号、羊类别、当前舍、周期、方式、药物及免疫时间等（图3-64）。

图3-63　提醒预警

图3-64　免疫提醒预警

3.3.2.2　检疫提醒预警

点击"检疫提醒"即可查看检疫提醒预警的详细信息，可查看羊的耳号、羊类别、当前舍、周期、方式、药物及检疫时间等（图3-65）。

3.3.2.3　驱虫提醒预警

驱虫应从羔羊出生时就开始做起。每2～3个月驱虫1次，每次相隔1周，重复用药1次；夏、秋季节要进行药浴，次数可根据羊只情况而定。点击"驱虫提醒"即可查看驱虫提醒预警的详细信息，可查看羊的耳号、羊类别、当前舍、周期、方式、药物及驱虫时间等（图3-66）。

图3-65　检疫提醒预警

图3-66　驱虫提醒预警

3.3.2.4 发情提醒预警

点击"发情提醒"即可查看发情提醒预警的详细信息，可查看羊的耳号、分娩时间及预计发情时间（图3-67）。

3.3.2.5 异常提醒预警

点击"异常提醒"即可查看异常提醒预警的详细信息，可查看羊的耳号、舍、类型、内容及时间等（图3-68）。

图3-67 发情提醒预警

图3-68 异常提醒预警

3.3.2.6　断奶提醒预警

点击"断奶提醒"即可查看断奶提醒预警的详细信息，可查看羊的耳号、断奶时间及分娩时间（图3-69）。

3.3.2.7　配种提醒预警

点击"配种提醒"即可查看配种提醒预警的详细信息，可查看羊的耳号、发情时间及配种时间（图3-70）。

图3-69　断奶提醒预警

图3-70　配种提醒预警

3.3.2.8 妊检提醒预警

奶山羊妊娠前期胎儿生长发育的速度缓慢，要求日粮营养全面，以饲喂优质青干饲料为主；妊娠后期胎儿生长发育的速度加快，尤其是临近分娩期时，需要提供含大量的粗蛋白质、矿物质和维生素的饲草料。点击"妊检提醒"即可查看妊检提醒预警的详细信息，可查看羊的耳号、妊检时间及配种时间（图3-71）。

图3-71 妊娠提醒预警

3.3.2.9 分娩提醒预警

点击"分娩提醒"即可查看分娩提醒预警的详细信息，可查看羊的耳号、配种时间及分娩时间（图3-72）。

图3-72 分娩提醒预警

3.3.3　养殖

养殖相关功能包括羊信息卡、进群、调群、试情、发情、配种、妊检、流产、分娩、去势、断奶、杂交羊、放栓、胚胎移植、杂羊销售（图3-73）。

3.3.3.1　羊信息卡

羔羊阶段是指奶山羊出生至120日龄的断奶阶段，是奶山羊整个生长周期的关键阶段，直接影响成年奶山羊泌乳性能的发挥。内蒙古冬季气候寒冷，且这一时期恰逢奶山羊产羔集中期，对羔羊成活和母羊健康提出了挑战。因此，科学培育奶山羊羔羊，对提高羔羊成活率、提升奶山羊生产性能、增加羊奶产量及改善羊奶品质具有重大意义。

新生羔羊的胃肠道器官发育不全，出生后前胃的容积较小，瘤胃、网胃、瓣胃的发育极不完善，无任何消化能力，只有皱胃具有消化吸收功能。除了消化机能差，羔羊的体温调节能力也很弱，对低温环境较为敏感，且血液中缺乏免疫抗

图3-73　养殖概览

体、抗病能力差，会引起羔羊腹泻。但是，羔羊阶段是其整个生命周期中生长发育最快的阶段。在羔羊饲养中应注意以下几点。

（1）保障羔羊成活率：断脐消毒、吃初乳、保温。

（2）确保羔羊增重：常乳期人工哺乳、乳液新鲜干净。

（3）合理补饲：自21日龄开始，可以少量添加全价精饲料和新鲜的牧草，逐渐地减少初乳的饲喂次数。

在正常分娩情况下，羔羊脱离母体后，脐带与母体自行断开。母羊舔舐羔羊体表黏液，无须人为干预。如遇不能自行断开脐带的羔羊，需人工在距离羔羊腹部4 cm处剪断，并使用碘伏等进行消毒。处理完后要将羔羊放置到温暖的地方，做好保温的工作，以免初生羔羊受凉。健康羔羊出生后可在10 min左右站立追随母羊，一般在30 min内可采食母羊初乳。24 h内对羔羊进行称重，数据录入。

建立奶山羊羔羊信息卡，完成羔羊初生称重、打耳标等操作之后，使用智能化养殖手持移动端设备，点击"羊信息卡"可进入羊信息查询页面，扫描或输入羊耳号可查看羊的相关信息，如羊品种、羊状态等（图3-74）。

图3-74　羊信息查询

3.3.3.2　进群

　　点击"进群"可进入"进群"页面，扫描或输入耳号并填写羊品种、胚胎移植、羊性别、羊毛色、出生日期、所属羊舍、所属栏位等相关信息，点击"保存进群记录"，然后点击"确定"即可（图3-75）。

图3-75　进群

3.3.3.3　调群

点击"调群"即可进入"调群"页面，扫描羊耳号或者点击图片搜索选择羊耳号，然后选中转到舍，最后点击"保存调群记录"，同时"调群"页面可查看调群历史记录，点击右上角"历史数据"即可（图3-76）。

图3-76　调群

3.3.3.4　试情

点击"试情"即可进入"试情"页面，扫描羊耳号或者点击图片搜索，选择羊耳号可查看试情历史记录，然后点击"保存试情记录"，同时"试情"页面可查看试情历史数据，点击右上角"历史数据"即可（图3-77）。

图3-77　试情

3.3.3.5　发情

点击"发情"即可进入"发情"页面，扫描羊耳号或者点击图片搜索，选择羊耳号，然后选择发情类型，然后点击"保存发情记录"，同时"发情"页面可查看发情历史数据，点击右上角"历史数据"即可（图3-78）。

3.3.3.6 配种

点击"配种"即可进入"配种"页面，扫描羊耳号或者点击图片搜索选择羊耳号，然后输入公羊耳号，选择配种类

图3-78 发情

型，最后点击"保存配种记录"，同时"配种"页面可查看配种历史数据，点击右上角"历史数据"即可（图3-79）。

图3-79 配种

3.3.3.7 妊检

点击"妊检"即可进入"妊检"页面，扫描羊耳号或者点击图片搜索选择羊耳号，然后选择妊检方法，选择妊检结果，最后点击"保存妊检记录"，同时"妊检"页面可

查看妊检历史数据，点击右上角"历史数据"即可（图3-80）。

图3-80　妊娠

3.3.3.8　流产

点击"流产"即可进入"流产"页面，扫描羊耳号或者点击图片搜索选择羊耳号，然后输入流产原因，最后点击"保存流产记录"，同时"流产"页面可查看流产历史数据，点击右上角"历史数据"即可（图3-81）。

图3-81　流产

3.3.3.9 分娩

点击"分娩"即可进入"分娩"页面，扫描羊耳号或者点击图片搜索选择羊耳号，然后输入产羔数量、存活数量等信息，最后点击"保存分娩记录"，同时"分娩"页面可查看分娩历史数据，点击右上角"历史数据"即可（图3-82）。

图3-82 分娩

3.3.3.10 去角

舍饲规模化奶山羊养殖必须去角，以防止角斗引起损伤，提高单位面积的饲养只数。在羔羊10日龄左右，角蕾显现时去角最好，一般采用物理烧烙法破坏角牙生长点，达到"无角"的目的。用烙铁烧烙去角时，采用直径为2.0～2.5 cm中间凹烙铁，经高温烧红后，烙掉角蕾及周围皮肤，每次烧烙10～15 s，露出骨角质突即可。

3.3.3.11 去势

非种用公羔在初生2～4周龄去势。可采用割睾法、结扎法、嵌夹法或药物法等。养殖人员通过智能化养殖手持移动端设备，点击"去势"即可进入"去势"页面，扫描羊耳号或者点击图片搜索选择羊耳号，然后选择去势方法，最后点击"保存去势记录"，同时"去势"页面可查看去势历史数据，点击右上角"历史数据"即可（图3-83）。

图3-83　去势

3.3.3.12　断奶

奶山羊羔羊通常在体重达到12 kg以上、开食料采食量达到200 g/d时可以进行断奶。10~15日龄羔羊训练嚼草，20日龄羔羊补饲精饲料，60日龄羔羊逐渐减少喂奶量，适量增加优质饲草的供给。70~90日龄羔羊处于断奶阶段，实行逐步断奶策略。

点击"断奶"即可进入"断奶"页面，扫描羊耳号或者点击图片搜索选择羊耳号，然后输入断奶重量，最后点击"保存断奶记录"，同时"断奶"页面可查看断奶历史数据，点击右上角"历史数据"即可（图3-84）。

图3-84　断奶

第三篇

奶山羊生物饲料的开发及品质评价

近年来，我国畜牧业迅速发展，国民对畜产品的需求量激增，畜禽的饲养量逐年上涨，所需饲料量巨大。但玉米、豆粕等常规饲料资源的短缺及价格的上涨使饲料成本增加，现已成为我国畜牧业发展的重要制约因素。我国工业和食品加工业产生的农业副产品资源种类繁多，产量巨大，如饼粕类、糠麸类、玉米副产物类、中草药类等。这些农业副产品经微生物发酵技术处理后，其适口性和营养价值得到改善，可作为生物饲料饲喂畜禽，尤其是反刍动物。本篇将重点介绍饼粕类、糠麸类、玉米副产物类、中草药类生物饲料的开发及品质监测和评定。

第四章　生物饲料图像数据收集与数据集的建立和分析

4.1　生物饲料数据集建立

4.1.1　生物饲料数据采集装置

生物饲料图像采集设备是自制一体化的图像采集装置（图4-1）。智能手机摄像头参数：1 200万广角镜头+1 200万超广角镜头；图像大小1 200万像素，采用光学变焦；曝光时间1/30 s；光圈f/1.6+f/2.4；广角，后置120°；手动操作模式；JPEG图像类型；分辨率，2 532像素×1 170像素；传感器类型，CMOS；自制暗箱由LED灯组成的环形照明源（自然光，100 W）、白色哑光的载物台和哑光黑色内壁的盒子组成，以避免镜面反射。计算机为联想笔记本计算机。

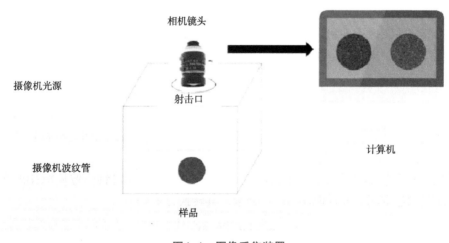

图4-1　图像采集装置

4.1.2　生物饲料图像采集和数据集构建

获取发酵不同批次不同发酵时间的生物发酵饲料产品。从发酵袋中取出发酵饲料，按前中后分装在3个平皿，平皿直径85 mm，拍摄获取图像样本。

4.2　生物饲料图像特征

4.2.1　颜色特征

颜色特征是发酵饲料品质评定的重要参数。发酵过程原料颜色变化、熟化程度以及发酵饲料的品质评定主要通过人工视觉判断。机器视觉技术是一种计算机模仿人的视觉过程。相机拍摄的图像传入计算机，计算机对获得的图像进行处理并对所需的特征进行提取分析，进而自动判定产品的品质，从而实现产品的分类。

4.2.2　生物饲料RGB图像数据

RGB代表红色（Red）、绿色（Green）和蓝色（Blue），是加色模型的一种，基于光线反射或发射原理，三种颜色的亮度可以相加合成几乎所有颜色。在RGB模式中，颜色的变化可以通过调整三种原色的比例来实现。RGB颜色空间属于CIE标准色度学系统，是数字设备显示颜色的基础。而人们看到的颜色差异是物理意义上的变化与心理因素综合作用的结果。仅在RGB颜色空间所得的图像颜色分析结果，与人眼辨识的颜色分析结果存在一定差异。

4.2.3　生物饲料HSV图像数据

HSV代表色相（Hue）、饱和度（Saturation）和明度（Value），其中，色相是颜色的基本属性（如红色、绿色或蓝色），饱和度表示颜色的纯度，明度表示颜色的亮度。HSV是一种比较直观的颜色模型，能体现出人眼辨别颜色的特点，也称六角锥体模型。HSV颜色空间符合人类对颜色的感知方式，有助于增加图像分析时视觉效果的真实性。HSV模式在图像处理和计算机视觉中非常有用，因为它可以将颜色信息和亮度信息分开处理，有助于提高特定颜色识别的准确性。

4.2.4　RGB图像与HSV图像的关联与转换

图像在计算机中存储和显示都是以RGB颜色空间的形式进行的，通过RGB编码获得HSV数值，其中H值主要表达图像的色彩属性，而V值主要影响图像与背景色彩的融合度，通过调整S值可以增加色彩的差异程度。

颜色特征分析提取了RGB颜色模型的R、G、B分量。同时将图像从RGB颜色空间转换到HSV颜色空间，并提取H、S、V分量，其转换方式如下。

$$V = \max(R,\ G,\ B) \qquad (4-1)$$

$$S = \begin{cases} \dfrac{V - \min(R,\ G,\ B)}{v}, & if\ v \neq 0 \\ 0, & otherwise \end{cases} \qquad (4-2)$$

$$H = \begin{cases} \dfrac{60 \times (G-B)}{V - \min(R,\ G,\ B)}, & if \ V = R \\[3mm] 120 + \dfrac{60 \times (B-R)}{V - \min(R,\ G,\ B)}, & if \ V = G \\[3mm] 240 + \dfrac{60 \times (R-G)}{V - \min(R,\ G,\ B)}, & if \ V = B \end{cases} \qquad (4\text{-}3)$$

$$H = \begin{cases} H + 360, & if (H < 0) \\ H, & if (H \geqslant 0) \end{cases} \qquad (4\text{-}4)$$

最终计算出的结果，$H \in [0,\ 360]$，$S \in [0,\ 1]$，$V \in [0,\ 1]$。

由于计算机中图像是以24位的方式存储，所以像素值的每个分量应为0~255的数值，为了方便计算，再将计算出的H的值映射为百分比形式，映射公式如下。

$$H = H/360 \qquad (4\text{-}5)$$

4.2.5 生物饲料灰度图像数据

灰度图像（gray image）是每个像素只有一个采样颜色的图像，这类图像通常显示为从最暗黑色到最亮白色的灰度，尽管理论上这个采样可以是任何颜色的不同深浅，甚至可以是不同亮度上的不同颜色。

在RGB模型中，如果$R=G=B$时，则彩色表示一种灰度颜色，其中$R=G=B$的值叫灰度值，因此，灰度图像每个像素只需一个字节存放灰度值（又称强度值、亮度值），灰度范围为0~255，当灰度为255的时候，表示最亮（纯白色）；当灰度为0的时候，表示最暗（纯黑色）。

灰度化的好处是：相较于彩色图像，灰度图像占内存更小，运行速度更快；灰度图像后可以在视觉上增加对比，突出目标区域。

4.2.6 生物饲料纹理特征图像数据

纹理是图像像素点灰度级或颜色的某种变化，反复出现纹理基元和它的排列规则，而且这种变化与空间统计相关。不同于灰度、颜色等图像特征，纹理通过像素及其周围空间邻域的灰度分布来表现，即局部纹理信息。另外，局部纹理信息不同程度上的重复性，就是全局纹理信息。

第五章 生物饲料的开发及智能化评定

5.1 饼粕类生物饲料的开发及智能化评定

近年来，我国奶山羊产业发展迅速，对蛋白质饲料的需求也不断扩大。然而，常用的蛋白质饲料豆粕，70%依赖进口，且其价格逐年上涨，致使奶山羊养殖的饲料成本大幅上涨。因此，亟须开发新型饲料。我国饼粕类资源多，含有丰富的蛋白质，但是饼粕中的一些抗营养因子限制了其广泛应用。利用微生物发酵技术发酵饼粕制备生物发酵饲料可提高饲料质量，改善蛋白质饲料原料短缺等现状。微生物发酵过程往往要涉及各种生物代谢反应及化学反应，其动态变化很难掌握，故饼粕生物饲料品质的稳定性难以保证。因此，实时监测饼粕发酵过程十分必要。

5.1.1 饼粕饲料发酵过程实时监测

通过在发酵设备中安装传感器、数据采集设备和分析软件，对饼粕类饲料发酵过程的数据（蛋白质含量、中性洗涤纤维、消化率、微生物成分、pH值）进行采集与记录分析，实现发酵过程的实时监测，能够帮助提高饲料的质量和发酵效率，同时确保产品的稳定性和安全性（图5-1）。

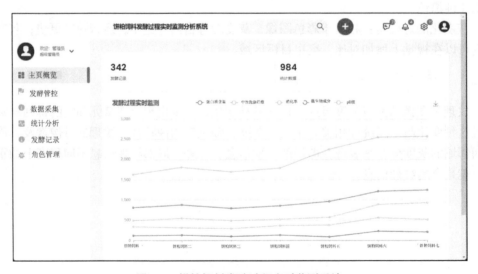

图5-1 饼粕饲料发酵过程实时监测系统

在系统首页菜单栏中，点击左侧菜单栏的"发酵管控"按钮，跳转到页面信息详情界面，展示发酵监测、发酵阶段、微生物含量、监测时间等信息（图5-2）。

图5-2　发酵管控

在系统首页菜单栏中，点击左侧菜单栏的"数据采集"按钮，跳转到页面信息详情界面，展示采集数据、数据类型、含量、采集时间等信息（图5-3）。

图5-3　数据采集

　　在系统首页菜单栏中，点击左侧菜单栏的"统计分析"按钮，跳转到页面信息详情界面，展示发酵饲料、发酵时长、乳酸菌含量、管理时间等信息（图5-4）。

图5-4　统计分析

　　在系统首页菜单栏中，点击左侧菜单栏的"发酵记录"按钮，可以查看发酵历史分析数据信息，并能通过增删改查等功能对其进行对应的处理（图5-5）。

图5-5　发酵记录

在系统首页菜单栏中，点击左侧菜单栏的"角色管理"按钮，可对管理员信息实现查看功能。该界面展示用户名、登录密码、拥有权限、分配时间等主要信息，并能通过增删改查等功能对其进行对应的处理（图5-6）。

图5-6　角色管理

5.1.2　饼粕类发酵饲料产品图像数据集构建及图像特征

收集不同种类和形态的饼粕发酵饲料样本，使用高分辨率相机对这些饲料样本进行图像采集，通过裁剪、缩放、去噪等方式进行图像预处理，进一步对图像的颜色特征和纹理特征进行提取和分析，构建模型。下面以发酵豆粕为例进行介绍。

5.1.2.1　发酵豆粕的制备方法

发酵豆粕是以豆粕为主料，以麸皮、玉米皮为辅料，通过微生物固态发酵，后经干燥制成的蛋白质饲料原料。主要方法为：使用嗜热链球菌、酿酒酵母和枯草芽孢杆菌组成的复合菌种液FSBM，三种菌比例为1∶1∶1，每种菌含量分别为1×10^7 CFU/mL，菌液接种量10%，添加0.3%蛋白酶混合物（中性蛋白酶和酸性蛋白酶的比例为3∶1，50 000 U/g），添加0.5%的糖，初始含水量为40%，发酵温度为40℃，发酵时间为5 d。发酵底物配好后装入单向通气阀的发酵袋中，密封发酵袋并放置在培养箱中。发酵结束后，45℃烘干粉碎备用。

5.1.2.2　豆粕的发酵工艺

采用不同的处理条件发酵豆粕，包括初始含水量、培养温度和时间、糖添加量、蛋白酶添加量、中性蛋白酶与酸性蛋白酶的比例。发酵结束后测定发酵豆粕的pH值、粗蛋白质、乳酸、大豆球蛋白和β-伴大豆球蛋白含量。结果表明，发酵豆粕生产的适宜培养温度为40℃。较高的初始水分含量（60%）和蛋白酶添加量（0.3%）提高了营养价值。适宜的中性蛋白酶与酸性蛋白酶的比例为3：1。5 d的培养时间足以生产出优质的发酵豆粕。

5.1.2.3 发酵豆粕主要活性物质

发酵豆粕活性成分主要分为以下4类，包括酚酸类化合物（4-羟基肉桂酸甲酯、对香豆酸、咖啡酸乙酯、阿魏酸乙酯和肉桂酸）、核苷类成分（鸟嘌呤、胞嘧啶、胞苷、鸟苷和腺嘌呤）、其他具有生物活性功能的成分（4-甲氧基苯乙酸、紫草氰苷、二氢青蒿酸、2-吡咯烷羧酸、白术内酯Ⅲ和洛伐他汀），以及氨基酸（苯丙氨酸和L-亮氨酸），见表5-1。

表5-1 豆粕和发酵豆粕提取物中的主要活性成分

主要活性成分	VIP	Log$_2$FC	P值
上调			
4-羟基肉桂酸甲酯	2.68	4.90	<0.01
阿魏酸乙酯	2.41	4.41	<0.01
对香豆酸	1.09	2.00	<0.01
4-甲氧基苯乙酸	2.08	3.80	<0.01
紫草氰苷	2.72	5.00	<0.01
咖啡酸乙酯	1.56	2.82	<0.01
二氢青蒿酸	1.34	2.49	<0.01
麦芽五糖	1.45	2.68	<0.01
2-吡咯烷羧酸	2.38	4.63	<0.01
鸟嘌呤	1.80	3.50	<0.01
胞嘧啶	2.31	4.50	<0.01
胞苷	1.81	3.52	<0.01
鸟苷	1.88	3.65	<0.01
苯丙氨酸	1.16	2.25	<0.01
肉桂酸	1.16	2.24	<0.01
白术内酯Ⅲ	1.29	2.49	<0.01
甲基苯基甲酮	2.46	4.87	<0.01
洛伐他汀	1.02	1.92	<0.01
香紫苏内酯	1.31	2.72	<0.01
L-亮氨酸	1.67	2.90	<0.01

（续表）

主要活性成分	VIP	Log₂FC	P值
腺嘌呤	1.19	1.86	<0.01
下调			
甘露糖醇	1.37	−2.45	<0.01
蔗糖	3.09	−5.39	<0.01
染料木素	1.01	−2.04	<0.01
腺苷	1.58	−3.08	<0.01
5-羟甲基糠醛	1.33	−2.59	<0.01
13α（21）-环氧宽缨酮	1.50	−2.91	<0.01
苷色酸	1.37	−2.67	<0.01
川芎内酯	1.13	−2.20	<0.01
乙酸异丁香酯	1.15	−2.24	<0.01
吲哚醇	1.03	−2.02	<0.01
L-5-羟基色氨酸	1.37	−2.65	<0.01
木蝴蝶苷	1.08	−2.08	<0.01
烟酰胺	2.47	−4.95	<0.01
亥茅酚苷	1.65	−3.06	<0.01
黄豆黄苷	1.09	−1.46	0.04

注：VIP表示变量投影重要度，值越大，表示越重要；Log₂FC表示二者比较后差异倍数的log₂值。

5.1.3　发酵豆粕图像数据

5.1.3.1　发酵豆粕数据集

获取发酵10批次不同发酵时间（0 h、12 h、24 h、36 h、48 h、60 h、72 h、84 h、96 h、108 h、120 h）的生物发酵饲料产品。从发酵袋中取出发酵豆粕，按前中后分装在3个平皿，平皿直径85 mm，拍摄获取390张图像样本，部分样本图例见图5-7。

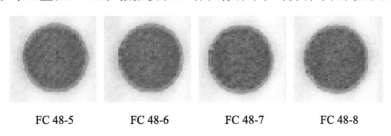

FC 48-5　　　　　FC 48-6　　　　　FC 48-7　　　　　FC 48-8

图5-7　发酵豆粕图像数据集

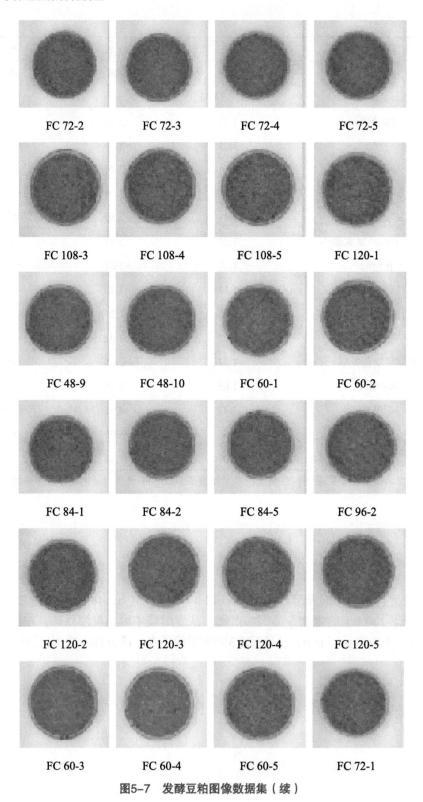

图5-7　发酵豆粕图像数据集（续）

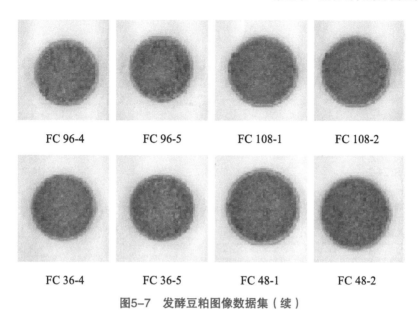

FC 96-4　　　　FC 96-5　　　　FC 108-1　　　　FC 108-2

FC 36-4　　　　FC 36-5　　　　FC 48-1　　　　FC 48-2

图5-7　发酵豆粕图像数据集（续）

5.1.3.2　发酵豆粕图像特征

5.1.3.2.1　发酵豆粕24 h图像数据集

构建发酵豆粕24 h颜色特征图像数据集（图5-8），经过处理分别得到发酵豆粕24 h RGB图像数据集（图5-9）、发酵豆粕24 h HSV图像数据集（图5-10）、发酵豆粕24 h 灰度图像数据集（图5-11）、发酵豆粕24 h纹理特征图像数据集（图5-12）。

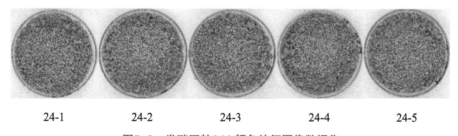

24-1　　　　24-2　　　　24-3　　　　24-4　　　　24-5

图5-8　发酵豆粕24 h颜色特征图像数据集

R 24-1　　　　　　G 24-1　　　　　　B 24-1

图5-9　发酵豆粕24 h RGB图像数据集

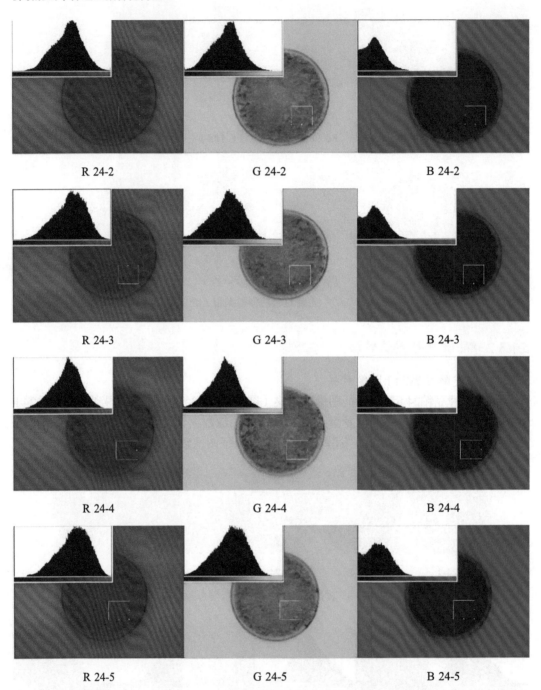

R 24-2   G 24-2   B 24-2

R 24-3   G 24-3   B 24-3

R 24-4   G 24-4   B 24-4

R 24-5   G 24-5   B 24-5

图5-9　发酵豆粕24 h RGB图像数据集（续）

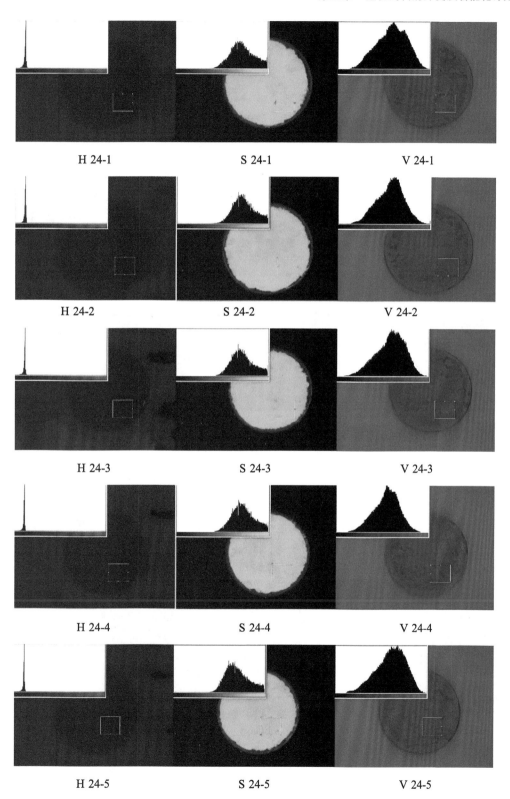

H 24-1　　　　　　　　　S 24-1　　　　　　　　　V 24-1

H 24-2　　　　　　　　　S 24-2　　　　　　　　　V 24-2

H 24-3　　　　　　　　　S 24-3　　　　　　　　　V 24-3

H 24-4　　　　　　　　　S 24-4　　　　　　　　　V 24-4

H 24-5　　　　　　　　　S 24-5　　　　　　　　　V 24-5

图5-10　发酵豆粕24 h HSV图像数据集

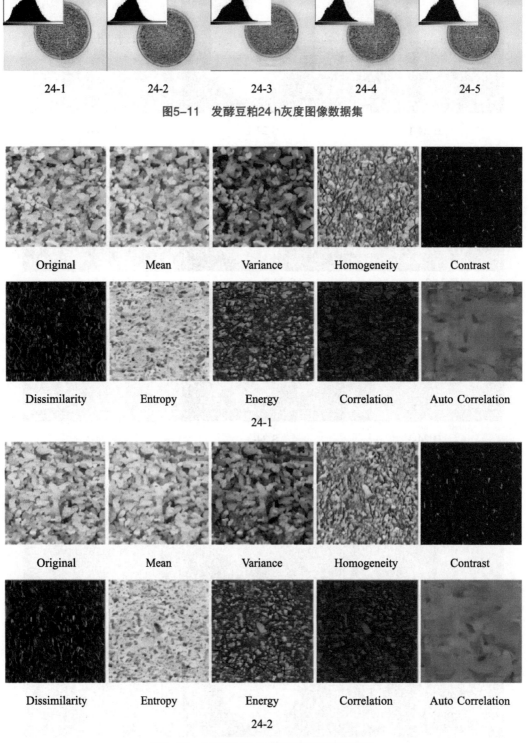

| 24-1 | 24-2 | 24-3 | 24-4 | 24-5 |

图5-11　发酵豆粕24 h灰度图像数据集

| Original | Mean | Variance | Homogeneity | Contrast |
| Dissimilarity | Entropy | Energy | Correlation | Auto Correlation |

24-1

| Original | Mean | Variance | Homogeneity | Contrast |
| Dissimilarity | Entropy | Energy | Correlation | Auto Correlation |

24-2

图5-12　发酵豆粕24 h纹理特征图像数据集

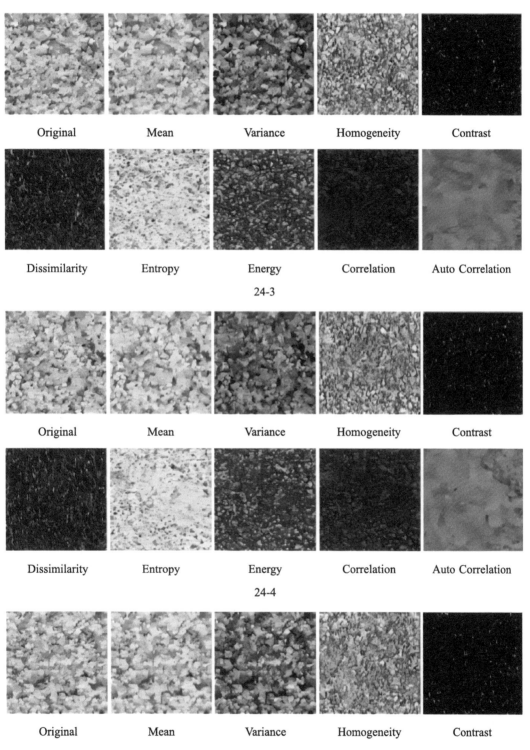

图5-12　发酵豆粕24 h纹理特征图像数据集（续）

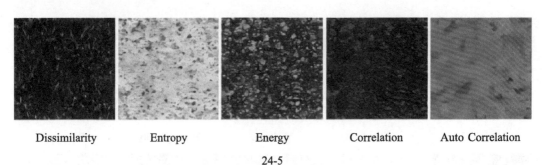

| Dissimilarity | Entropy | Energy | Correlation | Auto Correlation |

24-5

图5-12　发酵豆粕24 h纹理特征图像数据集（续）

5.1.3.2.2　发酵豆粕36 h图像数据集

构建发酵豆粕36 h颜色特征图像数据集（图5-13），经过处理分别得到发酵豆粕36 h RGB图像数据集（图5-14）、发酵豆粕36 h HSV图像数据集（图5-15）、发酵豆粕36 h灰度图像数据集（图5-16）、发酵豆粕36 h纹理特征图像数据集（图5-17）。

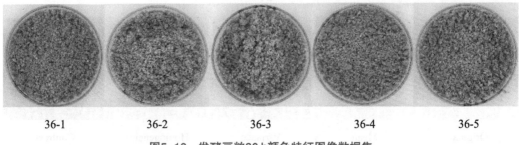

| 36-1 | 36-2 | 36-3 | 36-4 | 36-5 |

图5-13　发酵豆粕36 h颜色特征图像数据集

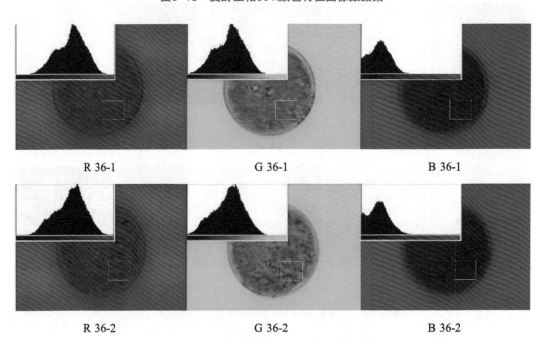

| R 36-1 | G 36-1 | B 36-1 |
| R 36-2 | G 36-2 | B 36-2 |

图5-14　发酵豆粕36 h RGB图像数据集

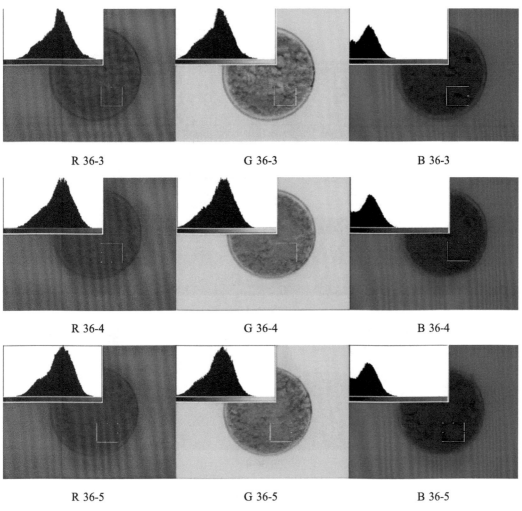

R 36-3   G 36-3   B 36-3

R 36-4   G 36-4   B 36-4

R 36-5   G 36-5   B 36-5

图5-14 发酵豆粕36 h RGB图像数据集（续）

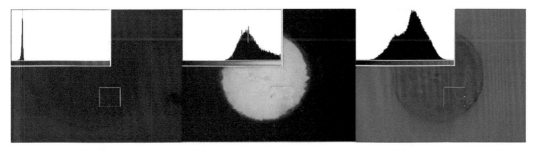

H 36-1   S 36-1   V 36-1

图5-15 发酵豆粕36 h HSV图像数据集

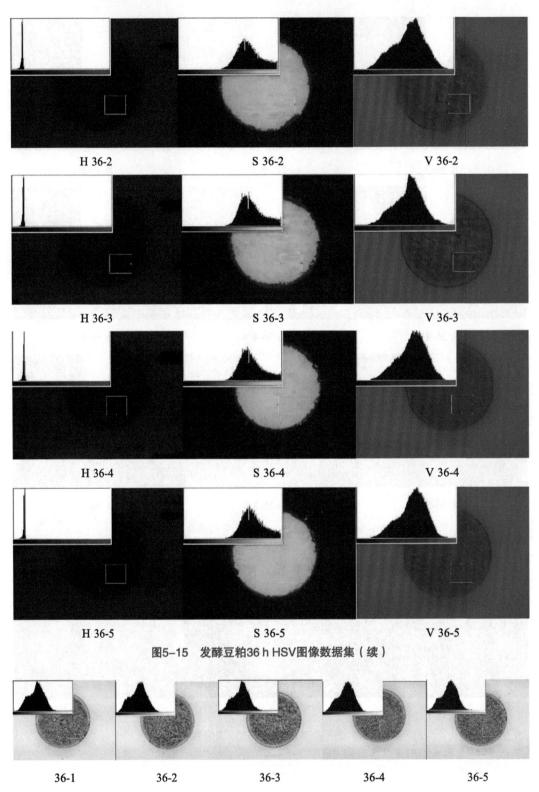

H 36-2　　　　　　　　S 36-2　　　　　　　　V 36-2

H 36-3　　　　　　　　S 36-3　　　　　　　　V 36-3

H 36-4　　　　　　　　S 36-4　　　　　　　　V 36-4

H 36-5　　　　　　　　S 36-5　　　　　　　　V 36-5

图5-15　发酵豆粕36 h HSV图像数据集（续）

36-1　　　　36-2　　　　36-3　　　　36-4　　　　36-5

图5-16　发酵豆粕36 h灰度图像数据集

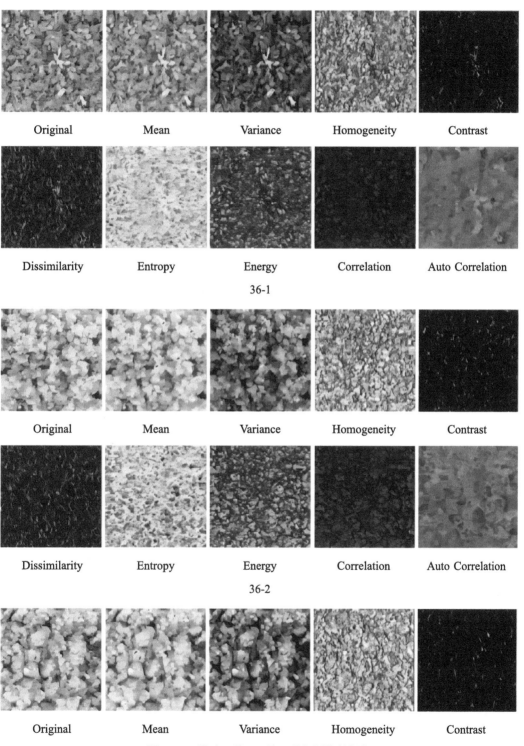

图5-17　发酵豆粕36 h纹理特征图像数据集

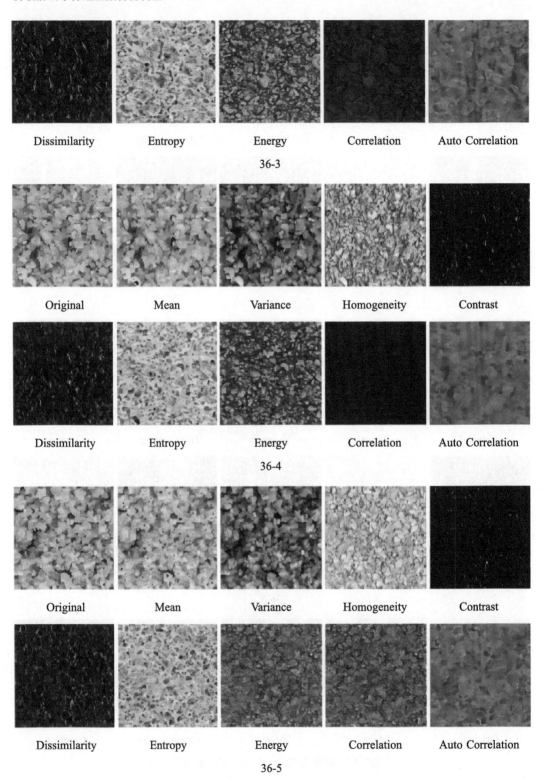

Dissimilarity　　　Entropy　　　Energy　　　Correlation　　　Auto Correlation

36-3

Original　　　Mean　　　Variance　　　Homogeneity　　　Contrast

Dissimilarity　　　Entropy　　　Energy　　　Correlation　　　Auto Correlation

36-4

Original　　　Mean　　　Variance　　　Homogeneity　　　Contrast

Dissimilarity　　　Entropy　　　Energy　　　Correlation　　　Auto Correlation

36-5

图5-17　发酵豆粕36 h纹理特征图像数据集（续）

5.1.3.2.3　发酵豆粕48 h图像数据集

构建发酵豆粕48 h颜色特征图像数据集（图5-18），经过处理分别得到发酵豆粕48 h RGB图像数据集（图5-19）、发酵豆粕48 h HSV图像数据集（图5-20）、发酵豆粕48 h灰度图像数据集（图5-21）、发酵豆粕48 h纹理特征图像数据集（图5-22）。

| 48-1 | 48-2 | 48-3 | 48-4 | 48-5 |

图5-18　发酵豆粕48 h颜色特征图像数据集

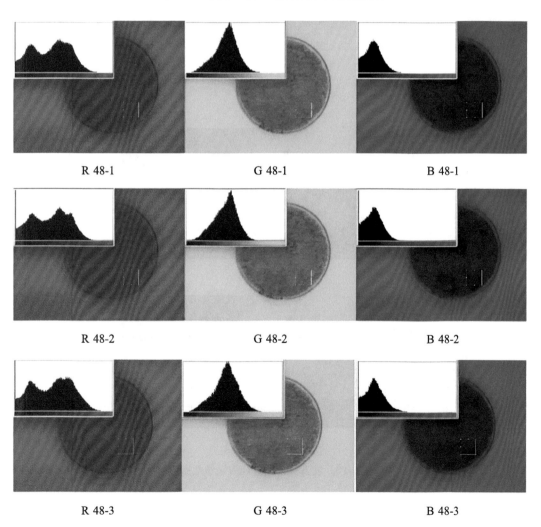

R 48-1	G 48-1	B 48-1
R 48-2	G 48-2	B 48-2
R 48-3	G 48-3	B 48-3

图5-19　发酵豆粕48 h RGB图像数据集

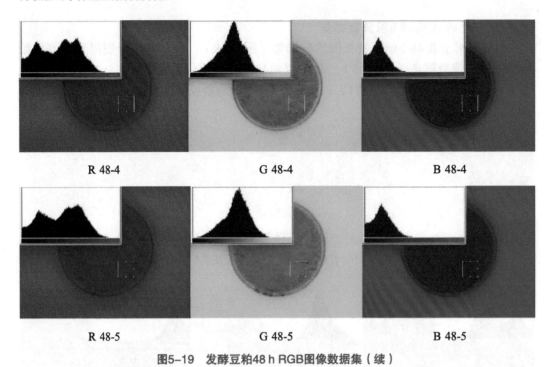

R 48-4   G 48-4   B 48-4

R 48-5   G 48-5   B 48-5

图5-19　发酵豆粕48 h RGB图像数据集（续）

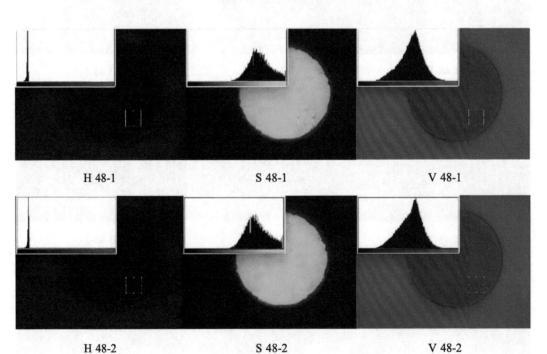

H 48-1   S 48-1   V 48-1

H 48-2   S 48-2   V 48-2

图5-20　发酵豆粕48 h HSV图像数据集

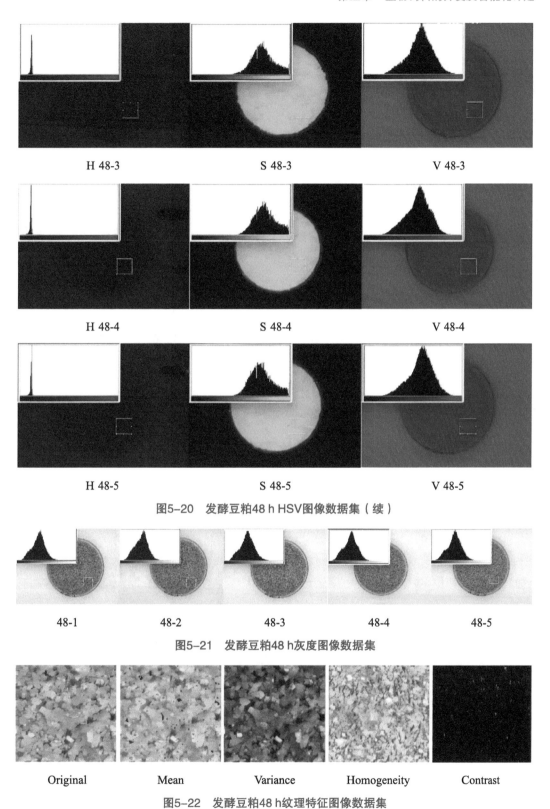

H 48-3　　　　　　　　　S 48-3　　　　　　　　　V 48-3

H 48-4　　　　　　　　　S 48-4　　　　　　　　　V 48-4

H 48-5　　　　　　　　　S 48-5　　　　　　　　　V 48-5

图5-20　发酵豆粕48 h HSV图像数据集（续）

48-1　　　　　48-2　　　　　48-3　　　　　48-4　　　　　48-5

图5-21　发酵豆粕48 h灰度图像数据集

Original　　　　Mean　　　　Variance　　　Homogeneity　　　Contrast

图5-22　发酵豆粕48 h纹理特征图像数据集

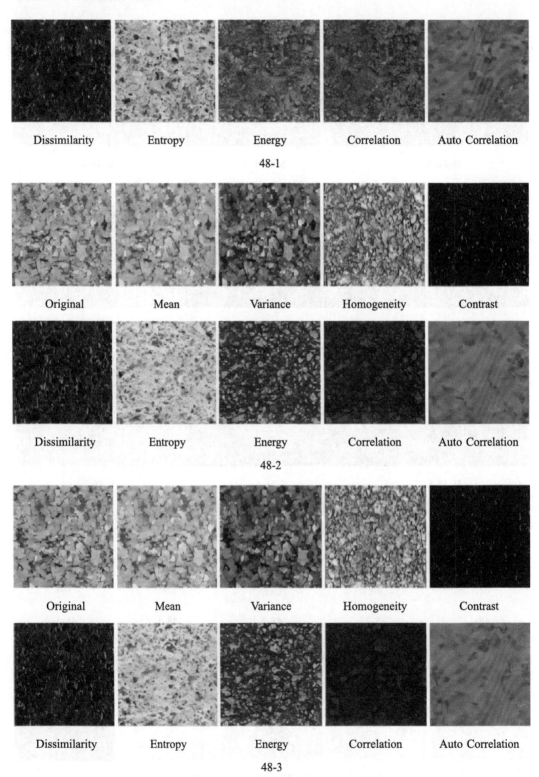

Dissimilarity　　Entropy　　Energy　　Correlation　　Auto Correlation

48-1

Original　　Mean　　Variance　　Homogeneity　　Contrast

Dissimilarity　　Entropy　　Energy　　Correlation　　Auto Correlation

48-2

Original　　Mean　　Variance　　Homogeneity　　Contrast

Dissimilarity　　Entropy　　Energy　　Correlation　　Auto Correlation

48-3

图5-22　发酵豆粕48 h纹理特征图像数据集（续）

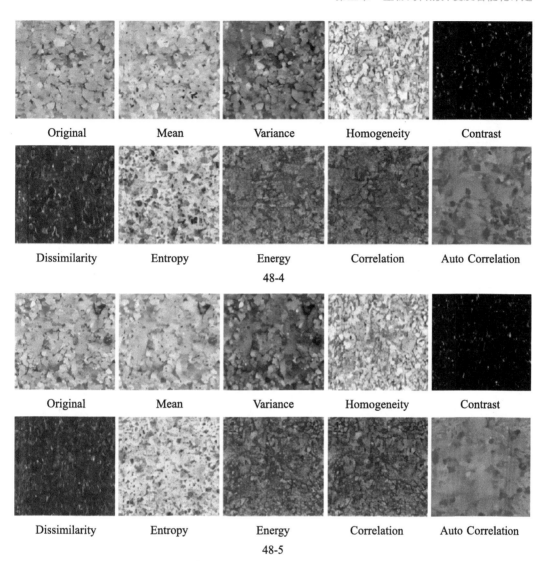

图5-22 发酵豆粕48 h纹理特征图像数据集（续）

5.1.3.2.4 发酵豆粕60 h图像数据集

构建发酵豆粕60 h颜色特征图像数据集（图5-23），经过处理分别得到发酵豆粕60 h RGB图像数据集（图5-24）、发酵豆粕60 h HSV图像数据集（图5-25）、发酵豆粕60 h灰度图像数据集（图5-26）、发酵豆粕60 h纹理特征图像数据集（图5-27）。

图5-23 发酵豆粕60 h颜色特征图像数据集

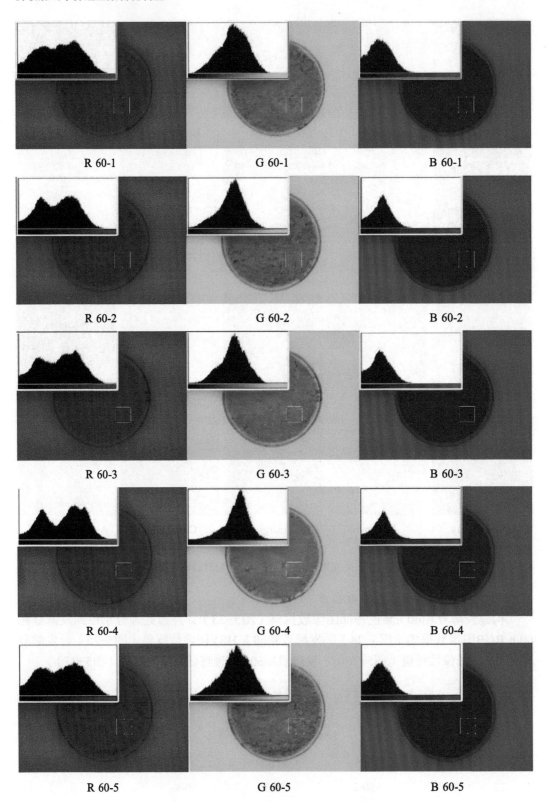

R 60-1 G 60-1 B 60-1

R 60-2 G 60-2 B 60-2

R 60-3 G 60-3 B 60-3

R 60-4 G 60-4 B 60-4

R 60-5 G 60-5 B 60-5

图5-24 发酵豆粕60 h RGB图像数据集

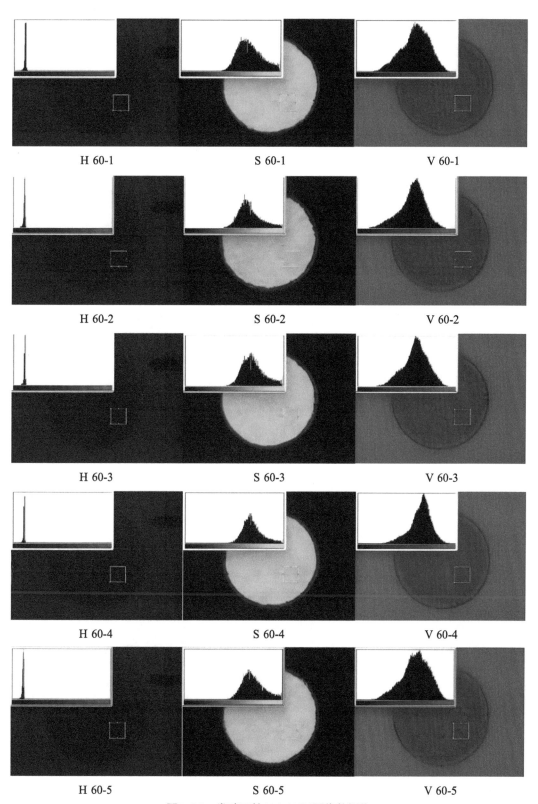

H 60-1　　　　　　　　S 60-1　　　　　　　　V 60-1

H 60-2　　　　　　　　S 60-2　　　　　　　　V 60-2

H 60-3　　　　　　　　S 60-3　　　　　　　　V 60-3

H 60-4　　　　　　　　S 60-4　　　　　　　　V 60-4

H 60-5　　　　　　　　S 60-5　　　　　　　　V 60-5

图5-25　发酵豆粕60 h HSV图像数据集

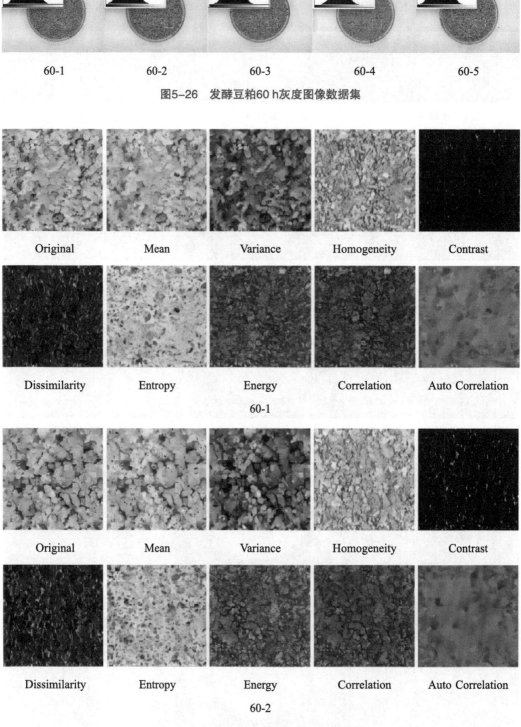

60-1　　　　　　60-2　　　　　　60-3　　　　　　60-4　　　　　　60-5

图5-26　发酵豆粕60 h灰度图像数据集

Original　　　Mean　　　Variance　　　Homogeneity　　　Contrast

Dissimilarity　　　Entropy　　　Energy　　　Correlation　　　Auto Correlation

60-1

Original　　　Mean　　　Variance　　　Homogeneity　　　Contrast

Dissimilarity　　　Entropy　　　Energy　　　Correlation　　　Auto Correlation

60-2

图5-27　发酵豆粕60 h纹理特征图像数据集

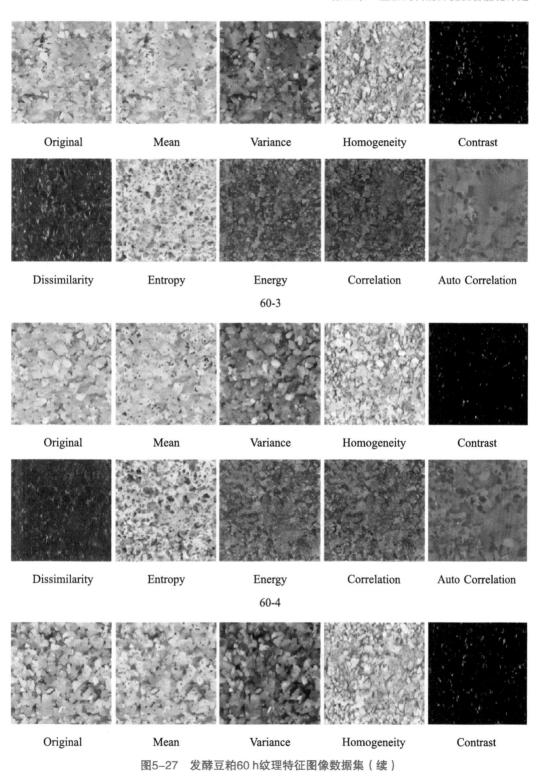

图5-27 发酵豆粕60 h纹理特征图像数据集（续）

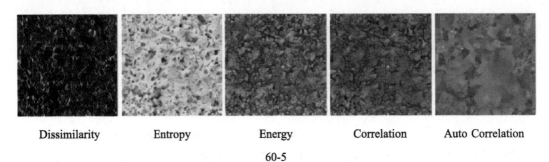

Dissimilarity　　　Entropy　　　Energy　　　Correlation　　　Auto Correlation

60-5

图5-27　发酵豆粕60 h纹理特征图像数据集（续）

5.1.3.2.5　发酵豆粕72 h图像数据集

构建发酵豆粕72 h颜色特征图像数据集（图5-28），经过处理分别得到发酵豆粕72 h RGB图像数据集（图5-29）、发酵豆粕72 h HSV图像数据集（图5-30）、发酵豆粕72 h灰度图像数据集（图5-31）、发酵豆粕72 h纹理特征图像数据集（图5-32）。

72-1　　　　　72-2　　　　　72-3　　　　　72-4　　　　　72-5

图5-28　发酵豆粕72 h颜色特征图像数据集

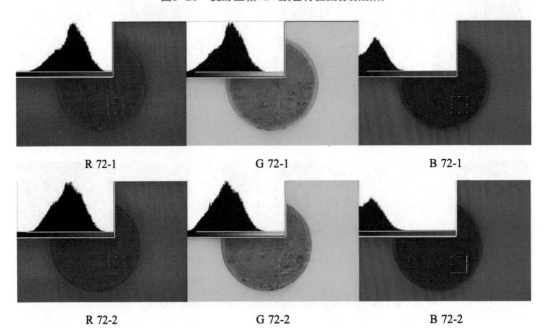

R 72-1　　　　　　　　G 72-1　　　　　　　　B 72-1

R 72-2　　　　　　　　G 72-2　　　　　　　　B 72-2

图5-29　发酵豆粕72 h RGB图像数据集

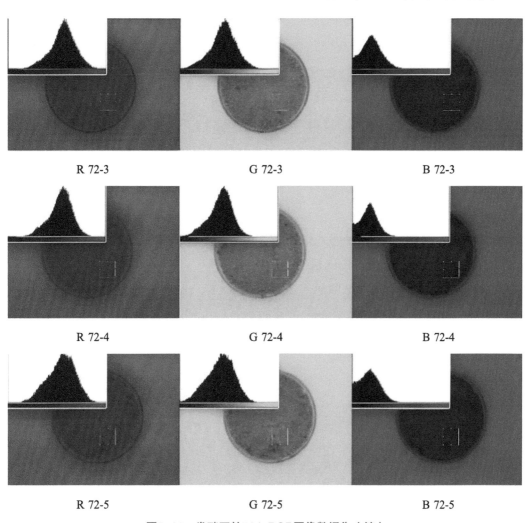

R 72-3   G 72-3   B 72-3

R 72-4   G 72-4   B 72-4

R 72-5   G 72-5   B 72-5

图5-29 发酵豆粕72 h RGB图像数据集（续）

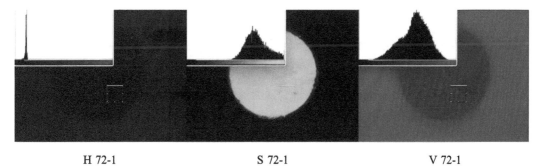

H 72-1   S 72-1   V 72-1

图5-30 发酵豆粕72 h HSV图像数据集

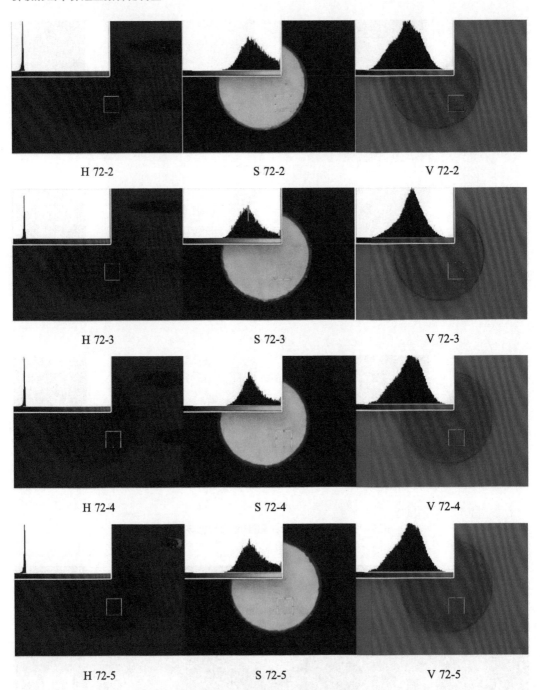

H 72-2　　　　　　　　S 72-2　　　　　　　　V 72-2

H 72-3　　　　　　　　S 72-3　　　　　　　　V 72-3

H 72-4　　　　　　　　S 72-4　　　　　　　　V 72-4

H 72-5　　　　　　　　S 72-5　　　　　　　　V 72-5

图5-30　发酵豆粕72 h HSV图像数据集（续）

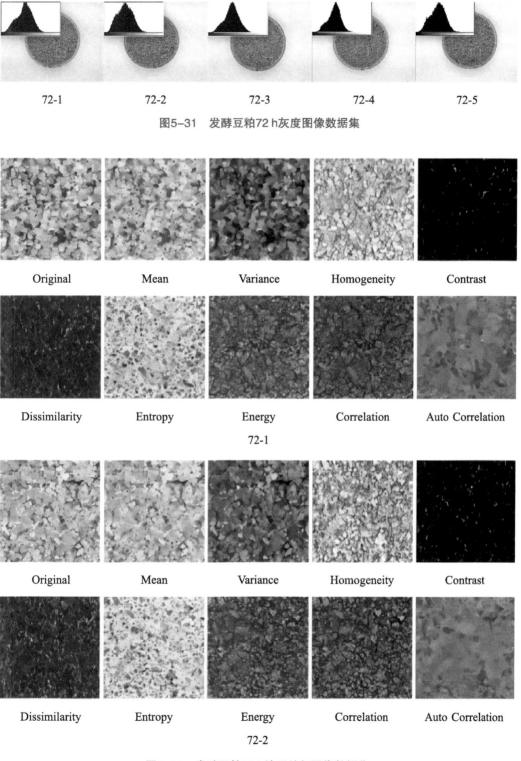

图5-31　发酵豆粕72 h灰度图像数据集

图5-32　发酵豆粕72 h纹理特征图像数据集

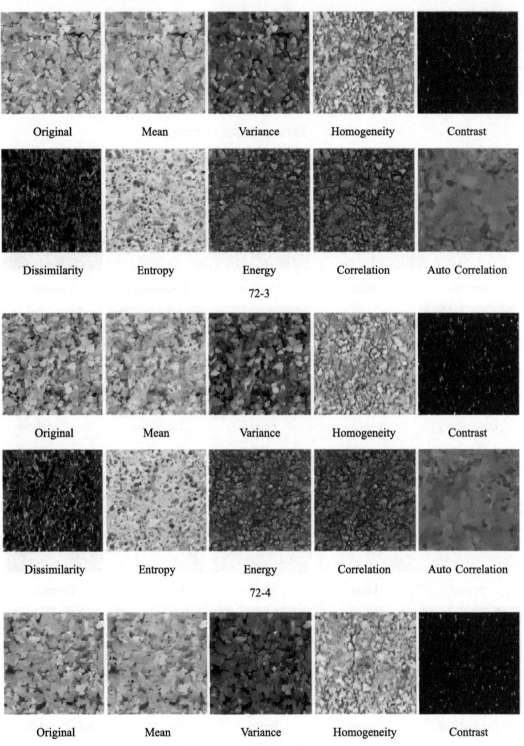

图5-32　发酵豆粕72 h纹理特征图像数据集（续）

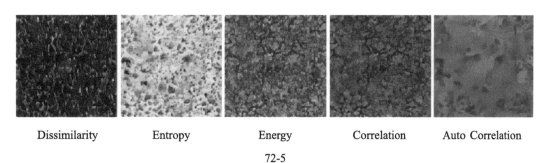

| Dissimilarity | Entropy | Energy | Correlation | Auto Correlation |

72-5

图5-32 发酵豆粕72 h纹理特征图像数据集（续）

5.1.3.2.6 发酵豆粕84 h图像数据集

构建发酵豆粕84 h颜色特征图像数据集（图5-33），经过处理分别得到发酵豆粕84 h RGB图像数据集（图5-34）、发酵豆粕84 h HSV图像数据集（图5-35）、发酵豆粕84 h灰度图像数据集（图5-36）、发酵豆粕84 h纹理特征图像数据集（图5-37）。

| 84-1 | 84-2 | 84-3 | 84-4 | 84-5 |

图5-33 发酵豆粕84 h颜色特征图像数据集

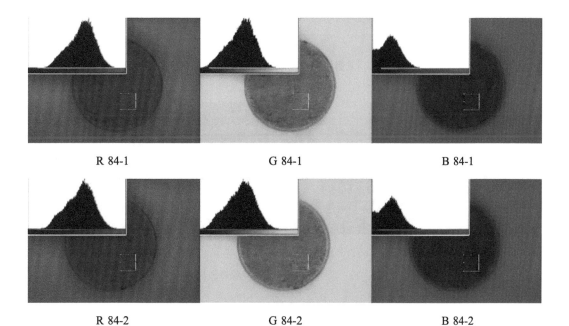

| R 84-1 | G 84-1 | B 84-1 |

| R 84-2 | G 84-2 | B 84-2 |

图5-34 发酵豆粕84 h RGB图像数据集

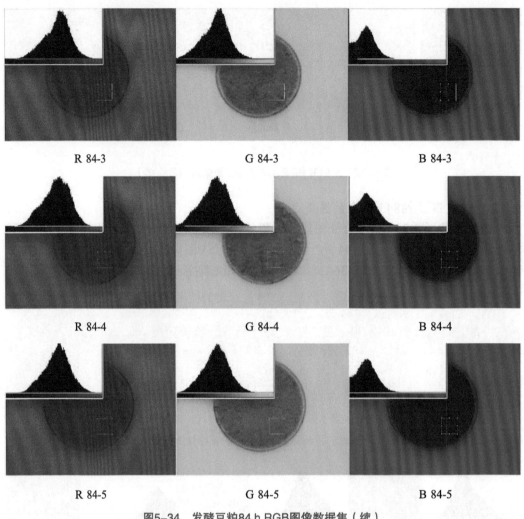

R 84-3   G 84-3   B 84-3

R 84-4   G 84-4   B 84-4

R 84-5   G 84-5   B 84-5

图5-34　发酵豆粕84 h RGB图像数据集（续）

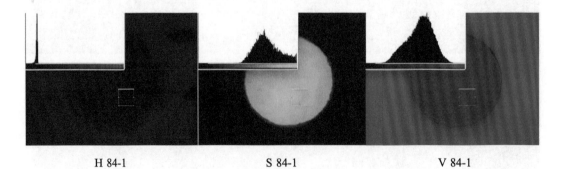

H 84-1   S 84-1   V 84-1

图5-35　发酵豆粕84 h HSV图像数据集

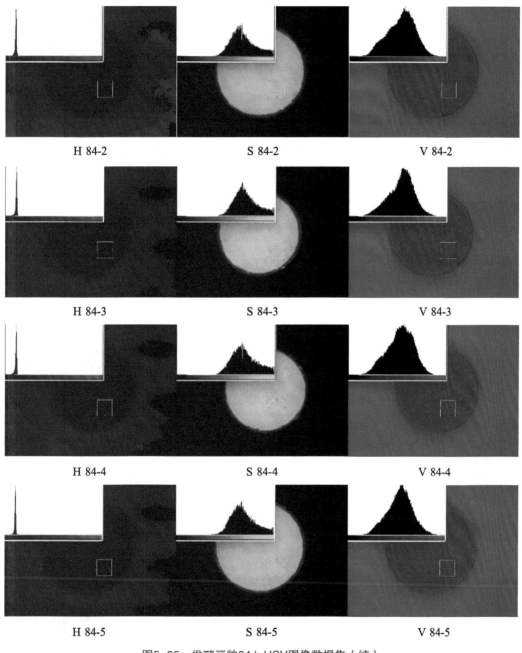

H 84-2　　　　　　　　　S 84-2　　　　　　　　　V 84-2

H 84-3　　　　　　　　　S 84-3　　　　　　　　　V 84-3

H 84-4　　　　　　　　　S 84-4　　　　　　　　　V 84-4

H 84-5　　　　　　　　　S 84-5　　　　　　　　　V 84-5

图5-35　发酵豆粕84 h HSV图像数据集（续）

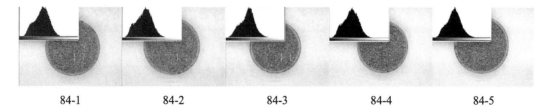

84-1　　　　　84-2　　　　　84-3　　　　　84-4　　　　　84-5

图5-36　发酵豆粕84 h灰度图像数据集

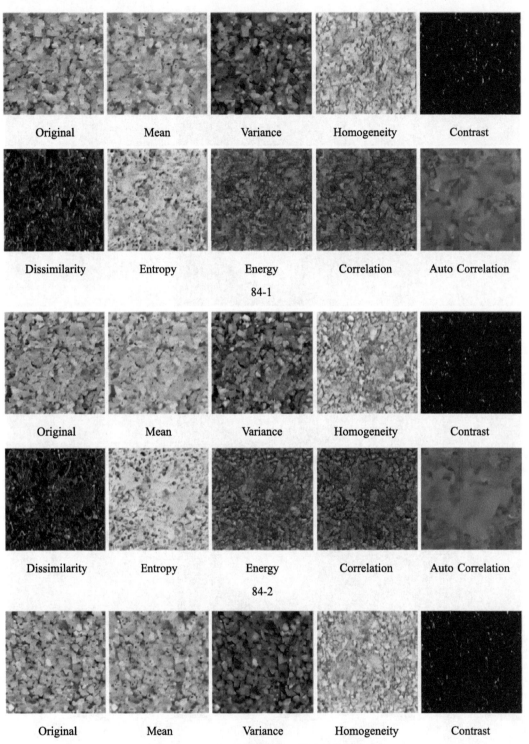

图5-37　发酵豆粕84 h纹理特征图像数据集

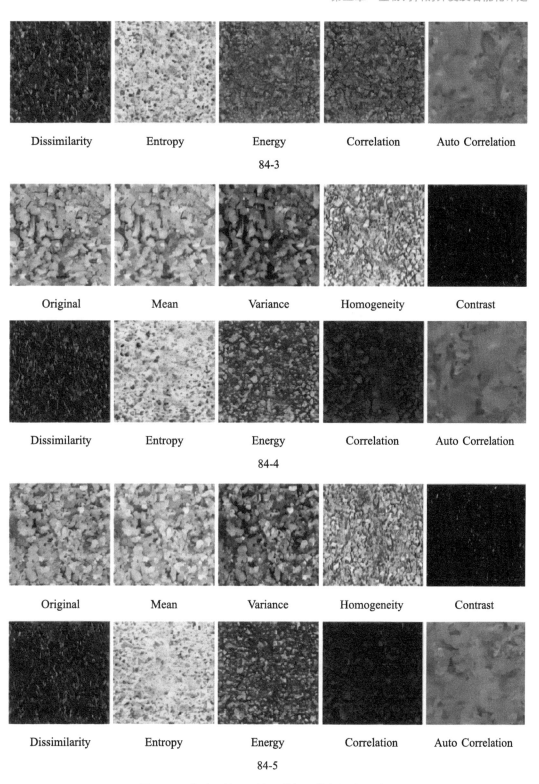

图5-37 发酵豆粕84 h纹理特征图像数据集（续）

5.1.3.2.7　发酵豆粕96 h图像数据集

构建发酵豆粕96 h颜色特征图像数据集（图5-38），经过处理分别得到发酵豆粕96 h RGB图像数据集（图5-39）、发酵豆粕96 h HSV图像数据集（图5-40）、发酵豆粕96 h灰度图像数据集（图5-41）、发酵豆粕96 h纹理特征图像数据集（图5-42）。

图5-38　发酵豆粕96 h颜色特征图像数据集

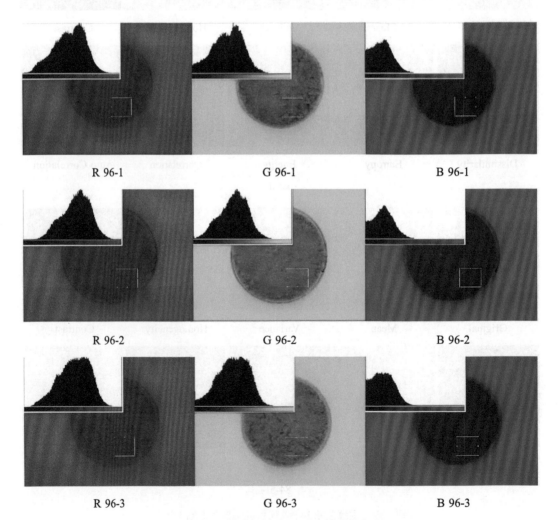

图5-39　发酵豆粕96 h RGB图像数据集

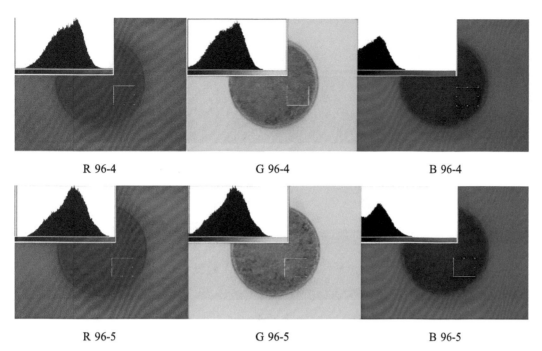

R 96-4 G 96-4 B 96-4

R 96-5 G 96-5 B 96-5

图5-39 发酵豆粕96 h RGB图像数据集（续）

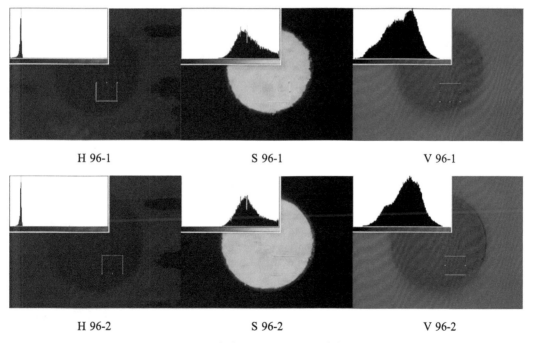

H 96-1 S 96-1 V 96-1

H 96-2 S 96-2 V 96-2

图5-40 发酵豆粕96 h HSV图像数据集

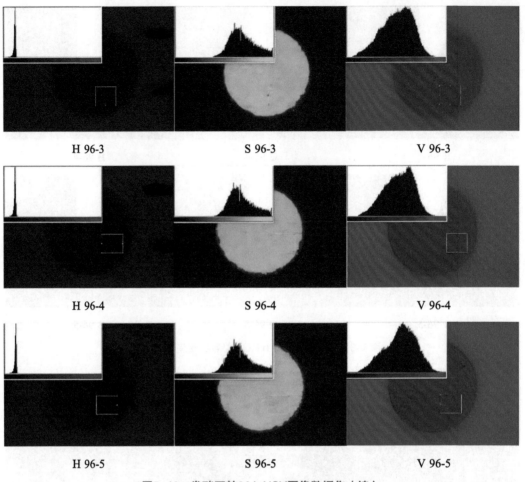

H 96-3   S 96-3   V 96-3

H 96-4   S 96-4   V 96-4

H 96-5   S 96-5   V 96-5

图5-40 发酵豆粕96 h HSV图像数据集（续）

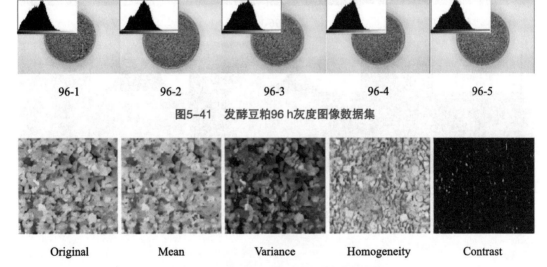

96-1   96-2   96-3   96-4   96-5

图5-41 发酵豆粕96 h灰度图像数据集

Original   Mean   Variance   Homogeneity   Contrast

图5-42 发酵豆粕96 h纹理特征图像数据集

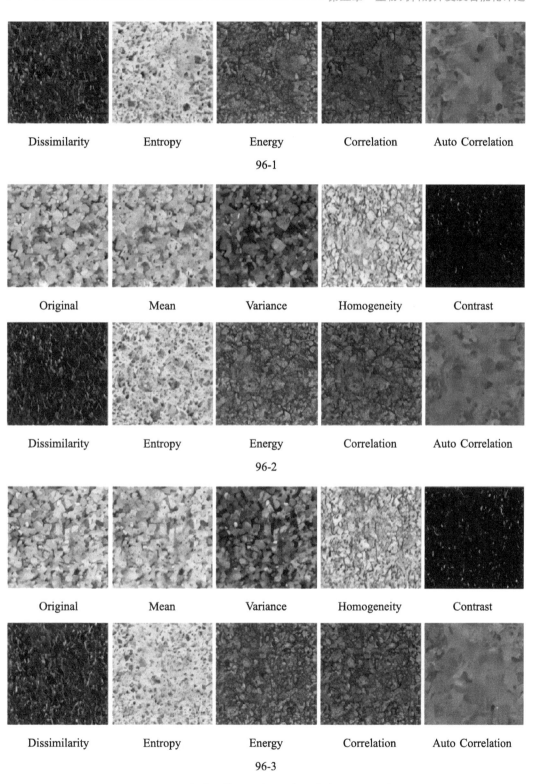

图5-42　发酵豆粕96 h纹理特征图像数据集（续）

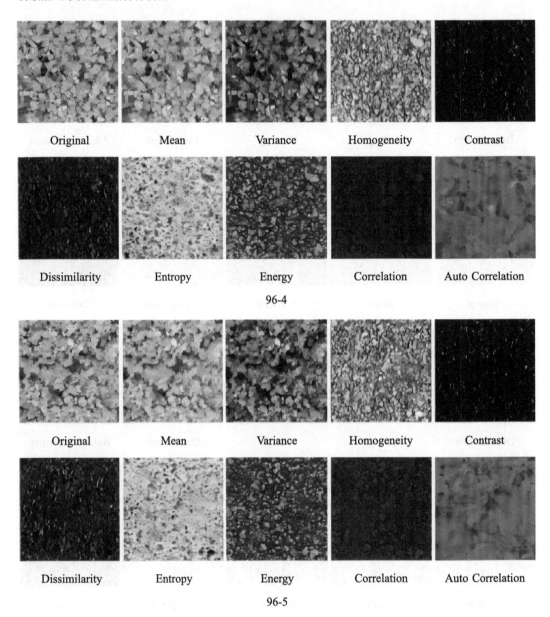

| Original | Mean | Variance | Homogeneity | Contrast |
| Dissimilarity | Entropy | Energy | Correlation | Auto Correlation |

96-4

| Original | Mean | Variance | Homogeneity | Contrast |
| Dissimilarity | Entropy | Energy | Correlation | Auto Correlation |

96-5

图5-42　发酵豆粕96 h纹理特征图像数据集（续）

5.1.3.2.8　发酵豆粕108 h图像数据集

构建发酵豆粕108 h颜色特征图像数据集（图5-43），经过处理分别得到发酵豆粕108 h RGB图像数据集（图5-44）、发酵豆粕108 h HSV图像数据集（图5-45）、发酵豆粕108 h灰度图像数据集（图5-46）、发酵豆粕108 h纹理特征图像数据集（图5-47）。

图5-43　发酵豆粕108 h颜色特征图像数据集

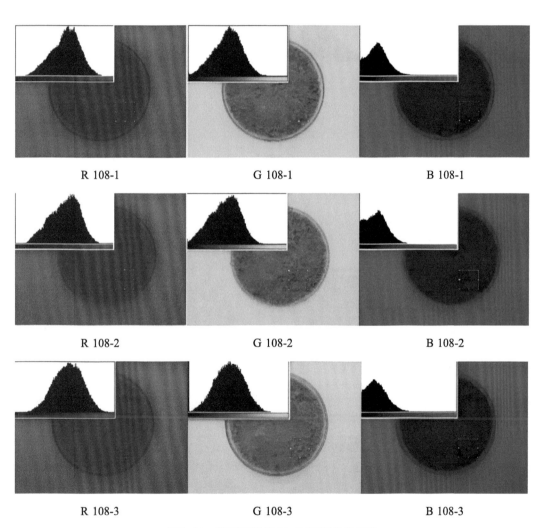

图5-44　发酵豆粕108 h RGB图像数据集

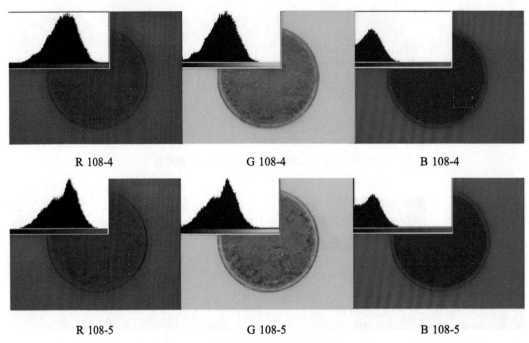

R 108-4　　　　　　　　G 108-4　　　　　　　　B 108-4

R 108-5　　　　　　　　G 108-5　　　　　　　　B 108-5

图5-44　发酵豆粕108 h RGB图像数据集（续）

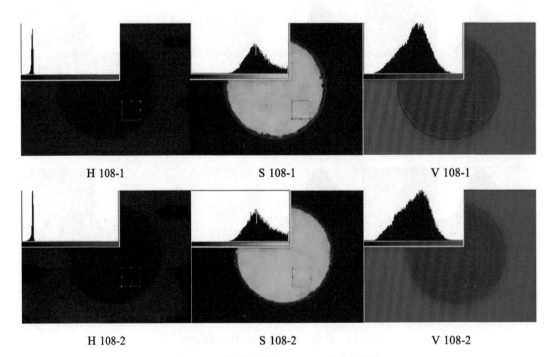

H 108-1　　　　　　　　S 108-1　　　　　　　　V 108-1

H 108-2　　　　　　　　S 108-2　　　　　　　　V 108-2

图5-45　发酵豆粕108 h HSV图像数据集

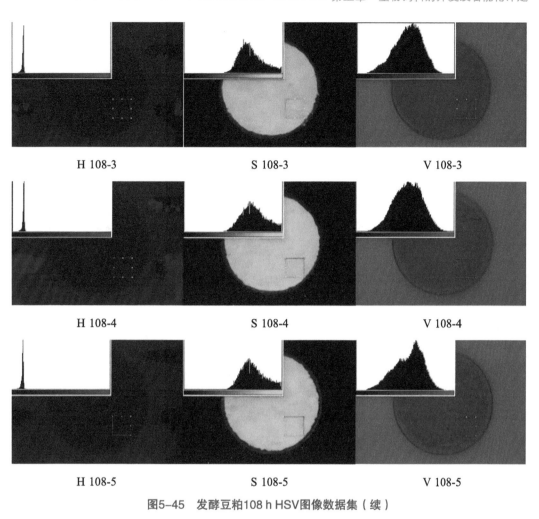

图5-45　发酵豆粕108 h HSV图像数据集（续）

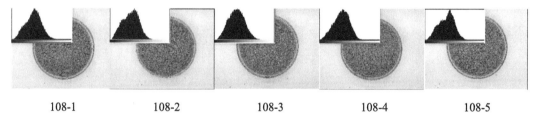

图5-46　发酵豆粕108 h灰度图像数据集

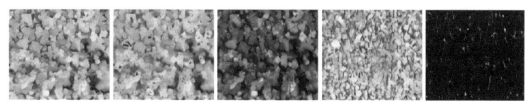

图5-47　发酵豆粕108 h纹理特征图像数据集

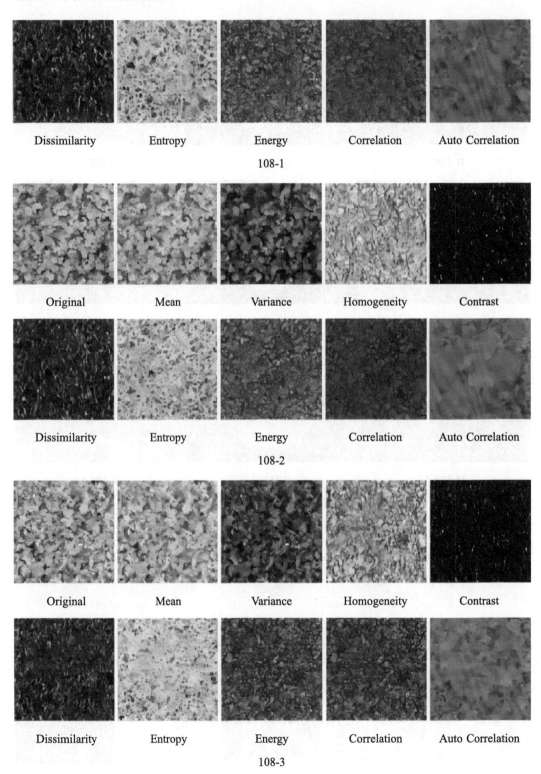

图5-47 发酵豆粕108 h纹理特征图像数据集（续）

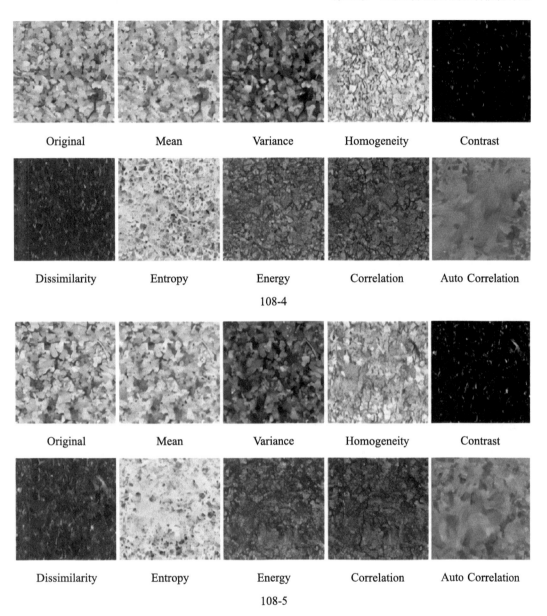

| Original | Mean | Variance | Homogeneity | Contrast |

| Dissimilarity | Entropy | Energy | Correlation | Auto Correlation |

108-4

| Original | Mean | Variance | Homogeneity | Contrast |

| Dissimilarity | Entropy | Energy | Correlation | Auto Correlation |

108-5

图5-47 发酵豆粕108 h纹理特征图像数据集（续）

5.1.3.2.9 发酵豆粕120 h图像数据集

构建发酵豆粕120 h颜色特征图像数据集（图5-48），经过处理分别得到发酵豆粕120 h RGB图像数据集（图5-49）、发酵豆粕120 h HSV图像数据集（图5-50）、发酵豆粕120 h灰度图像数据集（图5-51）、发酵豆粕120 h纹理特征图像数据集（图5-52）。

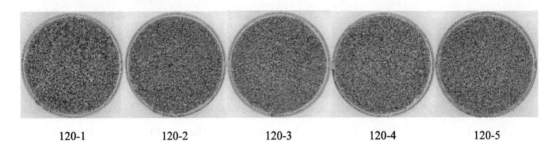

| 120-1 | 120-2 | 120-3 | 120-4 | 120-5 |

图5-48　发酵豆粕120 h颜色特征图像数据集

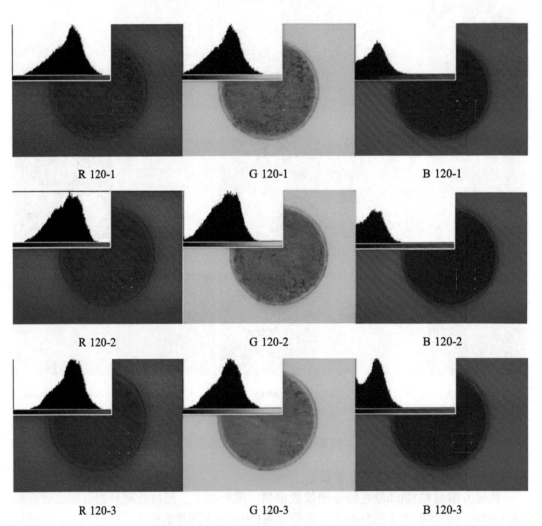

图5-49　发酵豆粕120 h RGB图像数据集

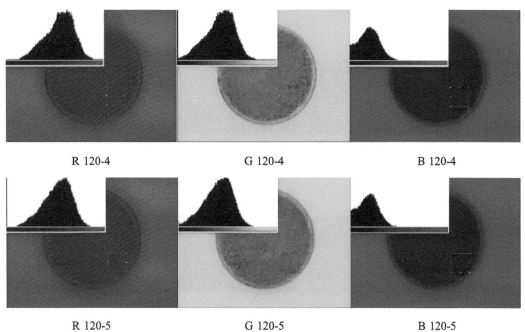

| R 120-4 | G 120-4 | B 120-4 |
| R 120-5 | G 120-5 | B 120-5 |

图5-49　发酵豆粕120 h RGB图像数据集（续）

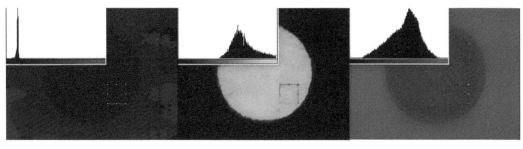

| H 120-1 | S 120-1 | V 120-1 |

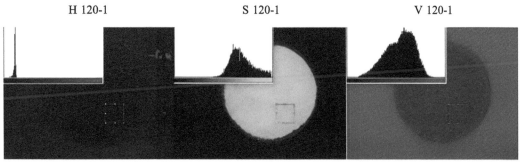

| H 120-2 | S 120-2 | V 120-2 |

图5-50　发酵豆粕120 h HSV图像数据集

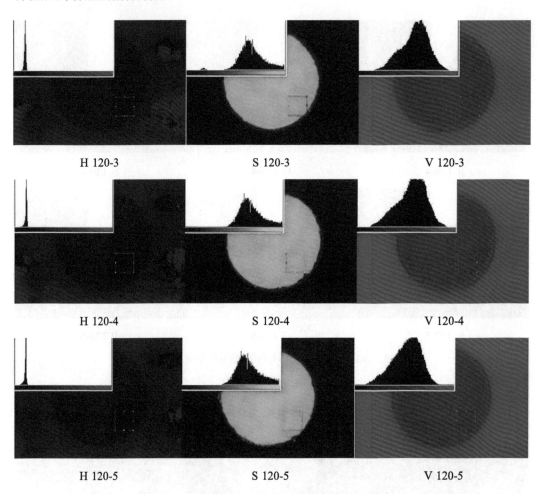

H 120-3   S 120-3   V 120-3

H 120-4   S 120-4   V 120-4

H 120-5   S 120-5   V 120-5

图5-50　发酵豆粕120 h HSV图像数据集（续）

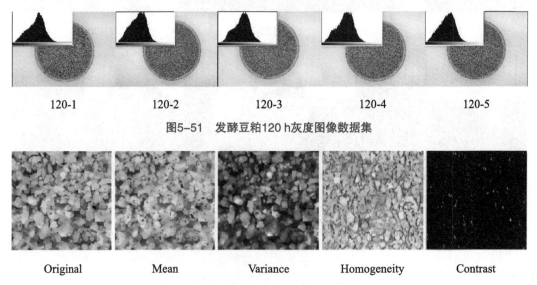

120-1   120-2   120-3   120-4   120-5

图5-51　发酵豆粕120 h灰度图像数据集

Original   Mean   Variance   Homogeneity   Contrast

图5-52　发酵豆粕120 h纹理特征图像数据集

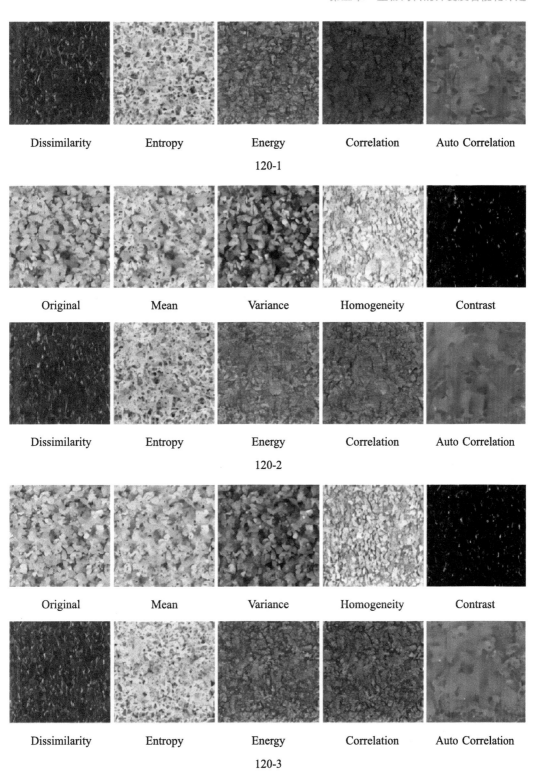

图5-52 发酵豆粕120 h纹理特征图像数据集（续）

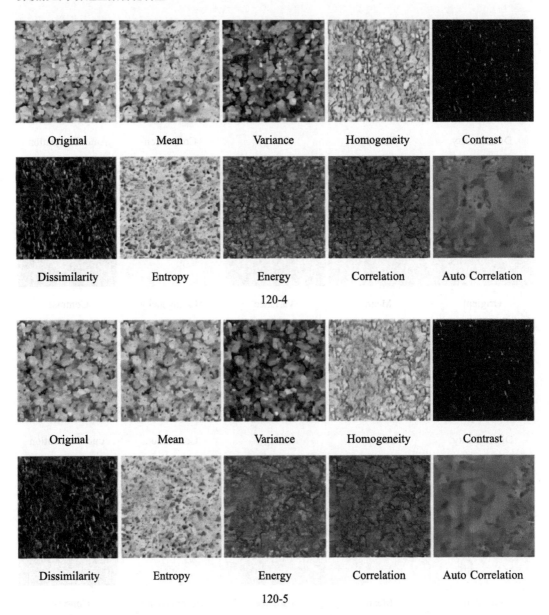

图5-52 发酵豆粕120 h纹理特征图像数据集（续）

5.2 糠麸类生物饲料的开发及智能化评定

我国谷物糠麸类饲料资源丰富，价格低廉，是传统的饲料原料，但其适口性差，深度开发利用不够，附加值低。小麦麸的粗蛋白质和粗纤维含量较高，吸水性较强，易发生霉变；米糠的粗蛋白质和粗脂肪含量较高，易发生酸败。糠麸是谷物的外层，由酚类物质与膳食纤维和β-葡聚糖结合而成，具有抗氧化、抗炎和调节免疫等多种生物活性功能。通过微生物发酵技术可将小麦麸皮和米糠中的活性成分释放出来，同时将一些无法利用或利用率低的成分也被分解为易消化的小分子物质，提高可消化蛋白质含量，延长保存时间。但是必须重视发酵糠麸中霉菌毒素的问题。采用数字化技术对糠麸类固态发酵饲料品质进行管控。

5.2.1 糠麸类生物饲料品质数字化管理

功能性糠麸类固态发酵饲料品质数字化管理系统包含饲料录入、品质统计、品质检测、用户设置、系统调试等模块，提供高精度的发酵饲料品质检测。该软件检测周期短、结果准确，具有强大的数据处理能力。主菜单包含饲料录入、品质统计、品质检测、用户设置、系统调试、帮助选项（图5-53）。

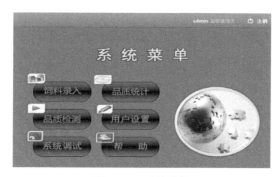

图5-53　系统菜单

5.2.1.1 饲料录入

点击系统菜单界面中的"饲料录入"选项，进入实时浓度界面。通过功能键"浓度/状态"可以进行状态切换，可以查看当前测试状态（图5-54）。乳杆菌是固态发酵饲料的常用菌种，而棒状杆菌和金黄色葡萄球菌是致病菌，其大量存在于饲料中会对动物产生不利影响。

饲料录入	乳杆菌	棒状杆菌	金黄色葡萄球菌
功能性糠麸类固态发酵饲料	20	立即检测	25
糠麸类固态益菌发酵饲料	18	立即检测	31
糠麸类发酵能量饲料	24	21	立即检测
糠麸类发酵微生物饲料	13	18	立即检测

浓度/状态

图5-54　饲料录入

5.2.1.2 品质统计

点击系统菜单界面中的"品质统计"选项，进入界面。品质统计的内容有饲料浓度、乳杆菌、棒状杆菌、金黄色葡萄球菌、历史温度1、历史温度2（图5-55）。历史数据界面是查看所测样本的饲料品质检测历史浓度与温度的入口，在该界面下选择按键可以对相应的历史数据进行查看。

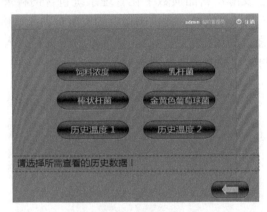

图5-55 品质统计

查看历史数据详细说明如下。

（1）在系统菜单界面按下功能键"品质统计"进入品质统计界面。

（2）在品质统计界面按下功能键"饲料浓度"进入历史浓度界面。

（3）在历史浓度界面显示样本号、浓度、单位、采样时间、检测量、瓶号。

（4）界面下方有"上翻""下翻""打印""清空"等功能键，用户可根据需要选择所需操作。

5.2.1.2.1 历史浓度界面

历史浓度界面显示所查看样本的样本号、浓度、采样时间等，界面下方显示5个功能键（图5-56）。

样本号	浓 度	单 位	采 样 时 间	检测量	瓶号
1	3.9	Lg/100L	2022.12.18	10	T1
2	2.8	Lg/100L	2022.12.18	10	T1
3	4.7	Lg/100L	2022.12.18	10	T1

图5-56 历史浓度界面

历史浓度界面详细说明如下。

（1）上翻、下翻：向上或向下查看所测样本历史浓度结果。

（2）打印：打印当前首行历史浓度数据。

（3）清空：清空当前保存的数据。

（4）退出：退出历史浓度界面，返回上一界面。

5.2.1.2.2　历史温度界面

点击任一历史温度数据进入历史温度界面（图5-57）。

时　　间	温　度	时　　间	温　度
2022.12.16	34 ℃	2022.12.18	30 ℃
2022.12.16	29 ℃	2022.12.19	31 ℃
2022.12.17	28 ℃	2022.12.20	25 ℃
2022.12.17	30 ℃	2022.12.21	27 ℃

图5-57　历史温度界面

历史温度界面详细说明如下。

（1）上翻、下翻：向上或向下查看历史温度结果。

（2）退出：退出历史温度界面，返回上一界面。

5.2.1.2.3　历史数据清除界面

点击界面中的"清空"按钮，进入清除界面。

5.2.1.3　品质检测

点击系统菜单界面中的"品质检测"选项，进入界面，根据不同的实验内容选择品质检测项目（图5-58）。

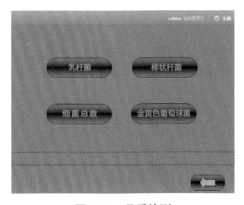

图5-58　品质检测

测试界面详细说明如下。

（1）该界面中的提示栏会根据仪器的当前状态，提示用户进行测试或等待仪器状态稳定。

（2）测试多个指标需要先把水样与试剂混合放入培养检测槽内，然后在该界面下逐次操作输入样本信息，并开始检测。

详细说明如下。

（1）界面最上面显示仪器运行状态和当前操作的测试指标。

（2）界面中间显示需要输入的三个样本信息：样本号、起始瓶位、样本量（图5-59）。

（3）输入样本信息框的下面有提示，可根据提示语进行相应的操作。

（4）输入完成后点击"运行"开始检测。

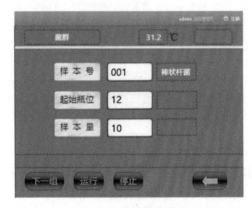

图5-59　具体样本情况

5.2.1.4　数据读取界面

数据读取界面会显示各样本的饲料菌群阴性或阳性，测试完成后点击"测试完成"保存测试结果（图5-60）。

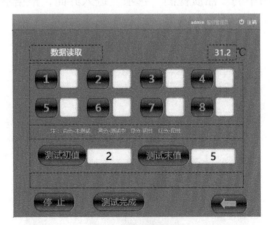

图5-60　数据读取

数据读取界面详细说明如下。

（1）检测饲料菌群时，用户使用MUG培养基加入待测水样。

（2）放入荧光检测池读取初始荧光值，然后放入44.5℃培养槽内，经过恒温培养。

（3）再放入荧光检测池内读取荧光末值。

5.2.1.5 用户设置

点击系统菜单下的用户设置进入界面（图5-61）。

图5-61 用户设置

用户设置界面详细说明如下。

（1）在用户设置界面按下"时间校准"选项进入设置时间界面。

（2）点击数字输入窗口弹出数字键盘，按照既定格式输入时间后按"Enter"键返回，返回后点击"校准"即可完成时间校准。

（3）返回上级界面按下功能键"退出"。

5.2.1.5.1 设置参数界面

点击用户设置界面中的"设置参数"选项，进入设置参数界面（图5-62）。用户点击输入所需修改的参数，点击"确认"键即可完成参数设置。

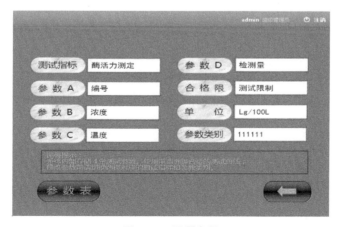

图5-62 设置参数

5.2.1.5.2 时间校准界面

该界面可设置仪器显示时间，用户只需点击数字输入框然后按照格式要求输入设定时间，点击"校准"键即可完成时间设置（图5-63）。

图5-63 时间校准

5.2.1.5.3 参数校准界面

用户选择好校准点数，然后输入相应的浓度与检测量，点击"校准"键即可完成参数校准（图5-64）。

序号	1	2	3	4
浓度	0.9	1.58	1.10	0.79
检测量	22	36	30	19
序号	5	6	7	8
浓度	2.31	1.08	1.26	1.89
检测量	39	28	33	37

参数系列：浓度　　单位：Lg/100L
校准点数：25　　R^2：11111

图5-64 参数校准

5.2.1.6 系统调试界面

点击系统菜单中的"系统调试"选项，进入系统调试界面，用户可进行相应参数的设置（图5-65）。

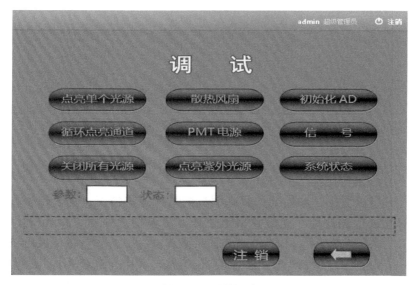

图5-65 系统调试

5.2.2 糠麸类生物饲料产品图像数据集构建及图像特征

收集不同种类和形态的糠麸类发酵饲料样本，使用高分辨率相机对这些饲料样本进行图像采集，通过裁剪、缩放、去噪等方式进行图像预处理，进一步对图像的颜色特征和纹理特征进行提取和分析，构建模型。下面以发酵麸皮和发酵米糠为例进行介绍。

5.2.2.1 发酵麸皮的制备方法

以小麦麸皮为原料，豆粕和玉米粉为辅料。主要制备方法为：使用枯草芽孢杆菌（CGMCC 1.892）和酿酒酵母菌（CGMCC 2.119）混合菌作为发酵微生物，两种菌的最终浓度均为1×10^8 CFU/mL，混合比例为7:3，接种量为10.4%，发酵条件为：料水比1:1.16，发酵温度35℃，发酵时间48 h。发酵结束后，在40℃的烘箱中烘干24 h，烘干后将发酵麸皮粉碎备用。

5.2.2.2 麸皮的发酵工艺

利用统计分析软件Minitab 16联合求解得出最佳的条件取值为发酵时间51 h，含水量50%，发酵温度33.8℃。

236个发酵麸皮还原糖样品的原始光谱反射率曲线如图5-66（a）所示，179个可溶性蛋白样品原始光谱反射率曲线如图5-66（b）所示，由图中可以看出近红外光谱图走向基本一致，但响应信号存在一定差异，说明样品中的各成分含量存在差异。在

1 200 nm和1 450 nm附近拥有较为明显的吸收峰，这和发酵麸皮中大量含氢基团振动有关。

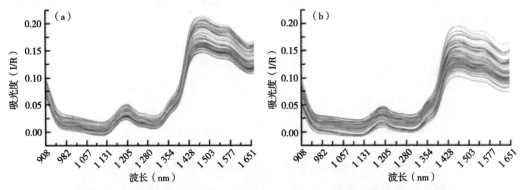

图5-66　发酵麸皮还原糖（a）和可溶性蛋白（b）模型的NIR原始光谱图

由图5-67可以看出，原始光谱存在明显的基线漂移情况，为确保模型的预测性能，需要对其进行预处理。光谱数据预处理方法包括无处理（None）、去趋势化（Detrend）、标准正态变换（SNV）、二阶导数（SD）、一阶导数（FD）5种单一预处理方法，以及上述2~3种预处理随机组合的方法。其中，SEC越小，R^2越接近1，相对分析误差（RPD）越大，表明所建立模型的预测效果更好、适用性更强。还原糖和可溶性蛋白模型分别选择一阶导数、二阶导数，标准正态变换获得的PLS模型最优。其模型的决定系数R^2分别为0.854 8和0.833 2，验证均方差SEC分别为1.947和3.29，且2种模型的RPD均>2，说明模型具备较高的可靠性，其中还原糖模型RPD为2.624>2.5能够用于还原糖含量的实际检测，而可溶性蛋白模型RPD为2.448 6<2.5，说明该模型预测结果可达到粗估的效果，但预测精度需进一步提高。

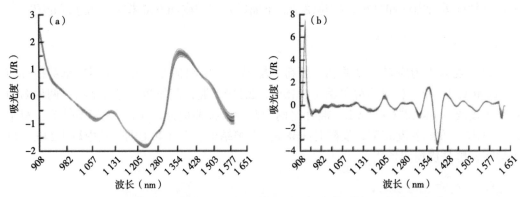

图5-67　发酵麸皮还原糖（a）和可溶性蛋白（b）模型的NIR预处理光谱图

以筛选的最优光谱预处理方法、最佳建模区间和最佳主因子数作为参数评价指标，对模型进行智能优化，然后采用PLS法建立定量分析模型。各模型实测值与预测值的相关性见图5-68。

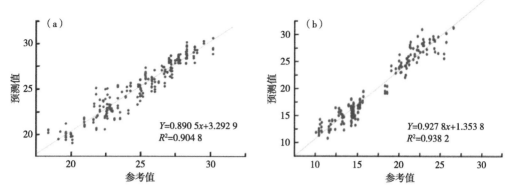

图5-68 发酵麸皮还原糖（a）和可溶性蛋白（b）组分的NIR定量模型的实测值与预测值相关性

5.2.2.3 发酵麸皮的主要活性物质

发酵麸皮糖蛋白的单糖组成及发酵麸皮糖蛋白中各单糖组成的摩尔百分比为：甘露糖、核糖、鼠李糖、葡萄糖醛酸、半乳糖醛酸、葡萄糖、半乳糖、木糖、阿拉伯糖、岩藻糖为4.18∶0.57∶0.28∶0.21∶0.07∶33.33∶4.59∶31.29∶25.31∶0.16，其中葡萄糖含量最高，达到33.33%（表5-2）。

表5-2 发酵麸皮糖蛋白的单糖组成及摩尔百分比

单糖	摩尔百分比（%）
甘露糖	4.18
核糖	0.57
鼠李糖	0.28
葡萄糖醛酸	0.21
半乳糖醛酸	0.07
葡萄糖	33.33
半乳糖	4.59
木糖	31.29
阿拉伯糖	25.31
岩藻糖	0.16

麸皮和发酵麸皮的分子量如表5-3所示，麸皮的分子量为52.03 kDa，发酵麸皮的分子量为21.19 kDa，经益生菌发酵后麸皮多糖的分子量降低。

表5-3 麸皮和发酵麸皮的多糖含量、单糖组成和分子量

项目		麸皮	发酵麸皮
多糖含量（%）		71.18 ± 8.40^b	96.96 ± 2.42^a
单糖组成（%）	甘露糖	1.48	2.65
	核糖	0.12	0.12
	鼠李糖	0.09	1.2
	葡萄糖醛酸	0.43	0.13
	半乳糖醛酸	0.03	0.04
	葡萄糖	50.25	17.43
	半乳糖	3.14	2.13
	木糖	26.13	43.32
	阿拉伯糖	18.33	32.66
	岩藻糖	Nd	0.32
分子量（kDa）		52.03	21.19

注：同行不同小写字母表示差异显著（$P<0.05$），含有相同字母或没有字母标注的表示差异不显著（$P>0.05$）。

如表5-4所示，发酵麦麸阿魏酰低聚糖由10种单糖组成，分别为甘露糖、核糖、鼠李糖、葡萄糖醛酸、半乳糖醛酸、葡萄糖、半乳糖、木糖、阿拉伯糖和岩藻糖，摩尔百分比分别为1.69%、0.38%、1.02%、0.53%、0.05%、29.79%、3.19%、33.42%、29.81%和0.12%。发酵麦麸阿魏酰低聚糖的重均分子量为11.81 kDa。表明发酵麦麸阿魏酰低聚糖是一种功能性低聚糖，其中葡萄糖、阿拉伯糖和木糖，是构成发酵麦麸阿魏酰低聚糖的主干结构。

表5-4 发酵麦麸阿魏酰低聚糖的单糖组成分析

项目		含量
阿魏酰低聚糖（mmol/g）		37.34
单糖组成（%）	甘露糖	1.69
	核糖	0.38
	鼠李糖	1.02
	葡萄糖醛酸	0.53
	半乳糖醛酸	0.05
	葡萄糖	29.79

（续表）

项目		含量
单糖组成（%）	半乳糖	3.19
	木糖	33.42
	阿拉伯糖	29.81
	岩藻糖	0.12
重均分子量（kDa）		11.81

5.2.2.4　发酵麸皮数据集

获取8批次不同发酵时间（0 h、12 h、24 h、36 h、48 h、60 h、72 h、84 h、96 h）的生物发酵饲料产品。从发酵袋中取出发酵麸皮，按前中后分装在3个平皿，平皿直径85 mm，拍摄获取312张图像样本，部分样本图例见图5-69。

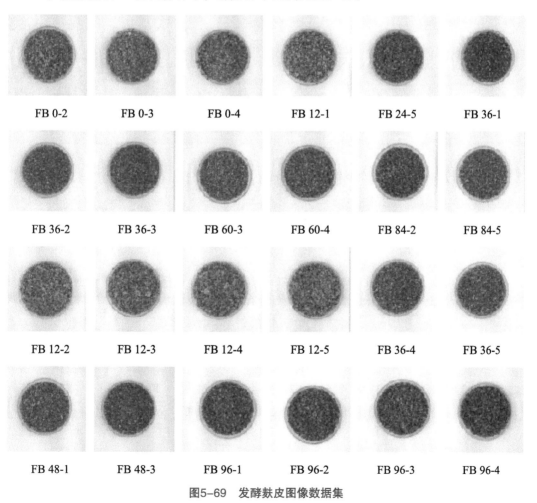

图5-69　发酵麸皮图像数据集

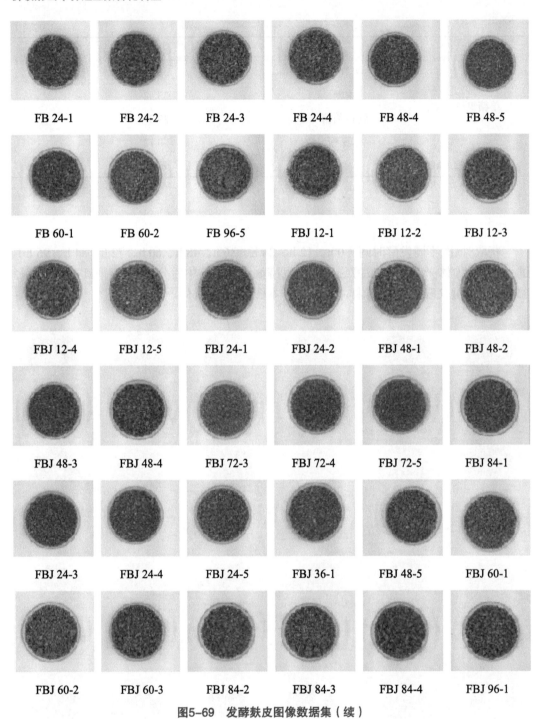

图5-69 发酵麸皮图像数据集（续）

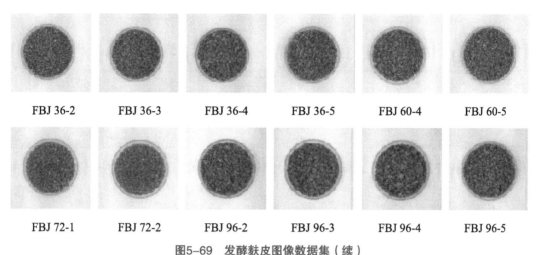

<table>
<tr><td>FBJ 36-2</td><td>FBJ 36-3</td><td>FBJ 36-4</td><td>FBJ 36-5</td><td>FBJ 60-4</td><td>FBJ 60-5</td></tr>
</table>

FBJ 72-1　　　FBJ 72-2　　　FBJ 96-2　　　FBJ 96-3　　　FBJ 96-4　　　FBJ 96-5

图5-69　发酵麸皮图像数据集（续）

5.2.2.5　发酵麸皮图像特征

5.2.2.5.1　发酵麸皮12 h图像数据集

构建发酵麸皮12 h颜色特征图像数据集（图5-70），经过处理分别得到发酵麸皮12 h RGB图像数据集（图5-71）、发酵麸皮12 h HSV图像数据集（图5-72）、发酵麸皮12 h灰度图像数据集（图5-73）、发酵麸皮12 h纹理特征图像数据集（图5-74）。

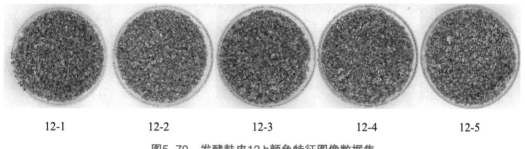

12-1　　　　　12-2　　　　　12-3　　　　　12-4　　　　　12-5

图5-70　发酵麸皮12 h颜色特征图像数据集

R 12-1　　　　　　　G 12-1　　　　　　　B 12-1

图5-71　发酵麸皮12 h RGB图像数据集

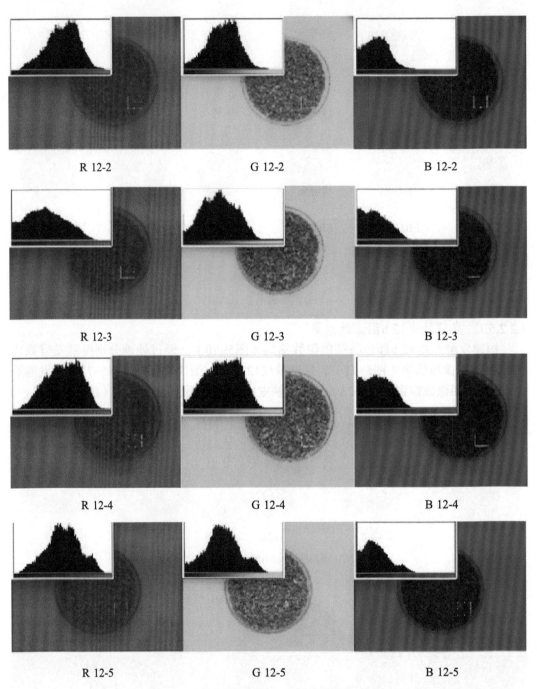

R 12-2   G 12-2   B 12-2

R 12-3   G 12-3   B 12-3

R 12-4   G 12-4   B 12-4

R 12-5   G 12-5   B 12-5

图5-71　发酵麸皮12 h RGB图像数据集（续）

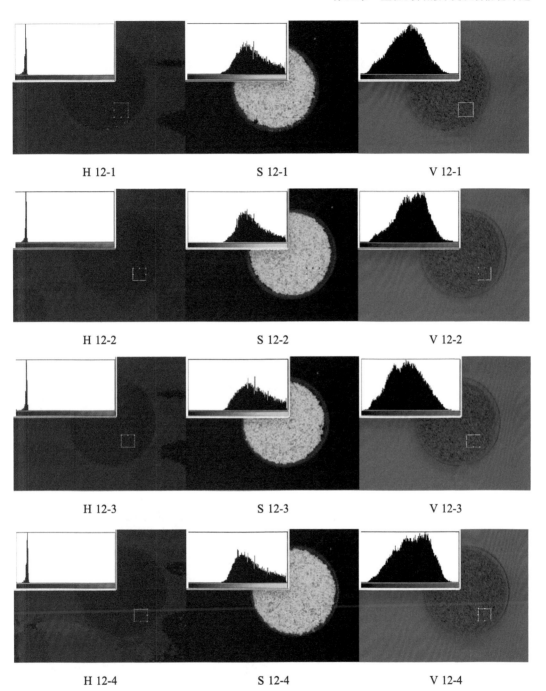

H 12-1　　　　　　　　S 12-1　　　　　　　　V 12-1

H 12-2　　　　　　　　S 12-2　　　　　　　　V 12-2

H 12-3　　　　　　　　S 12-3　　　　　　　　V 12-3

H 12-4　　　　　　　　S 12-4　　　　　　　　V 12-4

图5-72　发酵麸皮12 h HSV图像数据集

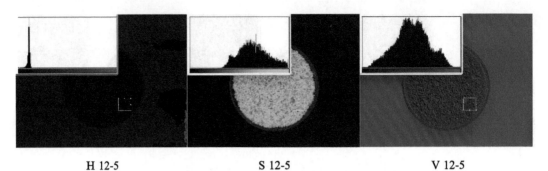

H 12-5　　　　　　　　　　S 12-5　　　　　　　　　　V 12-5

图5-72　发酵麸皮12 h HSV图像数据集（续）

12-1　　　　　　12-2　　　　　　12-3　　　　　　12-4　　　　　　12-5

图5-73　发酵麸皮12 h灰度图像数据集

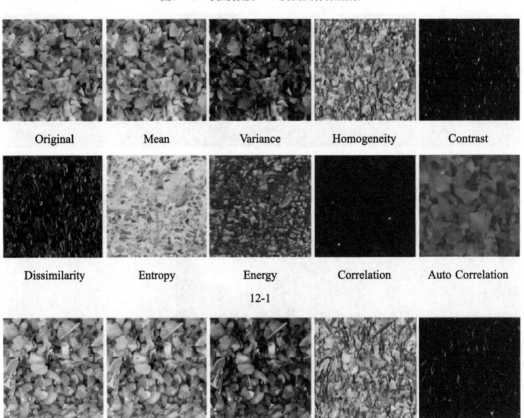

Original　　　　　　Mean　　　　　Variance　　　Homogeneity　　　Contrast

Dissimilarity　　　　Entropy　　　　Energy　　　Correlation　　Auto Correlation

12-1

Original　　　　　　Mean　　　　　Variance　　　Homogeneity　　　Contrast

图5-74　发酵麸皮12 h纹理特征图像数据集

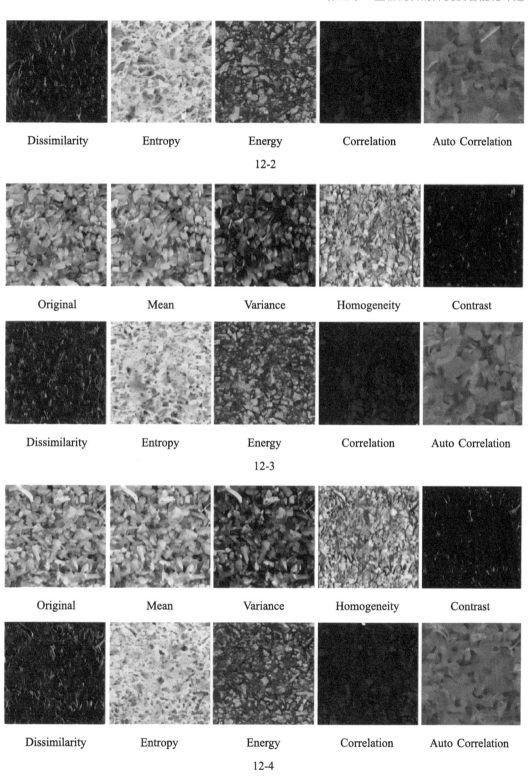

图5-74 发酵麸皮12 h纹理特征图像数据集（续）

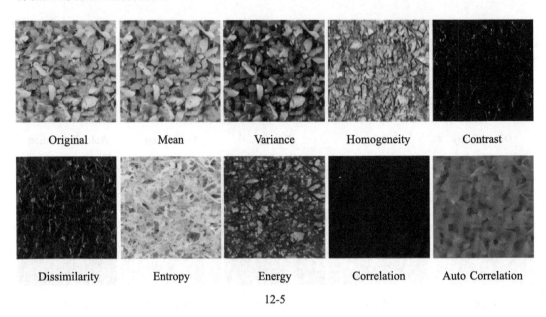

Original   Mean   Variance   Homogeneity   Contrast

Dissimilarity   Entropy   Energy   Correlation   Auto Correlation

12-5

图5-74　发酵麸皮12 h纹理特征图像数据集（续）

5.2.2.5.2　发酵麸皮24 h图像数据集

构建发酵麸皮24 h颜色特征图像数据集（图5-75），经过处理分别得到发酵麸皮24 h RGB图像数据集（图5-76）、发酵麸皮24 h HSV图像数据集（图5-77）、发酵麸皮24 h灰度图像数据集（图5-78）、发酵麸皮24 h纹理特征图像数据集（图5-79）。

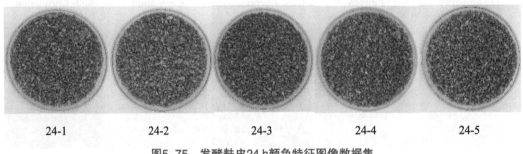

24-1   24-2   24-3   24-4   24-5

图5-75　发酵麸皮24 h颜色特征图像数据集

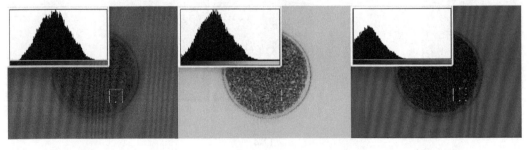

R 24-1   G 24-1   B 24-1

图5-76　发酵麸皮24 h RGB图像数据集

R 24-2　　　　　　　　　　G 24-2　　　　　　　　　　B 24-2

R 24-3　　　　　　　　　　G 24-3　　　　　　　　　　B 24-3

R 24-4　　　　　　　　　　G 24-4　　　　　　　　　　B 24-4

R 24-5　　　　　　　　　　G 24-5　　　　　　　　　　B 24-5

图5-76　发酵麸皮24 h RGB图像数据集（续）

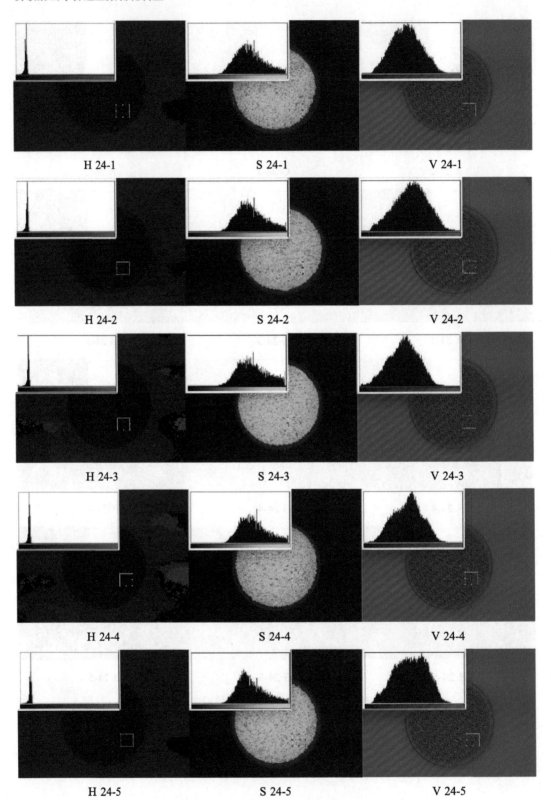

H 24-1　　　　　S 24-1　　　　　V 24-1

H 24-2　　　　　S 24-2　　　　　V 24-2

H 24-3　　　　　S 24-3　　　　　V 24-3

H 24-4　　　　　S 24-4　　　　　V 24-4

H 24-5　　　　　S 24-5　　　　　V 24-5

图5-77　发酵麸皮24 h HSV图像数据集

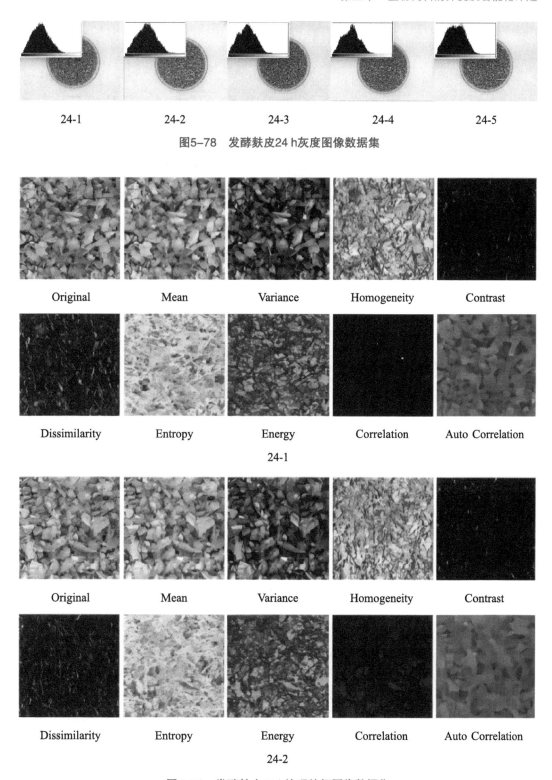

24-1　　　　　24-2　　　　　24-3　　　　　24-4　　　　　24-5

图5-78　发酵麸皮24 h灰度图像数据集

Original　　　Mean　　　Variance　　　Homogeneity　　　Contrast

Dissimilarity　　　Entropy　　　Energy　　　Correlation　　　Auto Correlation

24-1

Original　　　Mean　　　Variance　　　Homogeneity　　　Contrast

Dissimilarity　　　Entropy　　　Energy　　　Correlation　　　Auto Correlation

24-2

图5-79　发酵麸皮24 h纹理特征图像数据集

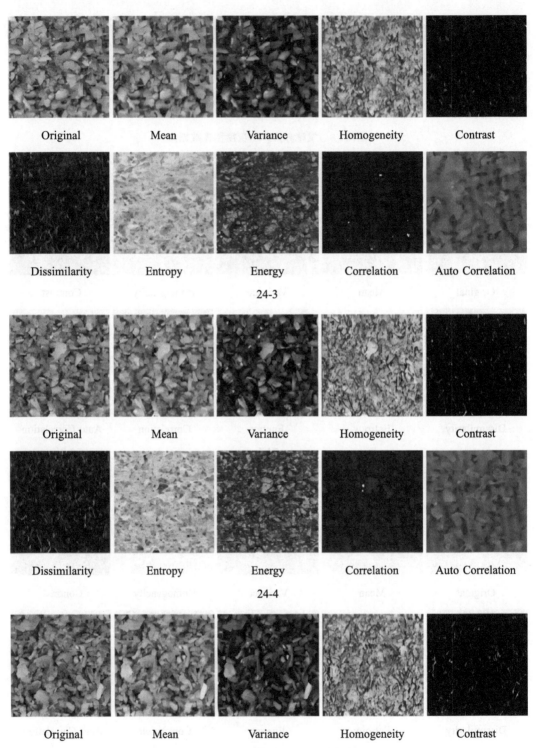

图5-79 发酵麸皮24 h纹理特征图像数据集（续）

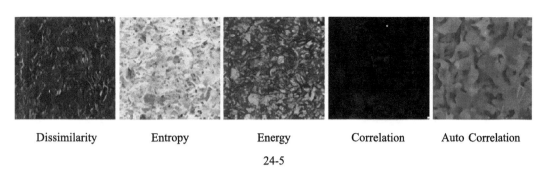

Dissimilarity　　Entropy　　Energy　　Correlation　　Auto Correlation

24-5

图5-79　发酵麸皮24 h纹理特征图像数据集（续）

5.2.2.5.3　发酵麸皮36 h图像数据集

　　构建发酵麸皮36 h颜色特征图像数据集（图5-80），经过处理分别得到发酵麸皮36 h RGB图像数据集（图5-81）、发酵麸皮36 h HSV图像数据集（图5-82）、发酵麸皮36 h灰度图像数据集（图5-83）、发酵麸皮36 h纹理特征图像数据集（图5-84）。

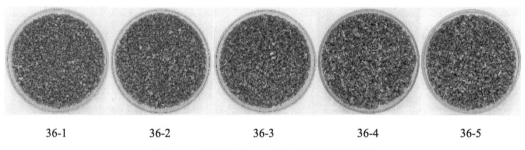

36-1　　　　36-2　　　　36-3　　　　36-4　　　　36-5

图5-80　发酵麸皮36 h颜色特征图像数据集

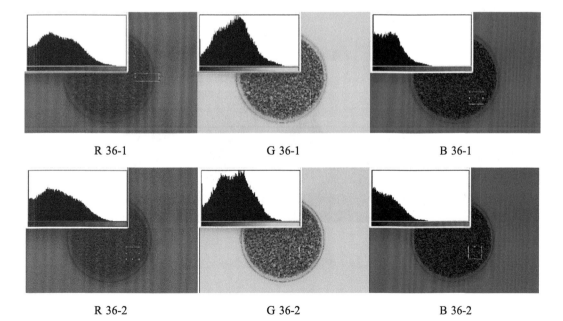

R 36-1　　　　　　G 36-1　　　　　　B 36-1

R 36-2　　　　　　G 36-2　　　　　　B 36-2

图5-81　发酵麸皮36 h RGB图像数据集

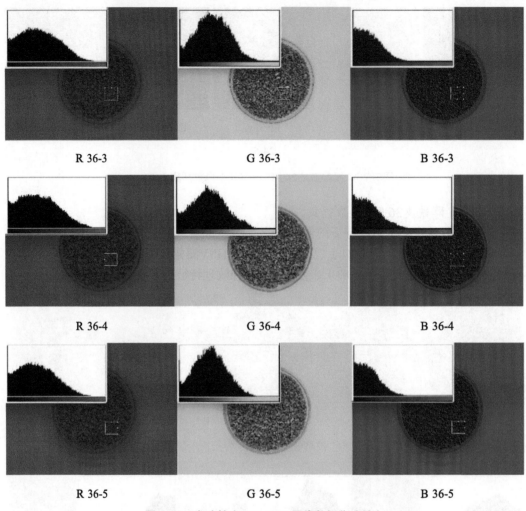

R 36-3   G 36-3   B 36-3

R 36-4   G 36-4   B 36-4

R 36-5   G 36-5   B 36-5

图5-81 发酵麸皮36 h RGB图像数据集（续）

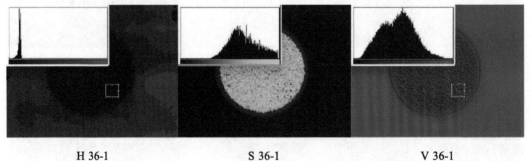

H 36-1   S 36-1   V 36-1

图5-82 发酵麸皮36 h HSV图像数据集

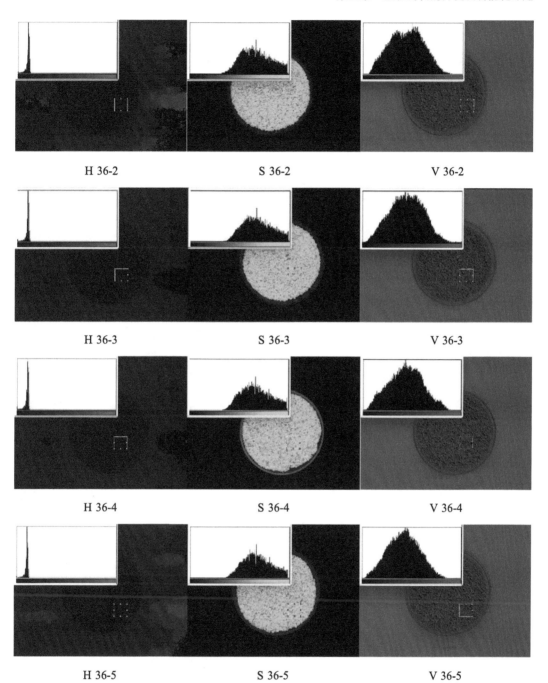

图5-82 发酵麸皮36 h HSV图像数据集（续）

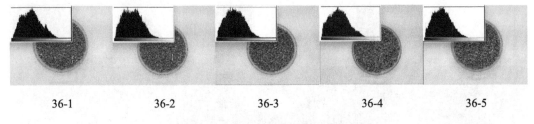

| 36-1 | 36-2 | 36-3 | 36-4 | 36-5 |

图5-83　发酵麸皮36 h灰度图像数据集

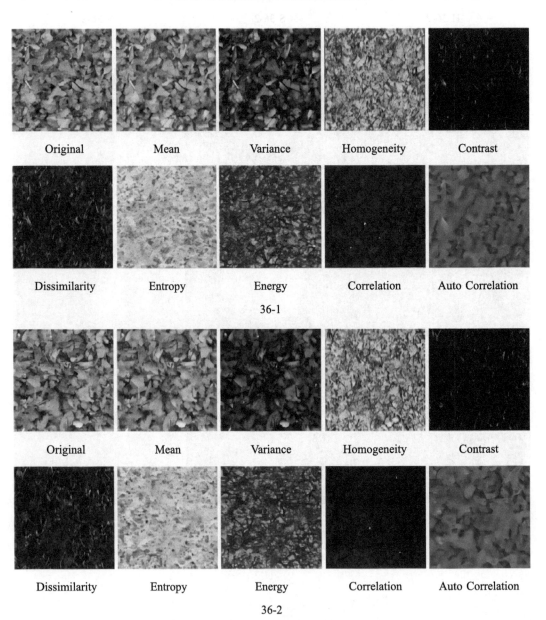

图5-84　发酵麸皮36 h纹理特征图像数据集

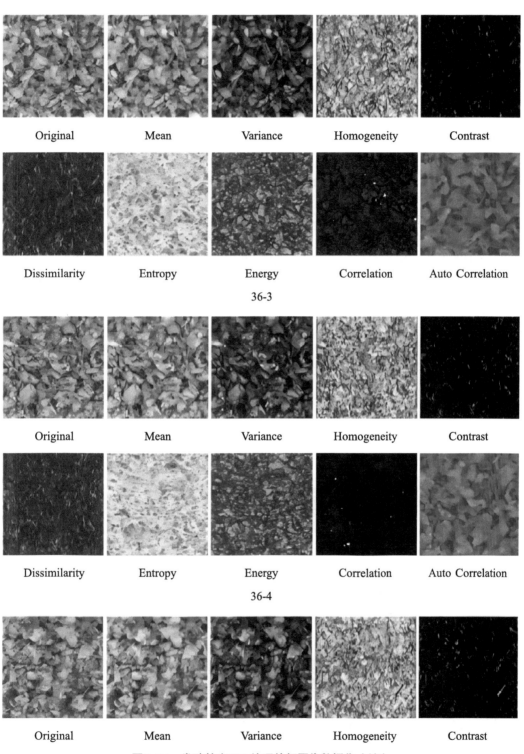

图5-84 发酵麸皮36 h纹理特征图像数据集（续）

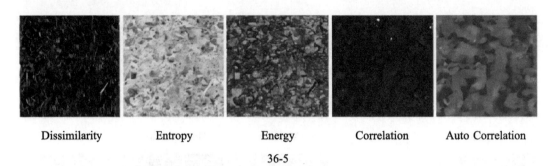

| Dissimilarity | Entropy | Energy | Correlation | Auto Correlation |

36-5

图5-84　发酵麸皮36 h纹理特征图像数据集（续）

5.2.2.5.4　发酵麸皮48 h图像数据集

　　构建发酵麸皮48 h颜色特征图像数据集（图5-85），经过处理分别得到发酵麸皮48 h RGB图像数据集（图5-86）、发酵麸皮48 h HSV图像数据集（图5-87）、发酵麸皮48 h灰度图像数据集（图5-88）、发酵麸皮48 h纹理特征图像数据集（图5-89）。

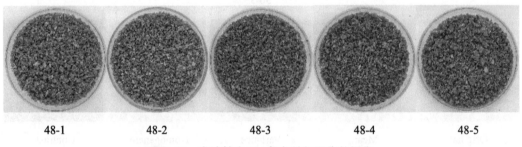

| 48-1 | 48-2 | 48-3 | 48-4 | 48-5 |

图5-85　发酵麸皮48 h颜色特征图像数据集

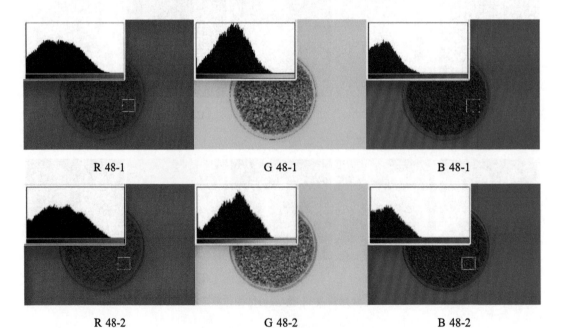

| R 48-1 | G 48-1 | B 48-1 |

| R 48-2 | G 48-2 | B 48-2 |

图5-86　发酵麸皮48 h RGB图像数据集

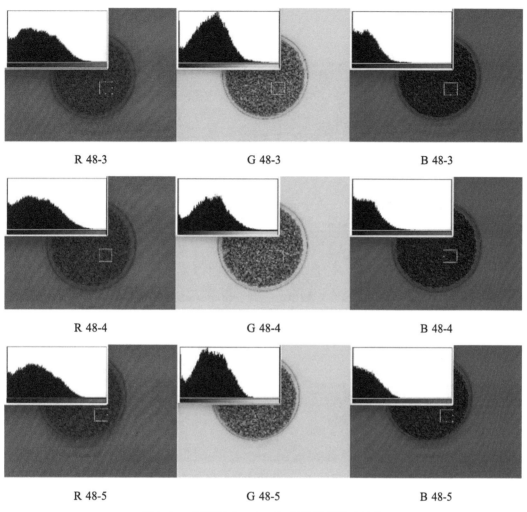

R 48-3 G 48-3 B 48-3

R 48-4 G 48-4 B 48-4

R 48-5 G 48-5 B 48-5

图5-86 发酵麸皮48 h RGB图像数据集（续）

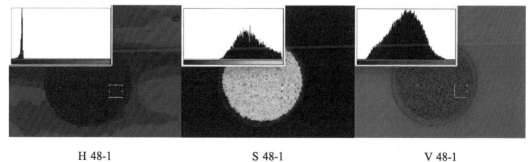

H 48-1 S 48-1 V 48-1

图5-87 发酵麸皮48 h HSV图像数据集

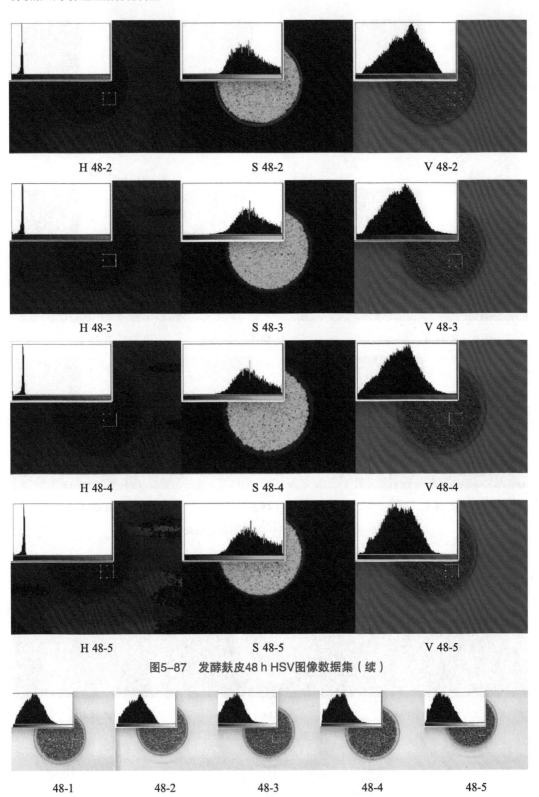

图5-87　发酵麸皮48 h HSV图像数据集（续）

图5-88　发酵麸皮48 h灰度图像数据集

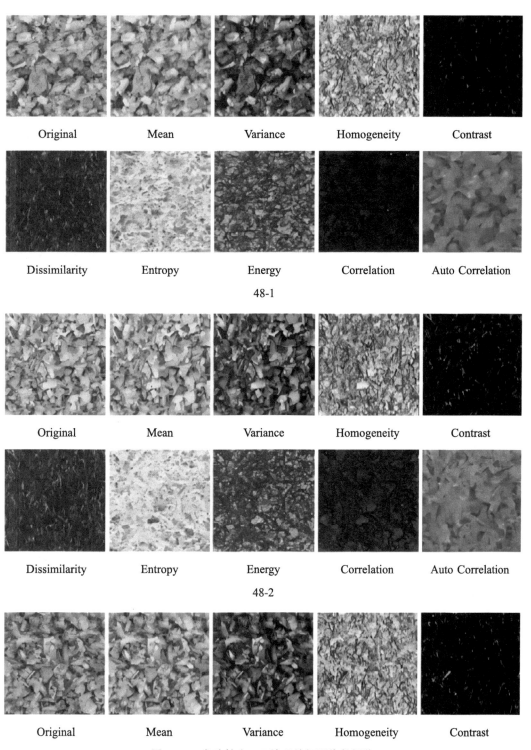

图5-89 发酵麸皮48 h纹理特征图像数据集

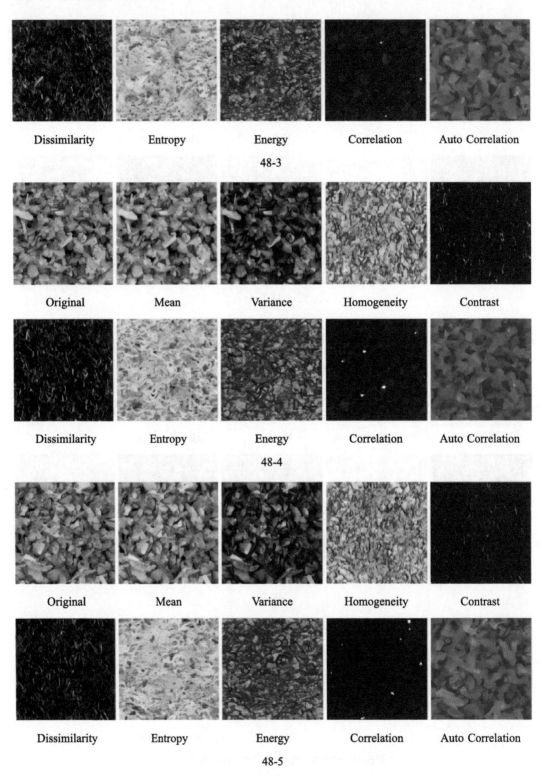

图5-89 发酵麸皮48 h纹理特征图像数据集（续）

5.2.2.5.5　发酵麸皮60 h图像数据集

构建发酵麸皮60 h颜色特征图像数据集（图5-90），经过处理分别得到发酵麸皮60 h RGB图像数据集（图5-91）、发酵麸皮60 h HSV图像数据集（图5-92）、发酵麸皮60 h灰度图像数据集（图5-93）、发酵麸皮60 h纹理特征图像数据集（图5-94）。

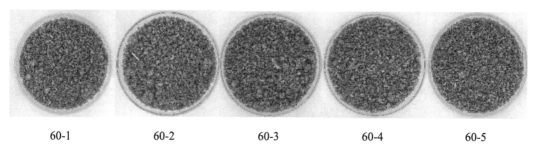

60-1　　　　　　60-2　　　　　　60-3　　　　　　60-4　　　　　　60-5

图5-90　发酵麸皮60 h颜色特征图像数据集

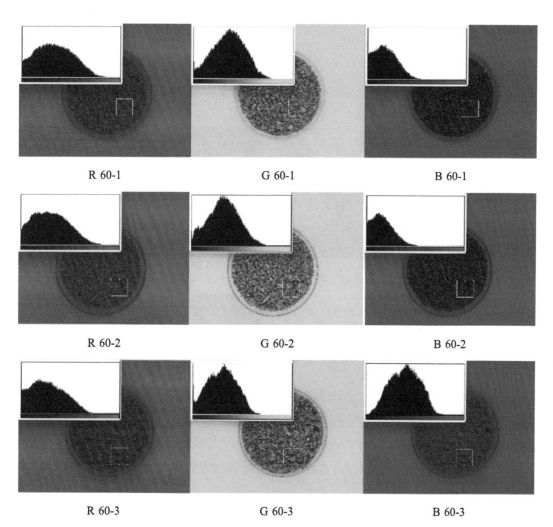

R 60-1　　　　　　　　　G 60-1　　　　　　　　　B 60-1

R 60-2　　　　　　　　　G 60-2　　　　　　　　　B 60-2

R 60-3　　　　　　　　　G 60-3　　　　　　　　　B 60-3

图5-91　发酵麸皮60 h RGB图像数据集

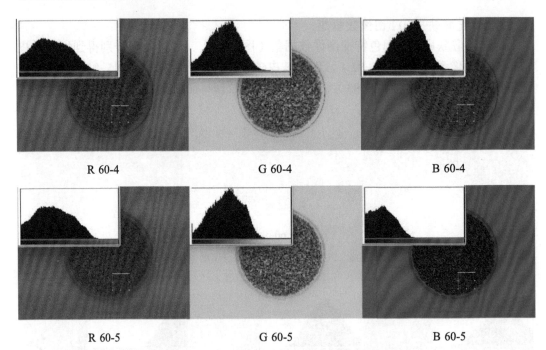

R 60-4   G 60-4   B 60-4

R 60-5   G 60-5   B 60-5

图5-91　发酵麸皮60 h RGB图像数据集（续）

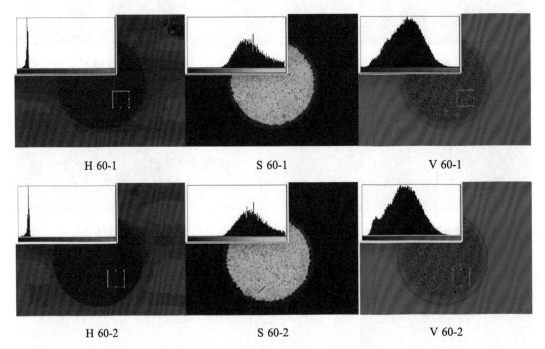

H 60-1   S 60-1   V 60-1

H 60-2   S 60-2   V 60-2

图5-92　发酵麸皮60 h HSV图像数据集

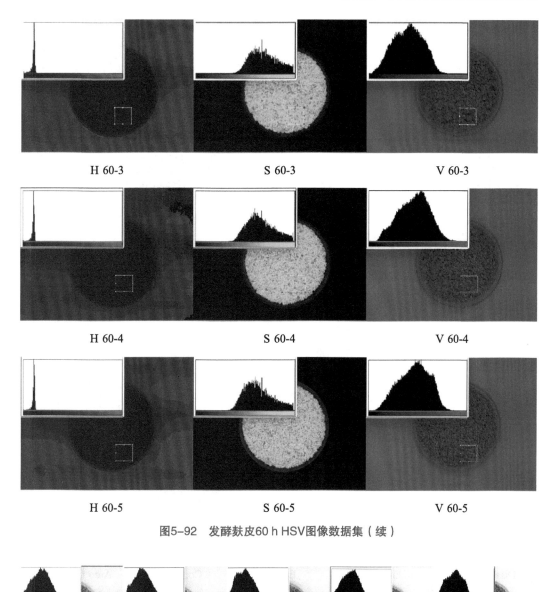

H 60-3　　　　　　　　S 60-3　　　　　　　　V 60-3

H 60-4　　　　　　　　S 60-4　　　　　　　　V 60-4

H 60-5　　　　　　　　S 60-5　　　　　　　　V 60-5

图5-92　发酵麸皮60 h HSV图像数据集（续）

60-1　　　　　　60-2　　　　　　60-3　　　　　　60-4　　　　　　60-5

图5-93　发酵麸皮60 h灰度图像数据集

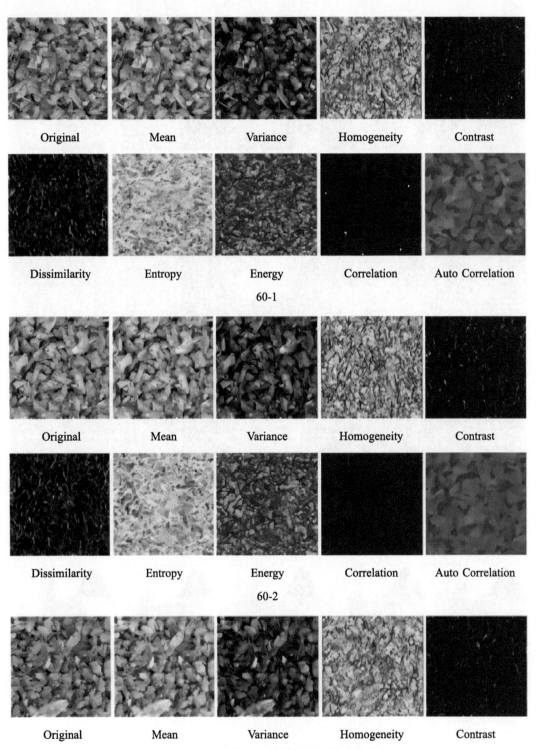

Original　　　Mean　　　Variance　　　Homogeneity　　　Contrast

Dissimilarity　　　Entropy　　　Energy　　　Correlation　　　Auto Correlation

60-1

Original　　　Mean　　　Variance　　　Homogeneity　　　Contrast

Dissimilarity　　　Entropy　　　Energy　　　Correlation　　　Auto Correlation

60-2

Original　　　Mean　　　Variance　　　Homogeneity　　　Contrast

图5-94　发酵麸皮60 h纹理特征图像数据集

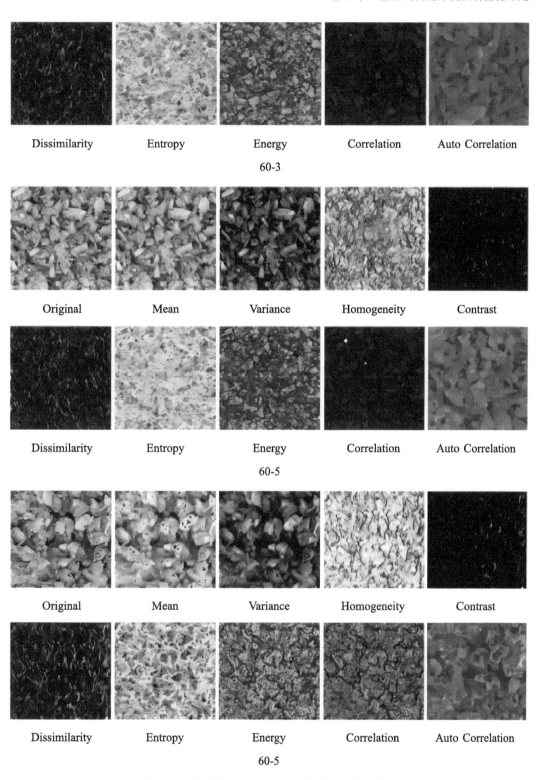

图5-94 发酵麸皮60 h纹理特征图像数据集（续）

5.2.2.5.6 发酵麸皮72 h图像数据集

构建发酵麸皮72 h颜色特征图像数据集（图5-95），经过处理分别得到发酵麸皮72 h RGB图像数据集（图5-96）、发酵麸皮72 h HSV图像数据集（图5-97）、发酵麸皮72 h灰度图像数据集（图5-98）、发酵麸皮72 h纹理特征图像数据集（图5-99）。

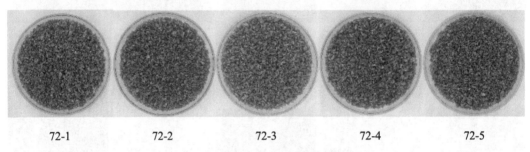

| 72-1 | 72-2 | 72-3 | 72-4 | 72-5 |

图5-95　发酵麸皮72 h颜色特征图像数据集

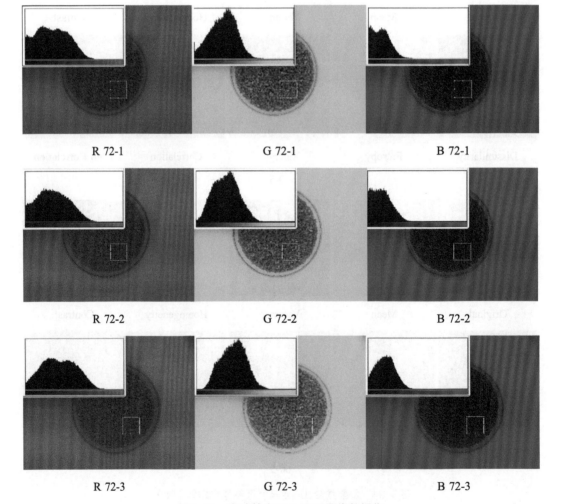

R 72-1	G 72-1	B 72-1
R 72-2	G 72-2	B 72-2
R 72-3	G 72-3	B 72-3

图5-96　发酵麸皮72 h RGB图像数据集

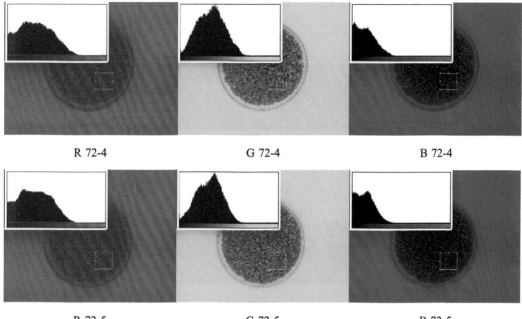

R 72-4　　　　　　　　　　G 72-4　　　　　　　　　　B 72-4

R 72-5　　　　　　　　　　G 72-5　　　　　　　　　　B 72-5

图5-96　发酵麸皮72 h RGB图像数据集（续）

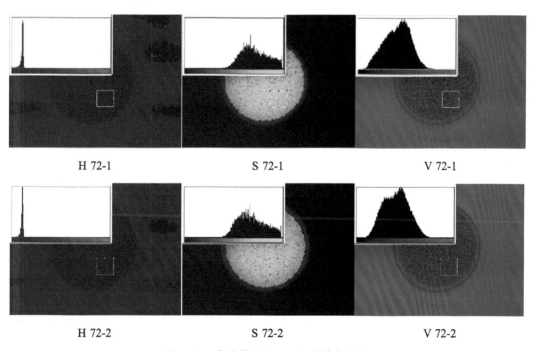

H 72-1　　　　　　　　　　S 72-1　　　　　　　　　　V 72-1

H 72-2　　　　　　　　　　S 72-2　　　　　　　　　　V 72-2

图5-97　发酵麸皮72 h HSV图像数据集

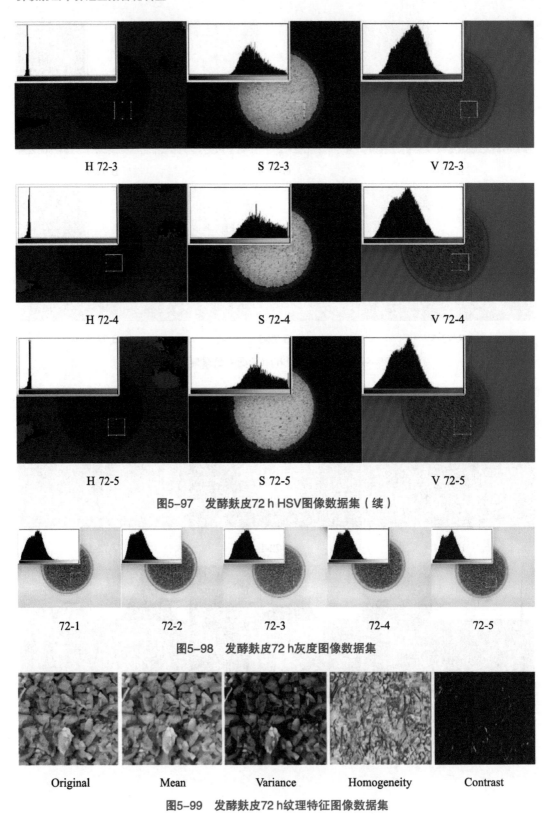

H 72-3　　　　　　　　　S 72-3　　　　　　　　　V 72-3

H 72-4　　　　　　　　　S 72-4　　　　　　　　　V 72-4

H 72-5　　　　　　　　　S 72-5　　　　　　　　　V 72-5

图5-97　发酵麸皮72 h HSV图像数据集（续）

72-1　　　　72-2　　　　72-3　　　　72-4　　　　72-5

图5-98　发酵麸皮72 h灰度图像数据集

Original　　　Mean　　　Variance　　　Homogeneity　　　Contrast

图5-99　发酵麸皮72 h纹理特征图像数据集

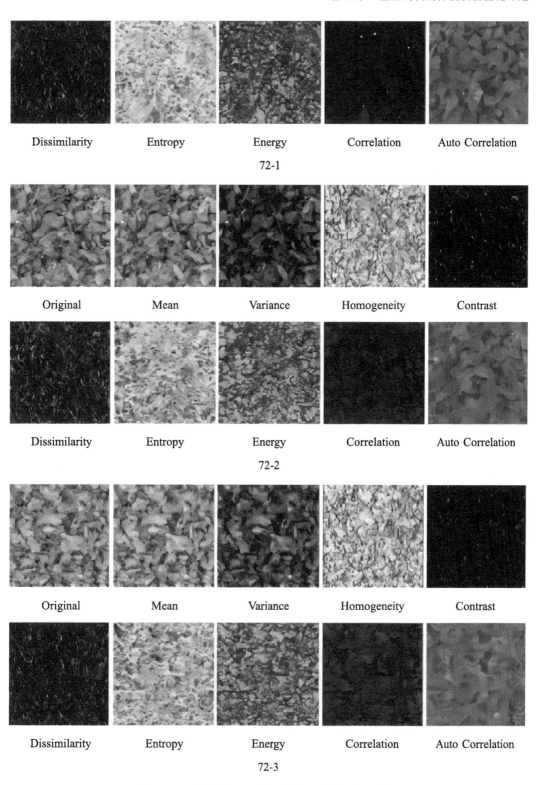

图5-99　发酵麸皮72 h纹理特征图像数据集（续）

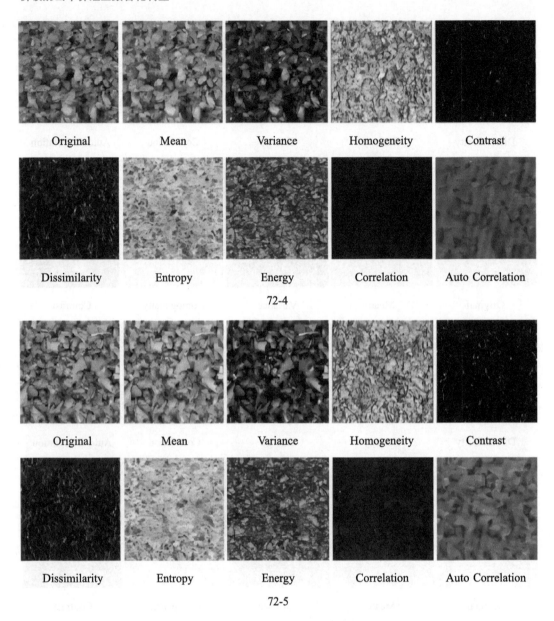

图5-99　发酵麸皮72 h纹理特征图像数据集（续）

5.2.2.5.7　发酵麸皮84 h图像数据集

构建发酵麸皮84 h颜色特征图像数据集（图5-100），经过处理分别得到发酵麸皮84 h RGB图像数据集（图5-101）、发酵麸皮84 h HSV图像数据集（图5-102）、发酵麸皮84 h灰度图像数据集（图5-103）、发酵麸皮84 h纹理特征图像数据集（图5-104）。

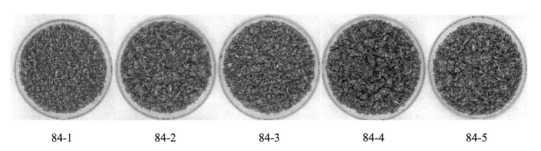

84-1 84-2 84-3 84-4 84-5

图5-100 发酵麸皮84 h颜色特征图像数据集

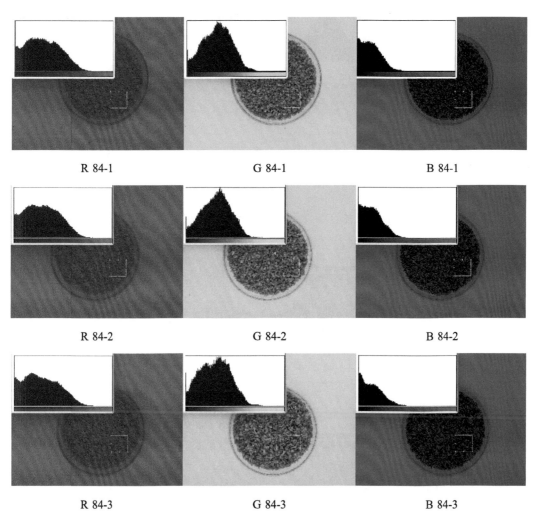

R 84-1 G 84-1 B 84-1

R 84-2 G 84-2 B 84-2

R 84-3 G 84-3 B 84-3

图5-101 发酵麸皮84 h RGB图像数据集

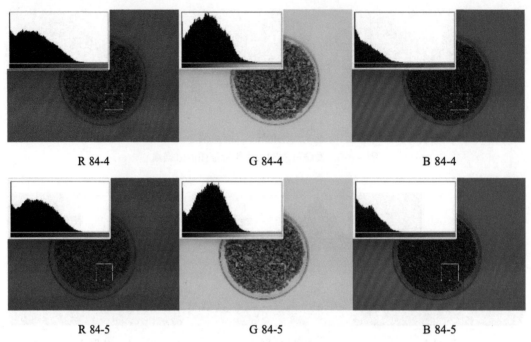

R 84-4　　　　　　　　　G 84-4　　　　　　　　　B 84-4

R 84-5　　　　　　　　　G 84-5　　　　　　　　　B 84-5

图5-101　发酵麸皮84 h RGB图像数据集（续）

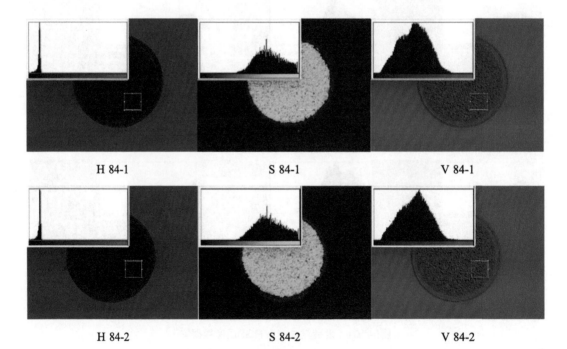

H 84-1　　　　　　　　　S 84-1　　　　　　　　　V 84-1

H 84-2　　　　　　　　　S 84-2　　　　　　　　　V 84-2

图5-102　发酵麸皮84 h HSV图像数据集

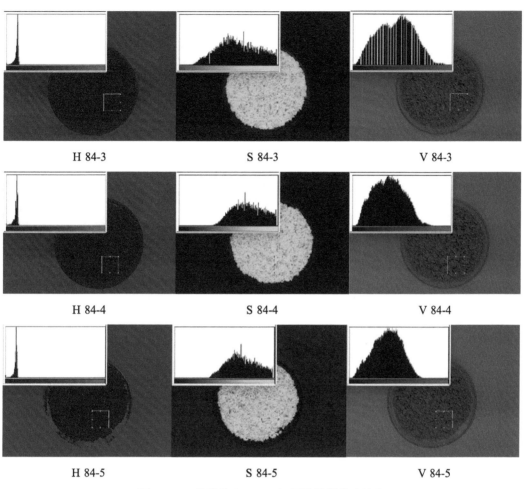

H 84-3　　　　　　　S 84-3　　　　　　　V 84-3

H 84-4　　　　　　　S 84-4　　　　　　　V 84-4

H 84-5　　　　　　　S 84-5　　　　　　　V 84-5

图5-102　发酵麸皮84 h HSV图像数据集（续）

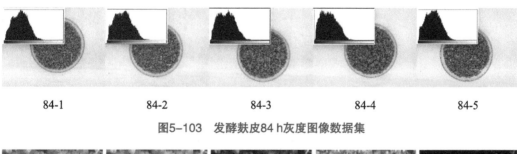

84-1　　　　　84-2　　　　　84-3　　　　　84-4　　　　　84-5

图5-103　发酵麸皮84 h灰度图像数据集

Original　　　　　Mean　　　　　Variance　　　　Homogeneity　　　　Contrast

图5-104　发酵麸皮84 h纹理特征图像数据集

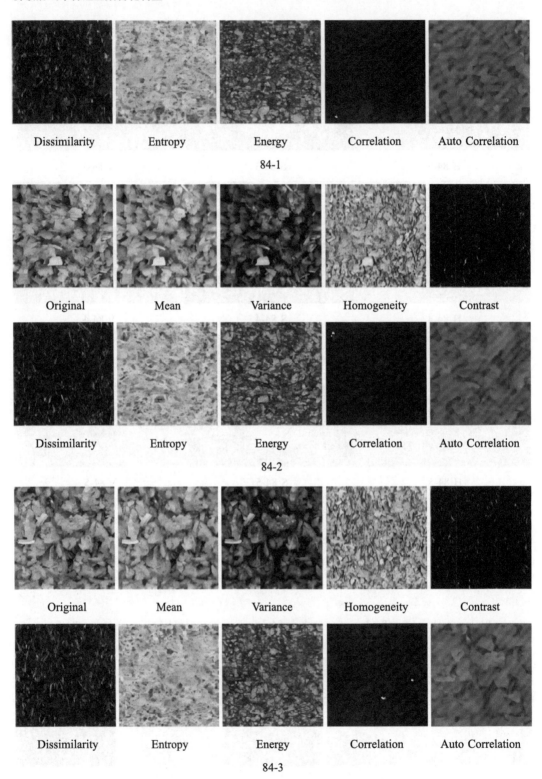

| Dissimilarity | Entropy | Energy | Correlation | Auto Correlation |

84-1

| Original | Mean | Variance | Homogeneity | Contrast |

| Dissimilarity | Entropy | Energy | Correlation | Auto Correlation |

84-2

| Original | Mean | Variance | Homogeneity | Contrast |

| Dissimilarity | Entropy | Energy | Correlation | Auto Correlation |

84-3

图5-104　发酵麸皮84 h纹理特征图像数据集（续）

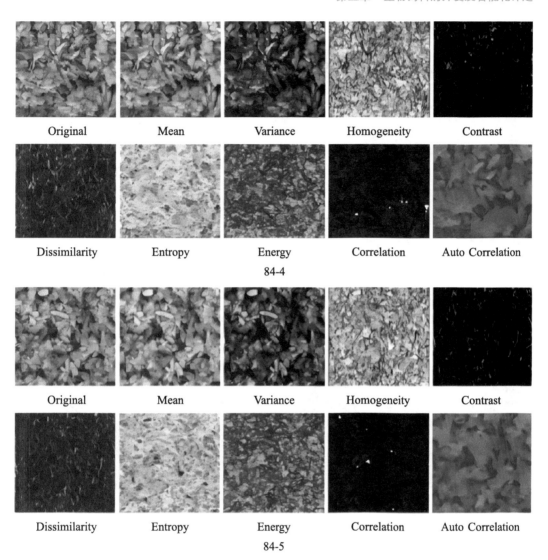

| Original | Mean | Variance | Homogeneity | Contrast |
| Dissimilarity | Entropy | Energy | Correlation | Auto Correlation |

84-4

| Original | Mean | Variance | Homogeneity | Contrast |
| Dissimilarity | Entropy | Energy | Correlation | Auto Correlation |

84-5

图5-104　发酵麸皮84 h纹理特征图像数据集（续）

5.2.2.5.8　发酵麸皮96 h图像数据集

构建发酵麸皮96 h颜色特征图像数据集（图5-105），经过处理分别得到发酵麸皮96 h RGB图像数据集（图5-106）、发酵麸皮96 h HSV图像数据集（图5-107）、发酵麸皮96 h灰度图像数据集（图5-108）。

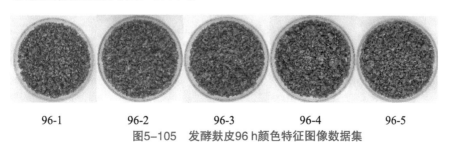

| 96-1 | 96-2 | 96-3 | 96-4 | 96-5 |

图5-105　发酵麸皮96 h颜色特征图像数据集

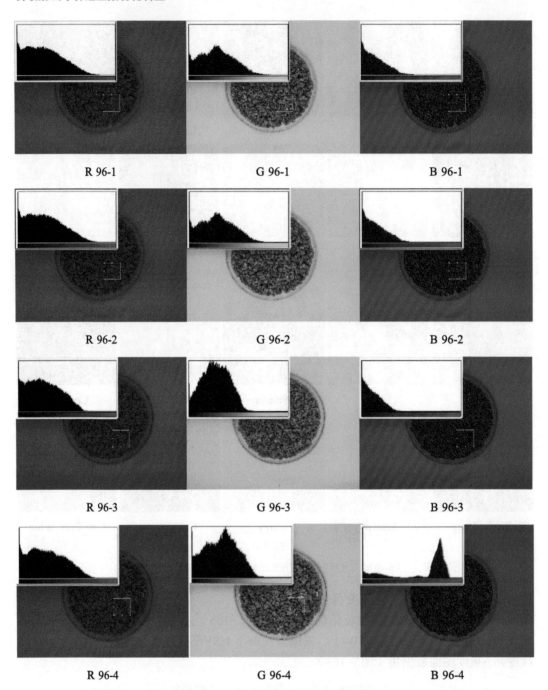

R 96-1   G 96-1   B 96-1

R 96-2   G 96-2   B 96-2

R 96-3   G 96-3   B 96-3

R 96-4   G 96-4   B 96-4

图5-106 发酵麸皮96 h RGB图像数据集

R 96-5　　　　　　　　　　G 96-5　　　　　　　　　　B 96-5

图5-106　发酵麸皮96 h RGB图像数据集（续）

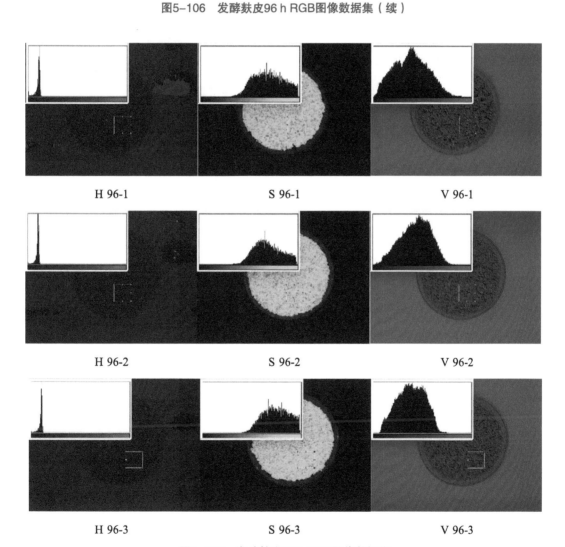

H 96-1　　　　　　　　　　S 96-1　　　　　　　　　　V 96-1

H 96-2　　　　　　　　　　S 96-2　　　　　　　　　　V 96-2

H 96-3　　　　　　　　　　S 96-3　　　　　　　　　　V 96-3

图5-107　发酵麸皮96 h HSV图像数据集

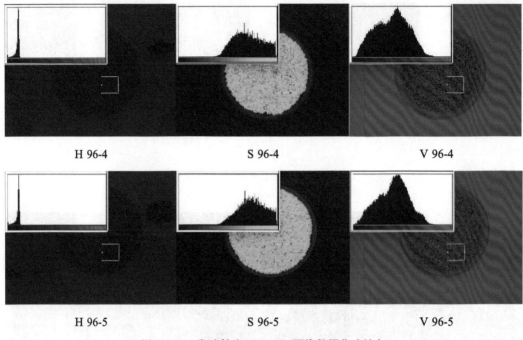

| H 96-4 | S 96-4 | V 96-4 |

| H 96-5 | S 96-5 | V 96-5 |

图5-107 发酵麸皮96 h HSV图像数据集（续）

| 96-1 | 96-2 | 96-3 | 96-4 | 96-5 |

图5-108 发酵麸皮96 h灰度图像数据集

5.2.2.6 发酵米糠的制备方法

发酵底物以米糠为主（占80%），麸皮为辅（占20%）。使用由酵母菌、枯草芽孢杆菌和植物乳杆菌三种菌混合组成的混合菌发酵米糠，其比例为1∶1∶1，添加0.5%腐植酸钠、500 U葡聚糖酶，按含水量50%经复合菌发酵72 h制备出发酵米，烘干粉碎备用。

5.2.2.7 发酵米糠主要活性物质

如表5-5所示，米糠和发酵米糠中的单糖主要有甘露糖、核糖、鼠李糖、葡萄糖醛酸、半乳糖醛酸、葡萄糖、半乳糖、木糖、阿拉伯糖和岩藻糖，与米糠相比，发酵米糠中甘露糖摩尔百分比增加，其他单糖摩尔百分比大多数降低。结果表明，发酵改变了米糠提取物中多糖的组成。

表5-5 米糠和发酵米糠中单糖组成

单糖组成	摩尔百分比（%）	
	米糠	发酵米糠
甘露糖	3	34
核糖	0.84	0.40
鼠李糖	0.29	0.43
葡萄糖醛酸	0.60	0.41
半乳糖醛酸	0.67	0.45
葡萄糖	64	49
半乳糖	5	4
木糖	12	6
阿拉伯糖	13	6
岩藻糖	0.16	0.15

由表5-6可知米糠和发酵米糠中的酚酸主要是儿茶素、咖啡酸和阿魏酸，且阿魏酸含量>儿茶素含量>咖啡酸含量。与米糠相比，发酵米糠中的三种酚酸的含量提高。结果表明，发酵对米糠提取物的酚酸成分有显著影响。

表5-6 米糠和发酵米糠中酚酸组成 单位：mg/kg

酚酸组成	米糠	发酵米糠
儿茶素	3.76	9.96
咖啡酸	0.53	6.42
阿魏酸	641.78	718.75

5.2.2.8 发酵米糠数据集及图像特征

获取10批次不同发酵时间（0 h、6 h、12 h、18 h、24 h、30 h、36 h、42 h、48 h、54 h、60 h、66 h、72 h、84 h、96 h）的生物发酵饲料产品。从发酵袋中取出发酵米糠，按前中后分装在3个平皿，平皿直径85 mm，拍摄获取390张图像样本。

5.2.2.8.1 发酵米糠24 h图像数据集

构建发酵米糠24 h颜色特征图像数据集（图5-109），经过处理分别得到发酵米糠24 h RGB图像数据集（图5-110）、发酵米糠24 h HSV图像数据集（图5-111）、发酵米糠24 h灰度图像数据集（图5-112）、发酵米糠24 h纹理特征图像数据集（图5-113）。

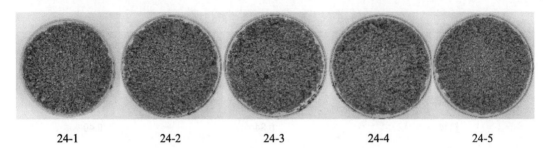

| 24-1 | 24-2 | 24-3 | 24-4 | 24-5 |

图5-109　发酵米糠24 h颜色特征图像数据集

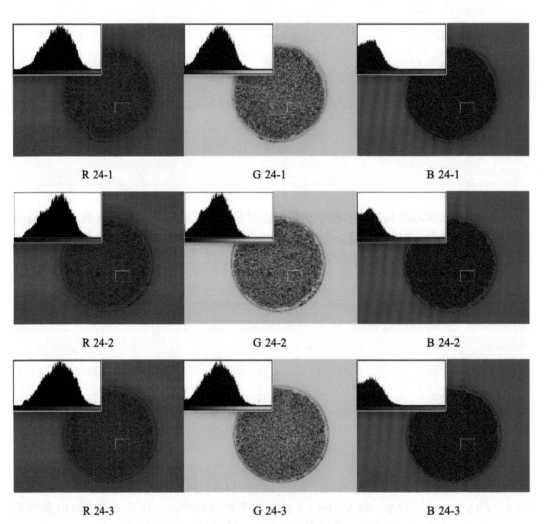

R 24-1	G 24-1	B 24-1
R 24-2	G 24-2	B 24-2
R 24-3	G 24-3	B 24-3

图5-110　发酵米糠24 h RGB图像数据集

图5-110　发酵米糠24 h RGB图像数据集（续）

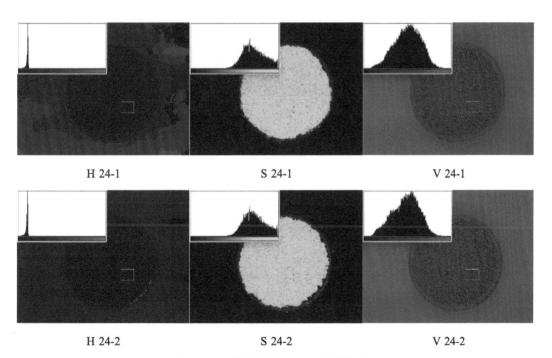

图5-111　发酵米糠24 h HSV图像数据集

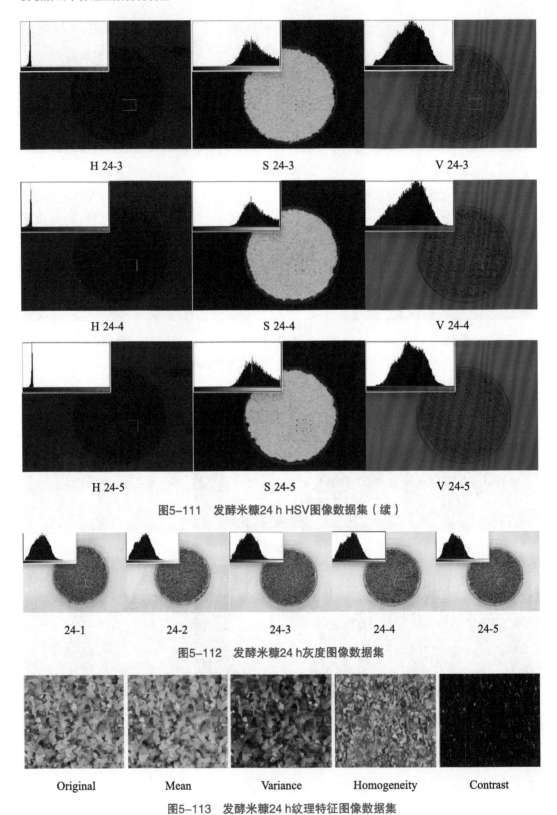

H 24-3　　　　　　　　　S 24-3　　　　　　　　　V 24-3

H 24-4　　　　　　　　　S 24-4　　　　　　　　　V 24-4

H 24-5　　　　　　　　　S 24-5　　　　　　　　　V 24-5

图5-111　发酵米糠24 h HSV图像数据集（续）

24-1　　　　24-2　　　　24-3　　　　24-4　　　　24-5

图5-112　发酵米糠24 h灰度图像数据集

Original　　　　Mean　　　　Variance　　　Homogeneity　　　Contrast

图5-113　发酵米糠24 h纹理特征图像数据集

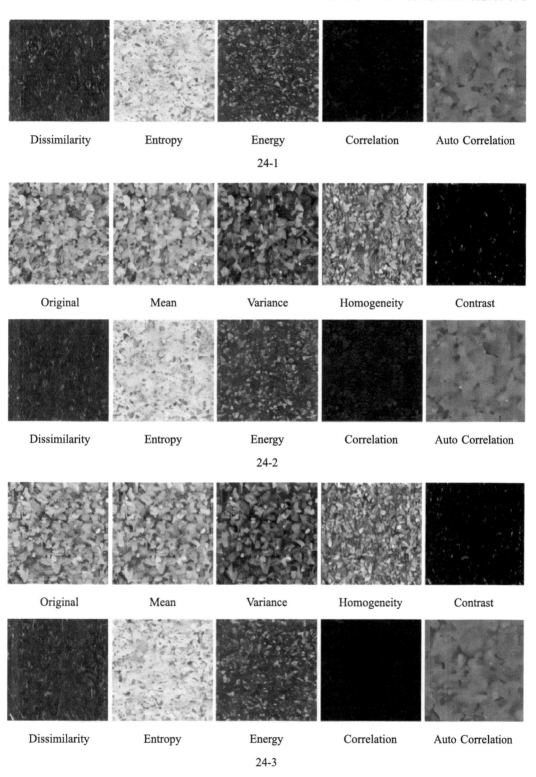

图5-113 发酵米糠24 h纹理特征图像数据集（续）

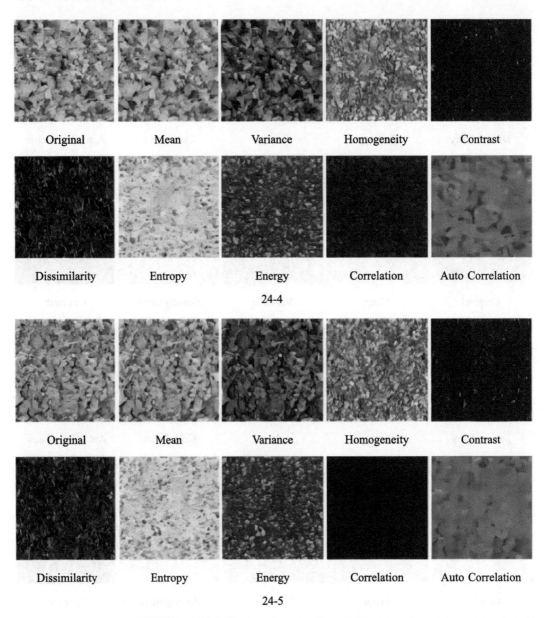

| Original | Mean | Variance | Homogeneity | Contrast |
| Dissimilarity | Entropy | Energy | Correlation | Auto Correlation |

24-4

| Original | Mean | Variance | Homogeneity | Contrast |
| Dissimilarity | Entropy | Energy | Correlation | Auto Correlation |

24-5

图5-113 发酵米糠24 h纹理特征图像数据集（续）

5.2.2.8.2 发酵米糠36 h图像数据集

构建发酵米糠36 h颜色特征图像数据集（图5-114），经过处理分别得到发酵米糠36 h RGB图像数据集（图5-115）、发酵米糠36 h HSV图像数据集（图5-116）、发酵米糠36 h灰度图像数据集（图5-117）、发酵米糠36 h纹理特征图像数据集（图5-118）。

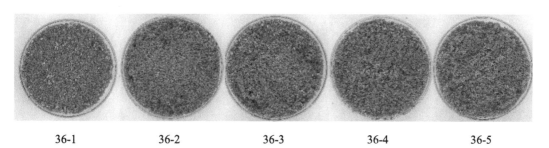

36-1	36-2	36-3	36-4	36-5

图5-114 发酵米糠36 h颜色特征图像数据集

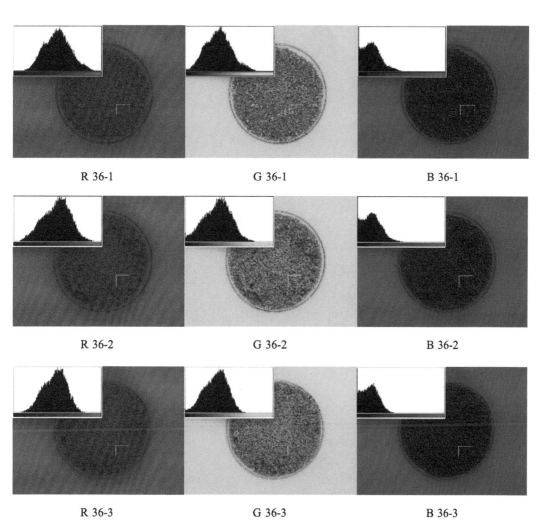

图5-115 发酵米糠36 h RGB图像数据集

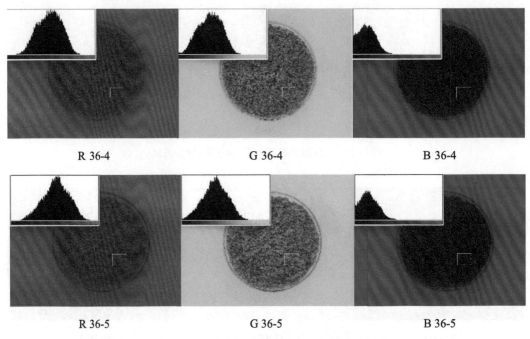

R 36-4　　　　　　　　G 36-4　　　　　　　　B 36-4

R 36-5　　　　　　　　G 36-5　　　　　　　　B 36-5

图5-115　发酵米糠36 h RGB图像数据集（续）

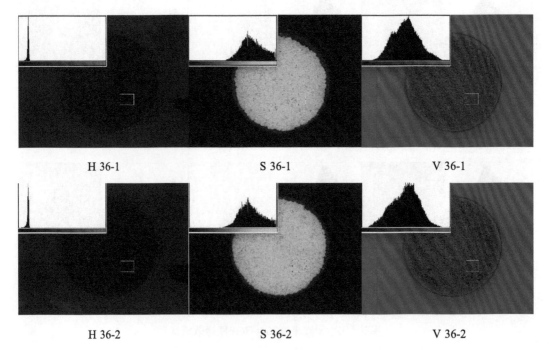

H 36-1　　　　　　　　S 36-1　　　　　　　　V 36-1

H 36-2　　　　　　　　S 36-2　　　　　　　　V 36-2

图5-116　发酵米糠36 h HSV图像数据集

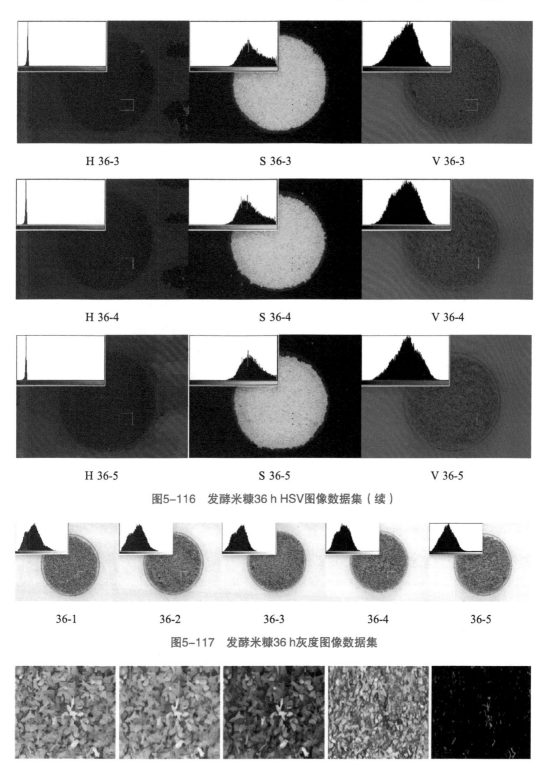

H 36-3　　　　　　　　S 36-3　　　　　　　　V 36-3

H 36-4　　　　　　　　S 36-4　　　　　　　　V 36-4

H 36-5　　　　　　　　S 36-5　　　　　　　　V 36-5

图5-116　发酵米糠36 h HSV图像数据集（续）

36-1　　　　　36-2　　　　　36-3　　　　　36-4　　　　　36-5

图5-117　发酵米糠36 h灰度图像数据集

Original　　　　Mean　　　　Variance　　　Homogeneity　　　Contrast

图5-118　发酵米糠36 h纹理特征图像数据集

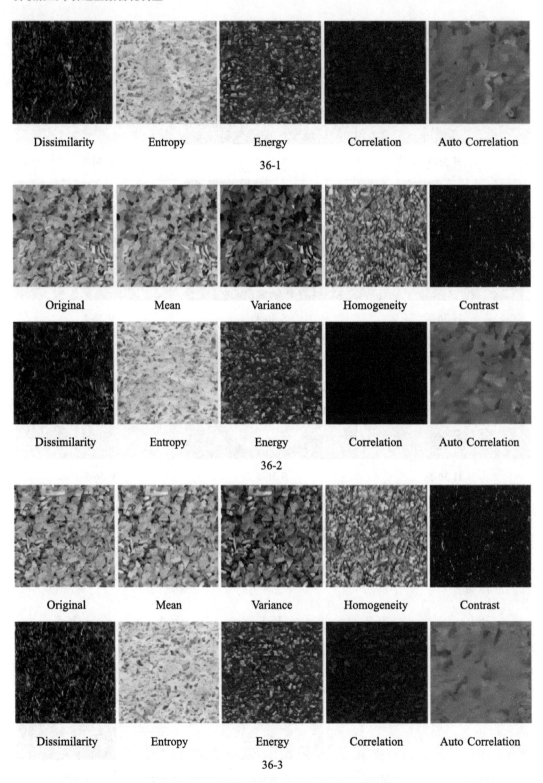

图5-118　发酵米糠36 h纹理特征图像数据集（续）

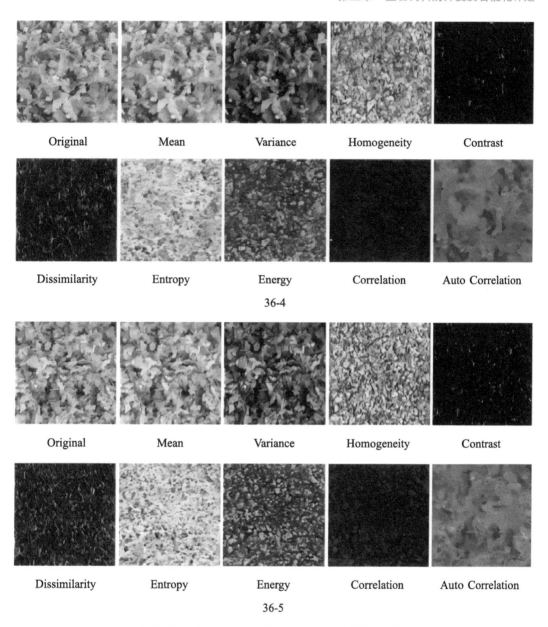

Original　　　　Mean　　　　Variance　　　　Homogeneity　　　　Contrast

Dissimilarity　　　　Entropy　　　　Energy　　　　Correlation　　　　Auto Correlation

36-4

Original　　　　Mean　　　　Variance　　　　Homogeneity　　　　Contrast

Dissimilarity　　　　Entropy　　　　Energy　　　　Correlation　　　　Auto Correlation

36-5

图5-118　发酵米糠36 h纹理特征图像数据集（续）

5.2.2.8.3　发酵米糠48 h图像数据集

构建发酵米糠48 h颜色特征图像数据集（图5-119），经过处理分别得到发酵米糠48 h RGB图像数据集（图5-120）、发酵米糠48 h HSV图像数据集（图5-121）、发酵米糠48 h灰度图像数据集（图5-122）、发酵米糠48 h纹理特征图像数据集（图5-123）。

48-1 48-2 48-3 48-4 48-5

图5-119 发酵米糠48 h颜色特征图像数据集

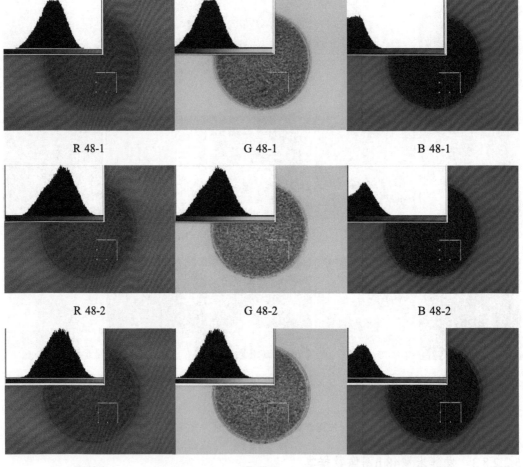

R 48-1 G 48-1 B 48-1

R 48-2 G 48-2 B 48-2

R 48-3 G 48-3 B 48-3

图5-120 发酵米糠48 h RGB图像数据集

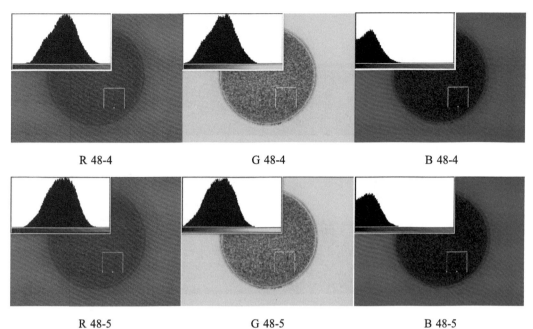

R 48-4　　　　　　　　　　G 48-4　　　　　　　　　　B 48-4

R 48-5　　　　　　　　　　G 48-5　　　　　　　　　　B 48-5

图5-120　发酵米糠48 h RGB图像数据集（续）

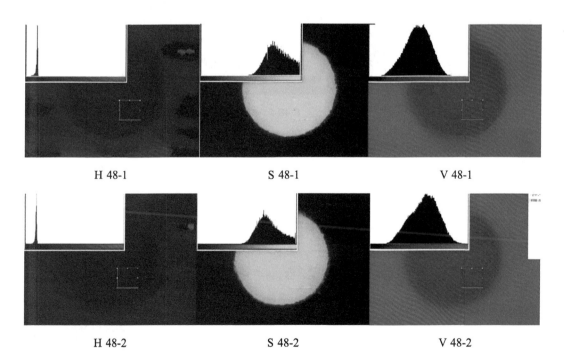

H 48-1　　　　　　　　　　S 48-1　　　　　　　　　　V 48-1

H 48-2　　　　　　　　　　S 48-2　　　　　　　　　　V 48-2

图5-121　发酵米糠48 h HSV图像数据集

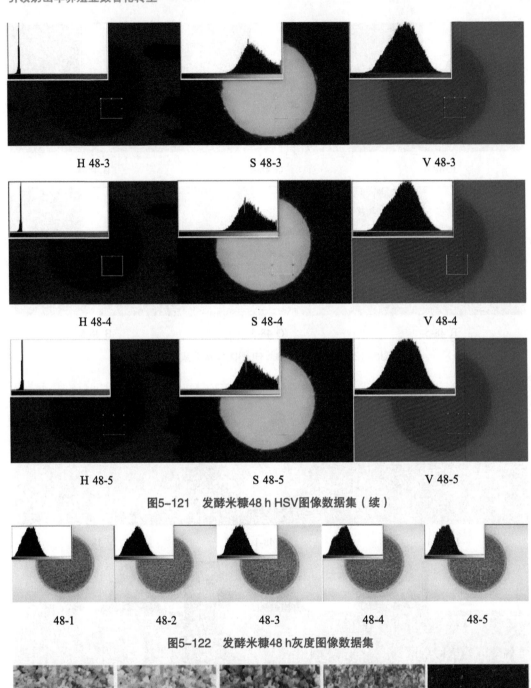

H 48-3　　　　　　　　S 48-3　　　　　　　　V 48-3

H 48-4　　　　　　　　S 48-4　　　　　　　　V 48-4

H 48-5　　　　　　　　S 48-5　　　　　　　　V 48-5

图5-121　发酵米糠48 h HSV图像数据集（续）

48-1　　　　　48-2　　　　　48-3　　　　　48-4　　　　　48-5

图5-122　发酵米糠48 h灰度图像数据集

Original　　　　　Mean　　　　　Variance　　　　Homogeneity　　　　Contrast

图5-123　发酵米糠48 h纹理特征图像数据集

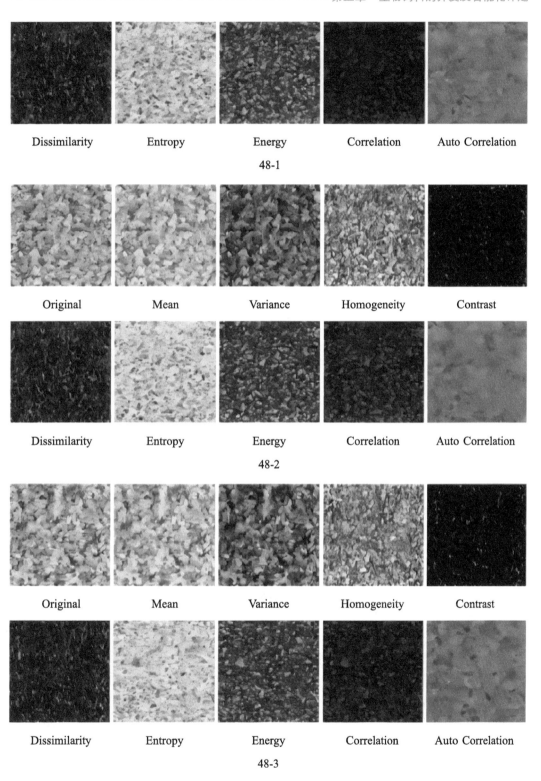

图5-123　发酵米糠48 h纹理特征图像数据集（续）

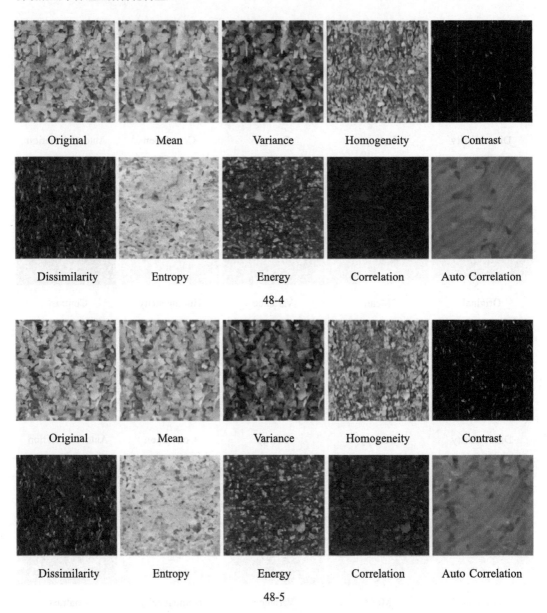

48-4

48-5

图5-123　发酵米糠48 h纹理特征图像数据集（续）

5.2.2.8.4　发酵米糠60 h图像数据集

　　构建发酵米糠60 h颜色特征图像数据集（图5-124），经过处理分别得到发酵米糠60 h RGB图像数据集（图5-125）、发酵米糠60 h HSV图像数据集（图5-126）、发酵米糠60 h灰度图像数据集（图5-127）、发酵米糠60 h纹理特征图像数据集（图5-128）。

60-1　　　　　60-2　　　　　60-3　　　　　60-4　　　　　60-5

图5-124　发酵米糠60 h颜色特征图像数据集

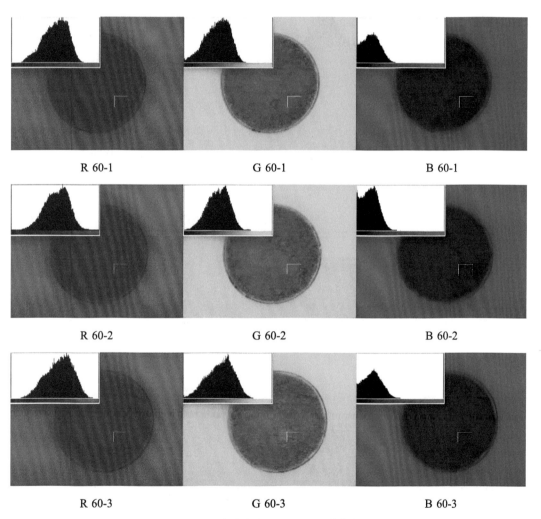

R 60-1　　　　　　　　G 60-1　　　　　　　　B 60-1

R 60-2　　　　　　　　G 60-2　　　　　　　　B 60-2

R 60-3　　　　　　　　G 60-3　　　　　　　　B 60-3

图5-125　发酵米糠60 h RGB图像数据集

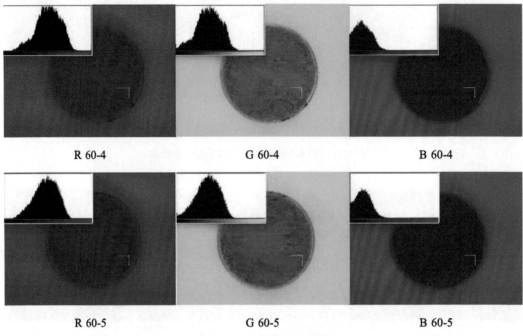

R 60-4 G 60-4 B 60-4

R 60-5 G 60-5 B 60-5

图5-125 发酵米糠60 h RGB图像数据集（续）

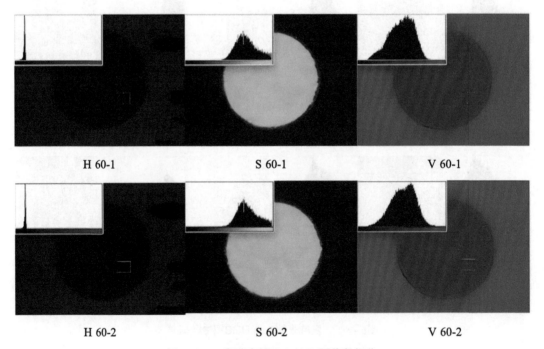

H 60-1 S 60-1 V 60-1

H 60-2 S 60-2 V 60-2

图5-126 发酵米糠60 h HSV图像数据集

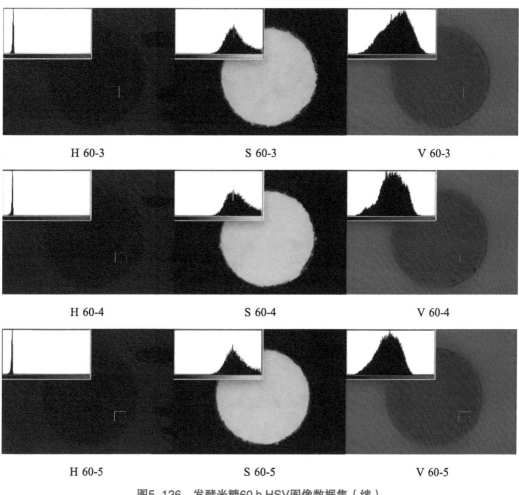

H 60-3   S 60-3   V 60-3

H 60-4   S 60-4   V 60-4

H 60-5   S 60-5   V 60-5

图5-126 发酵米糠60 h HSV图像数据集（续）

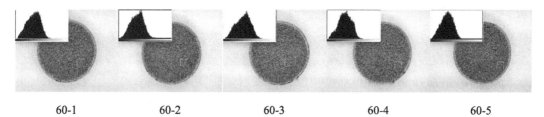

60-1   60-2   60-3   60-4   60-5

图5-127 发酵米糠60 h灰度图像数据集

Original   Mean   Variance   Homogeneity   Contrast

图5-128 发酵米糠60 h纹理特征图像数据集

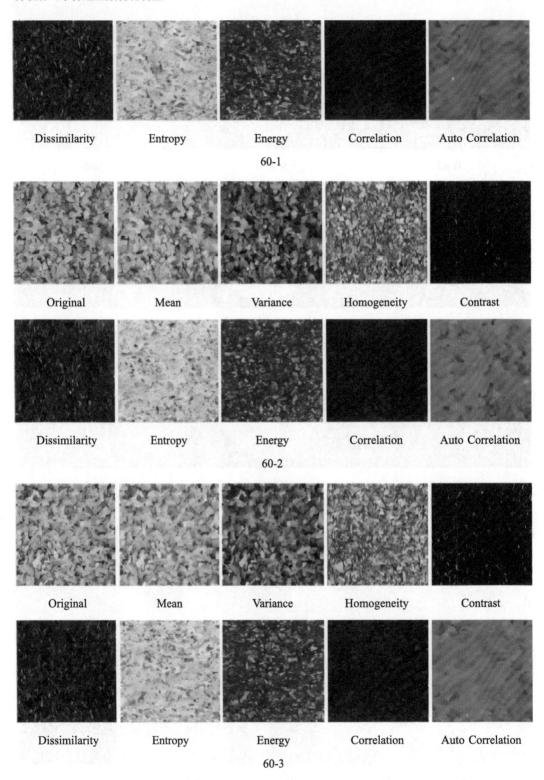

Dissimilarity   Entropy   Energy   Correlation   Auto Correlation

60-1

Original   Mean   Variance   Homogeneity   Contrast

Dissimilarity   Entropy   Energy   Correlation   Auto Correlation

60-2

Original   Mean   Variance   Homogeneity   Contrast

Dissimilarity   Entropy   Energy   Correlation   Auto Correlation

60-3

图5-128 发酵米糠60 h纹理特征图像数据集（续）

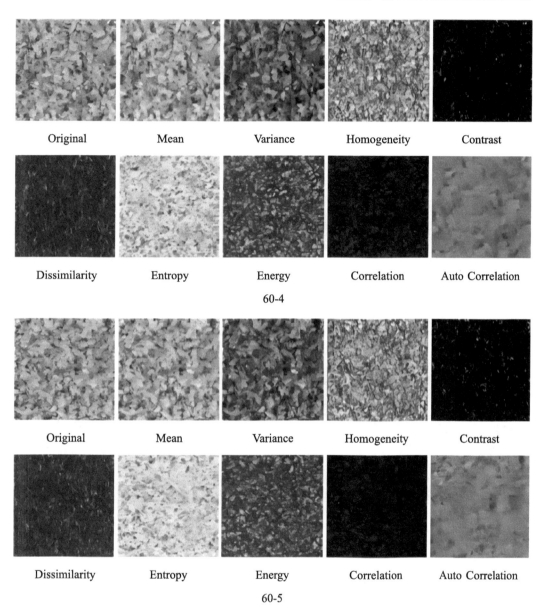

Original	Mean	Variance	Homogeneity	Contrast
Dissimilarity	Entropy	Energy	Correlation	Auto Correlation

60-4

Original	Mean	Variance	Homogeneity	Contrast
Dissimilarity	Entropy	Energy	Correlation	Auto Correlation

60-5

图5-128 发酵米糠60 h纹理特征图像数据集（续）

5.2.2.8.5 发酵米糠72 h图像数据集

构建发酵米糠72 h颜色特征图像数据集（图5-129），经过处理分别得到发酵米糠72 h RGB图像数据集（图5-130）、发酵米糠72 h HSV图像数据集（图5-131）、发酵米糠72 h灰度图像数据集（图5-132）、发酵米糠72 h纹理特征图像数据集（图5-133）。

| 72-1 | 72-2 | 72-3 | 72-4 | 72-5 |

图5-129　发酵米糠72 h颜色特征图像数据集

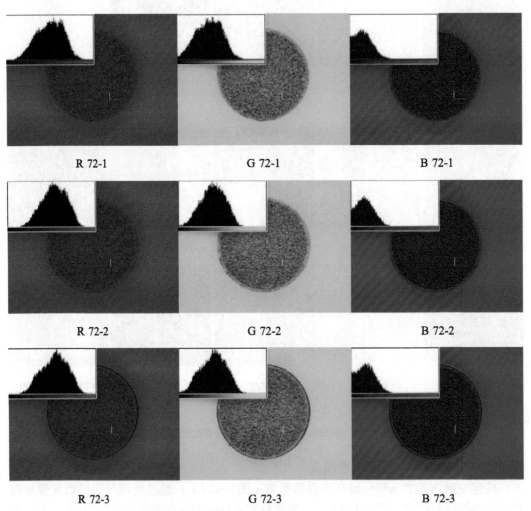

R 72-1　　　　　　　G 72-1　　　　　　　B 72-1

R 72-2　　　　　　　G 72-2　　　　　　　B 72-2

R 72-3　　　　　　　G 72-3　　　　　　　B 72-3

图5-130　发酵米糠72 h RGB图像数据集

R 72-4　　　　　　　　G 72-4　　　　　　　　B 72-4

R 72-5　　　　　　　　G 72-5　　　　　　　　B 72-5

图5-130　发酵米糠72 h RGB图像数据集（续）

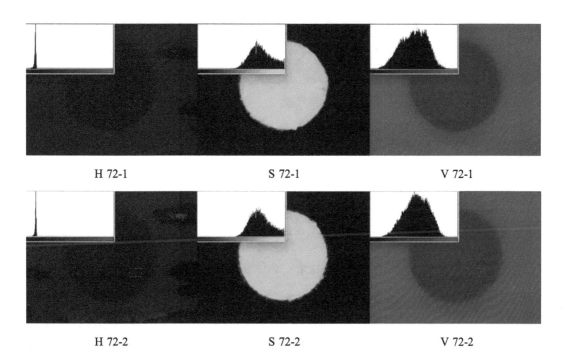

H 72-1　　　　　　　　S 72-1　　　　　　　　V 72-1

H 72-2　　　　　　　　S 72-2　　　　　　　　V 72-2

图5-131　发酵米糠72 h HSV图像数据集

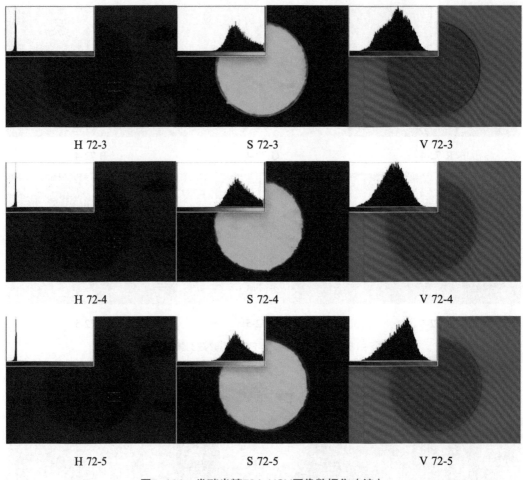

H 72-3　　　　　　　　　　S 72-3　　　　　　　　　　V 72-3

H 72-4　　　　　　　　　　S 72-4　　　　　　　　　　V 72-4

H 72-5　　　　　　　　　　S 72-5　　　　　　　　　　V 72-5

图5-131　发酵米糠72 h HSV图像数据集（续）

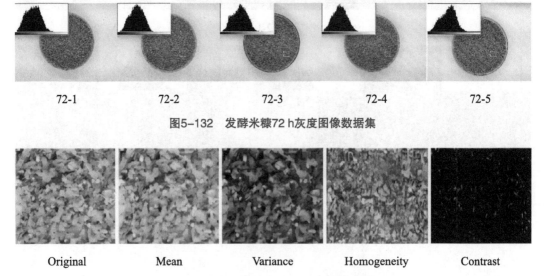

72-1　　　　　72-2　　　　　72-3　　　　　72-4　　　　　72-5

图5-132　发酵米糠72 h灰度图像数据集

Original　　　　　Mean　　　　　Variance　　　　　Homogeneity　　　　　Contrast

图5-133　发酵米糠72 h纹理特征图像数据集

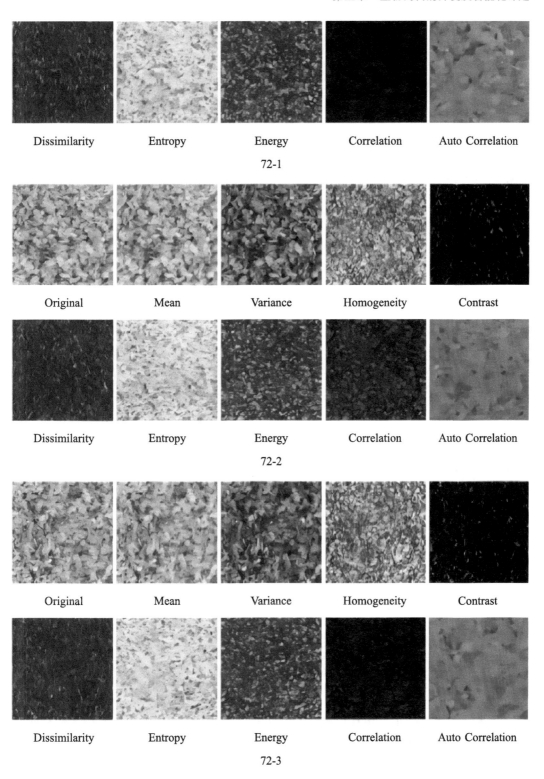

图5-133 发酵米糠72 h纹理特征图像数据集（续）

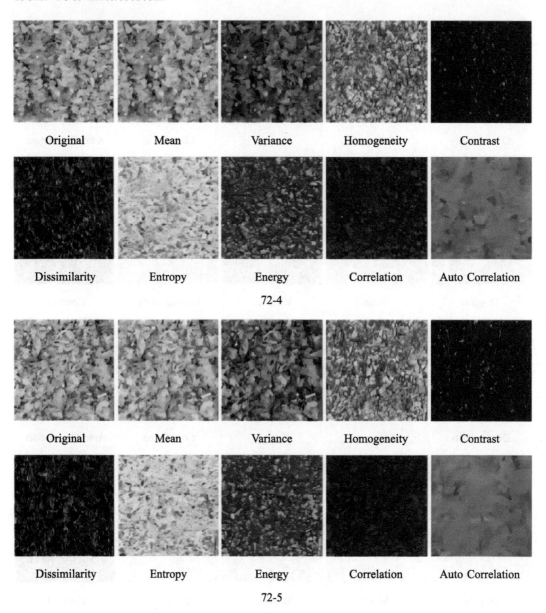

| Original | Mean | Variance | Homogeneity | Contrast |

| Dissimilarity | Entropy | Energy | Correlation | Auto Correlation |

72-4

| Original | Mean | Variance | Homogeneity | Contrast |

| Dissimilarity | Entropy | Energy | Correlation | Auto Correlation |

72-5

图5-133 发酵米糠72 h纹理特征图像数据集（续）

5.3 玉米副产物类生物饲料的开发及智能化评定

玉米作为我国的主要粮食作物，2021年年产量达到2.72亿吨，主要用于鲜食或者对其加工处理后使用。2019—2020年度玉米加工产能为1.25亿吨，玉米深加工产品超过1 000种。深加工产品主要有玉米淀粉、淀粉糖、味精、柠檬酸、食用酒精和燃料乙醇等，在处理时，不可避免地会出现大量的加工副产物，包含玉米皮、玉米蛋白粉、玉米胚芽粕、玉米浆、玉米酒精糟等。但由于玉米副产物本身存在的一些特性导致营养成分无法被合理利用。利用微生物发酵技术处理玉米加工副产物，可以提高其基础营养成分，提高其风味及适口性，降低其中的抗营养成分。在生产玉米副产物类生物饲料的过程中，由于批次、产地、加工处理等原因，其质量参差不齐。因此，需要对发酵玉米加工副产物质量进行评定。

　　发酵玉米加工副产物质量智能分析系统包括产品管理、生产管理、物料管理、流程管理、安全测试管理、质量管理、数据统计以及管理员管理（图5-134、图5-135）。

图5-134　系统登录

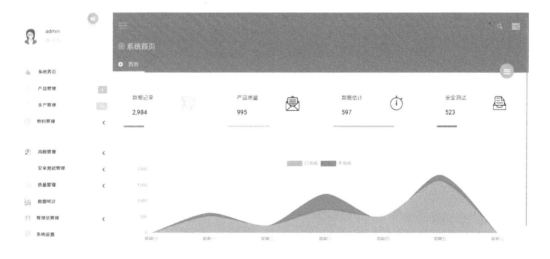

图5-135　系统首页

点击"产品管理"进入"产品信息"页面。进入"产品信息"页面之后，其下拉列表有产品名称、类型、价格、供应商、加入时间等信息，可以进行查看和修改（图5-136）。

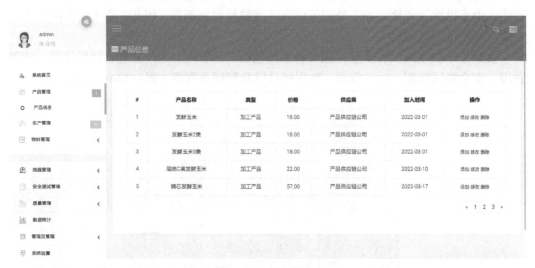

图5-136 产品管理

点击生产管理列表下的"生产信息"进入"生产信息"页面。进入"生产信息"页面之后显示生产信息的生产名称、类型、生产时间、结束时间、加工属性等信息，可以进行查看和修改（图5-137）。

图5-137 生产信息

　　同样点击生产管理列表下的"生产工单"进入"生产工单"页面。进入"生产工单"页面之后显示生产工单列表以及工艺工序列表下的工序、计划生产数量、计划开始时间、计划结束时间、实际开始时间、实际结束时间等信息，可以进行查看和修改（图5-138）。

图5-138　生产工单

　　点击物料管理列表下的"物料清单"进入"物料清单"页面。进入"物料清单"页面之后显示物料清单的物料名称、分类、数量、单位等信息，可以进行查看和修改（图5-139）。

图5-139　物料清单

点击流程管理列表下的"工作流程"进入"工作流程"页面。进入"工作流程"页面之后显示工作流程的进料、产品生产、工单计划、安全测试、产品质量检验等信息，可以进行查看和修改（图5-140）。

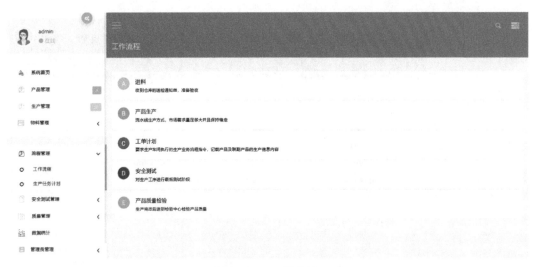

图5-140　工作流程

点击流程管理列表下的"生产任务计划"进入"生产任务计划"页面。进入"生产任务计划"页面之后显示生产任务计划的计划内容、生产要求、负责人、完成时间、需求资源等信息，可以进行查看和修改（图5-141）。

图5-141　生产任务计划

　　点击安全测试管理列表下的"数据安全测试"进入"数据安全测试"页面。进入"数据安全测试"页面之后显示数据安全测试列表下的测试产品、测试点位、测试依据、样品数量、测试时间、测试结果等信息，可以进行查看和修改（图5-142）。

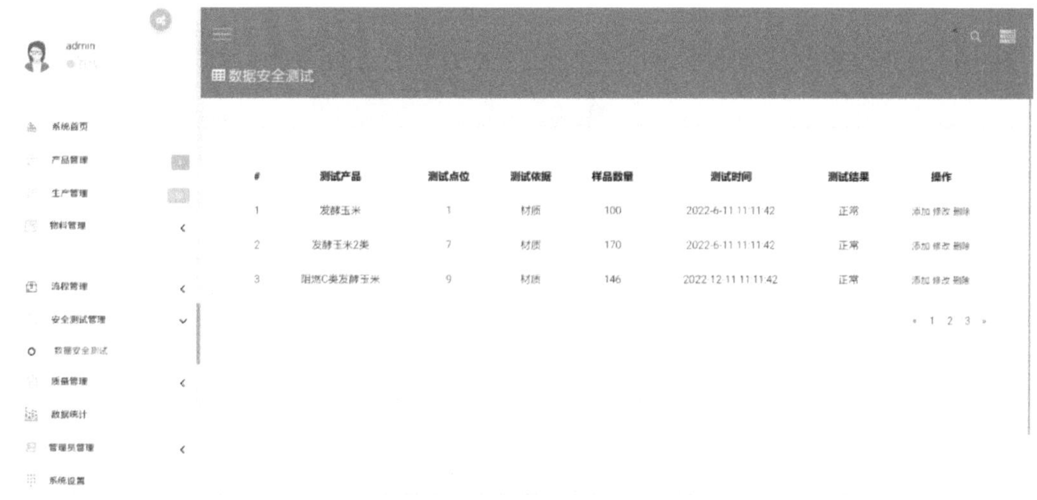

图5-142　数据安全测试

　　点击质量管理列表下的"质量检测"进入"质量检测"页面。进入"质量检测"页面之后显示质量检测列表下的产品名称、送检数量、合格数量、检验时间、检测结果等信息，可以进行查看和修改（图5-143）。

图5-143　质量检测

点击"数据统计"进入"数据统计"页面，分别对质量检测和生产预警监测进行数据统计分析的结果展示（图5-144）。

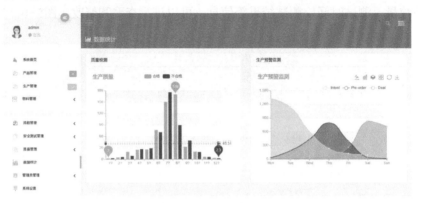

图5-144 数据统计

5.4 中草药类生物饲料的开发及智能化评定

随着饲料中抗生素类饲料添加剂的全面禁用，中草药饲料添加剂逐渐成为畜禽生产中替代抗生素的潜在产品。而中草药经过微生物发酵后，不仅能增加活性物质含量和中草药药效，还能产生新的活性成分，降低中草药毒副作用。将发酵中草药饲料添加剂添加到奶山羊饲料中能够提高其生产性能、改善健康状况、提升羊奶品质。

5.4.1 固态发酵饲料品质智能评定系统

通过标准化分析研究测定固态发酵饲料品质，以期为开发高品质的固态发酵饲料产品提供参考。固态发酵饲料品质智能评定系统主要功能有营养成分测定、品质检测、营养价值分析、品质报告等。

成功登录系统之后默认进入系统主页概览页面，左侧导航显示系统各模块功能的导航菜单，主要实现的功能有主页展示、营养成分测定、品质检测、营养价值分析、品质报告以及角色权限。系统用户根据自己的操作需求，通过点击菜单进入各模块界面（图5-145）。

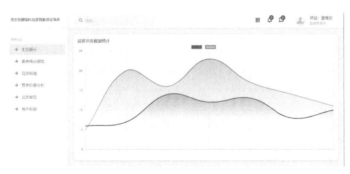

图5-145 主页展示

在系统首页菜单栏中，点击左侧菜单栏的"营养成分测定"按钮，跳转到页面信息详情界面展示了测定样本、蛋白质含量、水分含量、脂肪含量等信息（图5-146）。

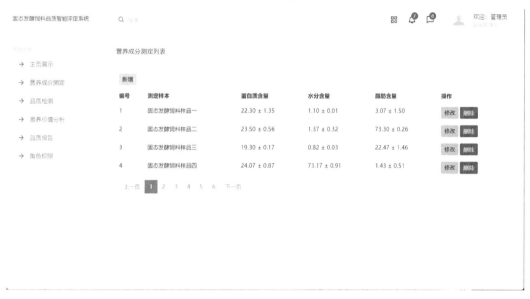

图5-146　营养成分测定

在系统首页菜单栏中，点击左侧菜单栏的"品质检测"按钮，跳转到页面信息详情界面展示了饲料名称、发酵类型、执行标准、品质评定等信息（图5-147）。

图5-147　品质检测

　　从饲料营养组分、烘干前后营养价值组成角度分别对不同类型的饲料采用中位数聚类法进行系统聚类分析，分析结果以表格的形式呈现在"营养价值分析"页面上（图5-148）。

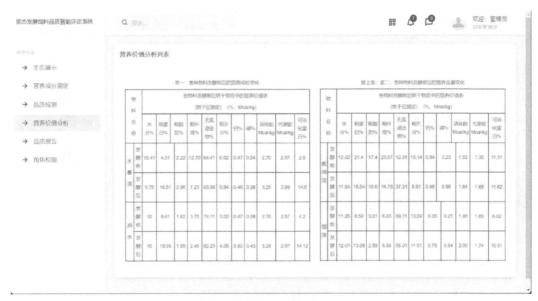

图5-148　营养价值分析

　　点击"品质报告"进入"品质报告"页面，可对品质报告数据信息实现查看，并提供增删改查等功能对其进行对应的处理（图5-149）。

图5-149　品质报告

5.4.2　产品图像数据集构建及图像特征

5.4.2.1　发酵植物藜制备方法

袋式固态发酵法制备发酵植物藜茎叶。发酵底物调制比例为植物藜茎叶：玉米粉：麸皮=7：2：1。协同发酵酶为果胶酶，添加量为4%。发酵菌种组成比例为枯草芽孢杆菌：地衣芽孢杆菌：酿酒酵母菌=1：1：1，接种量10%，接种活菌数均达10^8 CFU/g。总发酵体系料水比1：1，装料量为40 g/包发酵袋，发酵温度28℃。所有发酵产品均在45℃下干燥后粉碎，得到发酵植物藜茎叶，备用。

5.4.2.2　发酵植物藜提取工艺

通过研究发酵对植物藜茎叶可溶性物质含量及组成的影响，可得知发酵植物藜茎叶最佳热水提取工艺为：提取温度为80℃，料水比为1：20，水提时间为90 min，在此条件下水提得率为24.90%。

5.4.2.3　发酵植物藜主要活性物质

由表5-7可知，植物藜多糖主要由甘露糖、核糖、鼠李糖、葡萄糖醛酸、半乳糖醛酸、葡萄糖、半乳糖、木糖、阿拉伯糖、岩藻糖组成，其摩尔百分比为3.01：0.56：6.44：2.29：16.22：27.09：8.20：23.32：12.02：0.85；发酵植物藜多糖主要成分不变，但其摩尔百分比改变为2.11：0.10：3.37：1.31：6.30：65.22：3.82：12.81：4.65：0.31。与未发酵植物藜相比，发酵后植物藜多糖单糖组成比例发生了改变，发酵后植物藜多糖总含量增加了51.11%。说明菌酶协同发酵可以促进植物细胞壁中多糖的释放，改变了植物藜多糖的单糖组成比例。

表5-7　植物藜和发酵植物藜的单糖组成

项目	植物藜（mg/g）	发酵植物藜（mg/g）	增加量（mg/g）	增加百分比（%）
甘露糖	4.93	5.23	0.29	5.96
核糖	0.92	0.26	−0.66	−71.95
鼠李糖	10.56	8.35	−2.21	−20.94
葡萄糖醛酸	3.76	3.24	−0.52	−13.89
半乳糖醛酸	26.60	15.62	−10.98	−41.27
葡萄糖	44.42	161.62	117.20	263.82
半乳糖	13.45	9.47	−3.98	−29.61
木糖	38.24	31.73	−6.51	−17.02
阿拉伯糖	19.70	11.52	−8.18	−41.53
岩藻糖	1.40	0.76	−0.63	−45.20

基于液质联用仪鉴定出植物藜和发酵植物藜的酚酸等活性物质545种，其中酚酸类163种、黄酮类179种、生物碱类68种和萜类35种等。酚类物质数量最多，共达367种，主要有酚酸类、黄酮醇、黄酮、黄酮碳糖苷、二氢黄酮、木脂素、黄烷醇类和香豆素等，见表5-8及表5-9。

表5-8　酚酸等活性物质种类和数目统计

一级分类	二级分类	数量（种）	比例（%）
黄酮	黄酮醇	72	13.21
	黄酮	60	11.01
	黄酮碳糖苷	27	4.95
	二氢黄酮	13	49
	查耳酮	5	0.92
	黄烷酮	2	0.37
酚酸	酚酸类	163	29.91
生物碱	酚胺	25	4.59
	吡啶类生物碱	5	0.92
	哌啶类生物碱	4	0.73
	喹啉类生物碱	3	0.55
	吡咯类生物碱	1	0.18
	酚胺	25	4.59
	吡啶类生物碱	5	0.92
萜类	三萜	19	3.49
	倍萜	4	0.73
	倍半萜	3	0.55
	二萜	3	0.55
	三萜皂苷	3	0.55
	萜类	3	0.55
木脂素和香豆素	香豆素	16	2.94
	木脂素	9	1.65
其他	其他	39	7.16
醌类	蒽醌	9	1.65
鞣质	原花青素	6	1.10

表5-9　植物藜和发酵植物藜的酚类化合物差异物

活性物质	物质	分子量（Da）	植物藜	发酵植物藜	VIP	Log$_2$FC	Type
	阿魏酸甲酯	208.07	98 600	2 070 000	1.13	4.39	up
	对香豆酸	164.05	146 000	3 050 000	1.13	4.39	up
	咖啡醛	164.05	458 000	9 330 000	1.13	4.35	up
	阿魏酸乙酯	222.09	16 700	182 000	1.11	3.45	up
	反式-4-羟基肉桂酸甲酯	178.06	122 000	1 130 000	1.13	3.21	up
	4-甲氧基肉桂酸	178.06	71 700	651 000	1.13	3.18	up
	对香豆酸乙酯	192.08	7 890	71 400	1.13	3.18	up
	二氢阿魏酸	196.07	16100	146 000	1.09	3.17	up
	2-(甲酰氨基)苯甲酸	165.04	1 320 000	11 300 000	1.13	3.09	up
	羟苯基乳酸	182.06	40 100	341 000	1.10	3.09	up
	2, 4-二羟基苯乙酸甲酯	182.06	38 900	314 000	1.09	3.01	up
	肉桂酸	148.05	127 000	892 000	1.14	2.81	up
酚酸类	氢化肉桂酸	150.07	9 870	67 700	1.12	2.78	up
	1-O-对香豆酰甘油	238.08	16 900	115 000	1.12	2.77	up
	3′-羟基-3, 4, 5-三甲氧基联苄	288.14	3 330	21 900	1.11	2.72	up
	2, 6-二甲氧基苯甲醛	166.06	263 000	1 720 000	1.13	2.71	up
	3, 4-二羟基-5, 4′-二甲氧基联苯	274.12	6 330	39 400	1.13	2.64	up
	3-(4-羟基苯基)丙酸	166.06	471 000	2 850 000	1.13	2.60	up
	3, 4-二甲氧基苯乙酸	196.07	4 730	27 200	1.04	2.53	up
	2-羟基-3-苯基丙酸	166.06	235 000	1 250 000	1.12	2.41	up
	去甲松柏苷	328.12	270 000	1 290 000	1.12	2.26	up
	4-羟基苯甲酸乙酯	166.06	4 270	19 300	1.13	2.18	up
	丁香酸甲酯	212.07	8 910	36 400	1.13	2.03	up
	对香豆酸甲酯	178.06	42 000	171 000	1.13	2.03	up
	2-硝基苯酚	139.03	291 000	1 160 000	1.13	1.99	up
	3-氨基水杨酸	153.04	11 700	45 600	1.12	1.96	up

（续表）

活性物质	物质	分子量（Da）	植物藜	发酵植物藜	VIP	Log₂FC	Type
	2-(羟基甲基)苯甲酸	152.05	3 970	15 000	1.09	1.92	up
	香草酸	140.01	973 000	3 380 000	1.13	1.79	up
	4-羟基苯乙酸	152.05	9 070	30 900	1.10	1.77	up
	3-羟基-4-甲氧基苯甲酸	168.04	352 000	1 170 000	1.08	1.73	up
	3-羟基-4-异丙基苯甲醇-3-O-葡萄糖苷	328.15	22 000	69 100	1.11	1.65	up
	苯酚	94.04	32 800	101 000	1.09	1.63	up
	3-[(1-羧乙烯基)氧基]苯甲酸	208.04	45 300	135 000	1.01	1.58	up
	3-羟基苯乙酸	152.05	10 300	29 300	1.12	1.51	up
	4-硝基苯邻二酚	155.02	12 500	34 500	1.12	1.47	up
	4-羟基-3, 5-二异丙基苯甲醛	206.13	17 100	44 500	1.11	1.38	up
	原儿茶醛	138.03	5 950 000	15 100 000	1.13	1.35	up
	4-O-甲基没食子酸	184.04	15 900	39 900	1.04	1.33	up
酚酸类	2, 5-二羟基苯甲酸；龙胆酸	154.03	3 140 000	7 850 000	1.11	1.32	up
	3, 4-二羟基苯甲酸；原儿茶酸	154.03	8 790 000	21 500 000	1.11	1.29	up
	4-羟基苯甲酸	138.03	9 830 000	23 600 000	1.13	1.26	up
	香草酸甲酯	182.06	33 200	79 600	1.12	1.26	up
	4′-羟基苯丙酮	150.07	26 100	60 000	1.13	1.20	up
	丁香酸	198.05	239 000	523 000	1.08	1.13	up
	水杨酸甲酯-2-O-葡萄糖苷	314.10	97 200	46 700	1.05	−1.06	down
	对香豆酸-4-O-葡萄糖苷	326.10	4 620 000	2 210 000	1.13	−1.07	down
	松柏醇	180.08	32 800	15 400	1.06	−1.09	down
	高龙胆酸	168.04	483 000	222 000	1.07	−1.12	down
	苯基丙酸-O-β-D-吡喃葡萄糖苷	326.10	5 160 000	2 330 000	1.13	−1.15	down
	苯甲酰胺	121.05	236 000	107 000	1.12	−1.15	down
	D-苏式-愈创木基甘油-7-O-β-D-葡萄糖苷	376.14	17 600	7 670	1.09	−1.20	down

（续表）

活性物质	物质	分子量（Da）	植物藜	发酵植物藜	VIP	Log$_2$FC	Type
酚酸类	1-*O*-对香豆酰-*β*-*D*-葡萄糖	326.10	6 480 000	2 550 000	1.12	−1.34	down
	邻氨基苯甲酸-1-*O*-槐糖苷	461.15	20 200	7 930	1.08	−1.35	down
	1-*O*-香草酰-*D*-葡萄糖	330.10	92 900	35 800	1.07	−1.38	down
	香荚兰乙酮	166.06	51 900	18 300	1.12	−1.50	down
	6-*O*-咖啡酰熊果苷	434.12	68 500	22 900	1.10	−1.58	down
	芥子酰葡萄糖醛酸	400.10	239 000	79 600	1.13	−1.59	down
	1-*O*-水杨酰-*D*-葡萄糖	300.08	13 300 000	4 390 000	1.13	−1.61	down
	4-氨基苯甲酸	137.05	101 000	32 700	1.11	−1.63	down
	酪醇；对羟基苯乙醇	138.07	351 000	109 000	1.12	−1.68	down
	1-*O*-芥子酰-*D*-葡萄糖	386.12	62 200	19 200	1.10	−1.69	down
	1-*O*-阿魏酰-*D*-葡萄糖	356.11	2 770 000	830 000	1.13	−1.74	down
	香草酰酒石酸	300.05	172 000	45 700	1.10	−1.91	down
	芥子醇	210.09	38 100	10 100	1.08	−1.91	down
	3-羟基-4-甲氧基苯丙酸甲酯	210.09	41 000	10 700	1.09	−1.94	down
	2-间苯二酚-1-*O*-葡萄糖基(6→1)鼠李糖苷	418.15	970 000	250 000	1.12	−1.96	down
	阿魏酸-4-*O*-葡萄糖苷	356.11	167 000	42 200	1.09	−1.98	down
	1-*O*-没食子酰-*β*-*D*-葡萄糖	332.07	46 100	10 800	1.11	−2.09	down
	阿魏酰酒石酸	326.06	660 000	153 000	1.13	−2.11	down
	水杨酸	138.03	2 820 000	644 000	1.13	−2.13	down
	1′-*O*-(3, 4-二羟基苯乙基)-*O*-咖啡酰基-葡萄糖苷	478.15	36 300	7 930	1.06	−2.19	down
	6′-*O*-阿魏酰-*D*-蔗糖	518.16	69 400	13 900	1.11	−2.32	down
	1, 3-二阿魏酰甘油	444.14	217 000	43 200	1.02	−2.33	down
	3-*O*-阿魏酰奎宁酸	368.11	164 000	31 900	1.01	−2.36	down
	4-羟基苯甲醛	122.04	2 620 000	489 000	1.13	−2.43	down
	4-*O*-葡萄糖基-3, 4-二羟基苄醇	302.10	214 000	39 800	1.12	−2.43	down

（续表）

活性物质	物质	分子量（Da）	植物藜	发酵植物藜	VIP	Log₂FC	Type
	绿原酸甲酯	368.11	86 300	14 900	1.10	-2.53	down
	1, 3-*O*-二对香豆酰甘油酯	384.12	43 600	6 820	1.04	-2.67	down
	阿魏酰芥子酰酒石酸	532.12	38 300	6 000	1.09	-2.67	down
	对香豆酰苹果酸	280.06	1 620 000	230 000	1.09	-2.81	down
	1, 3-*O*-双咖啡酰奎宁酸（洋蓟酸）	516.13	58 500	7 570	1.11	-2.95	down
	对羟基苯甲酸甲酯	152.05	336 000	42 600	1.12	-2.98	down
	阿魏酰苹果酸	310.07	31 700 000	3 940 000	1.13	-3.00	down
	1-*O*-没食子酰-6-*O*-对香豆酰-*β*-*D*-葡萄糖	478.11	114 000	13 800	1.09	-3.04	down
	苯甲酰酒石酸	254.04	273 000	32 800	1.11	-3.06	down
	香草醛；4-羟基-3-甲氧基苯甲醛	152.05	2 700 000	319 000	1.13	-3.08	down
	芥子醛	208.07	2 970 000	347 000	1.13	-3.10	down
酚酸类	新绿原酸（5-*O*-咖啡酰奎宁酸）	354.10	51 200	5 880	1.11	-3.12	down
	阿魏酸	194.06	13 500 000	1 540 000	1.12	-3.13	down
	苯甲酰苹果酸	238.05	2 610 000	283 000	1.12	-3.20	down
	异阿魏酸	194.06	8 900 000	932 000	1.12	-3.26	down
	3, 5-二没食子酰莽草酸	478.15	86 400	8 530	1.12	-3.34	down
	5-*O*-对香豆酰奎宁酸	338.10	1 750 000	152 000	1.11	-3.53	down
	3-*O*-肉桂酰-4, 6-(S)-六羟基二苯甲酰基-*β*-*D*-葡萄糖	612.11	172 000	13 900	1.12	-3.63	down
	异香草醛	152.05	395 000	31 800	1.12	-3.63	down
	3-*O*-对香豆酰奎宁酸	338.10	1 380 000	106 000	1.10	-3.71	down
	隐绿原酸（4-*O*-咖啡酰奎宁酸）	354.10	419 000	28 400	1.13	-3.88	down
	葡萄糖基丁香酸	360.11	442 000	23 200	1.13	-4.25	down
	绿原酸（3-*O*-咖啡酰奎宁酸）	354.10	688 000	34 000	1.12	-4.34	down
	4′-羟基-2, 4, 6-三甲氧基二氢查耳酮	316.13	6 680	31 900	1.07	2.26	up
查耳酮	根皮素-4′-*O*-[4″, 6″-*O*-(S)-六羟基二苯甲酰基]-*β*-*D*-葡萄糖苷	738.14	2 770	12 000	1.07	2.12	up
	3, 4, 2′, 4′, 6′-五羟基查耳酮	288.06	545 000	111 000	1.09	-2.30	down

（续表）

活性物质	物质	分子量（Da）	植物藜	发酵植物藜	VIP	Log$_2$FC	Type
二氢黄酮	7-甲基柚皮素	286.08	20 700	299 000	1.13	3.85	up
	柚皮素-7-O-芸香糖苷（芸香柚皮苷）	580.18	2 340 000	528 000	1.12	−2.15	down
黄酮	5, 6, 7, 8, 3′, 4′-六甲氧基黄酮	402.13	1 250	54 300	1.13	5.44	up
	3, 5, 7, 2′-四羟基黄酮	286.05	9 470	200 000	1.14	4.40	up
	4′, 5, 6, 7, 8-五甲氧基黄酮	372.12	2 400	41 800	1.12	4.12	up
	木犀草素-7-O-（6″-咖啡酰）鼠李糖苷	594.14	21 700	196 000	1.13	3.17	up
	5, 7-二羟基-3′, 4′, 5′-三甲氧基黄酮	344.09	3 280	12 700	1.06	1.96	up
	高车前素	300.06	275 000	956 000	1.11	1.80	up
	6, 7, 8-三羟基-5-甲氧基黄酮	300.06	282 000	970 000	1.11	1.78	up
	香叶木素	300.06	280 000	951 000	1.11	1.77	up
	泽兰黄素；3′, 5-二羟基-4′, 6, 7-三甲氧基黄酮	344.09	2 090	6 990	1.10	1.74	up
	5, 7, 2′-三羟基-8-甲氧基黄酮	300.06	371 000	1 190 000	1.11	1.68	up
	7, 8-二羟基-5, 6, 4′-三甲氧基黄酮	344.09	7 850	21 200	1.08	1.44	up
	异泽兰黄素	344.09	8 290	22 000	1.06	1.41	up
	木犀草素	286.05	26 500	54 600	1.09	1.04	up
	苜蓿素-4′-O-[β-愈创木基-（9″-O-乙酰基）甘油基]醚	568.16	257 000	103 000	1.06	−1.32	down
	金圣草黄素-7-O-芸香糖苷	608.17	3 550 000	1 410 000	1.05	−1.33	down
	苜蓿素-4′-O-（愈创木酰甘油）醚-7-O-葡萄糖苷	688.20	154 000	56 600	1.08	−1.44	down
	木犀草素-7-O-芸香糖苷	594.16	879 000	295 000	1.08	−1.58	down
	木犀草素-7-O-新橘皮糖苷（忍冬苷）	594.16	25 900 000	6 160 000	1.11	−2.08	down
	芹菜素-7-O-芸香糖苷（异野漆树苷）	578.16	149 000	32 600	1.05	−2.20	down
	木犀草素-7-O-（6″-丙二酰）葡萄糖苷-5-O-鼠李糖苷	680.16	50 400	10 700	1.08	−2.24	down
	木犀草素-7-O-葡萄糖苷（木犀草苷）	448.10	534 000	113 000	1.09	−2.24	down

（续表）

活性物质	物质	分子量（Da）	植物藜	发酵植物藜	VIP	Log₂FC	Type
黄酮	5，6，7-三羟基-8-甲氧基黄酮	300.06	248 000	45 300	1.11	−2.45	down
	苜蓿素-7-O-（6″-O-丙二酰）葡萄糖苷	578.13	173 000	28 400	1.13	−2.61	down
	金圣草黄素-7-O-(6″-丙二酰)葡萄糖苷	548.12	136 000	21 200	1.13	−2.68	down
	金圣草黄素-5，7-二-O-葡萄糖苷	624.17	242 000	29 500	1.13	−3.04	down
黄酮醇	山奈酚	286.05	8 170	233 000	1.13	4.83	up
	异鼠李素	316.06	21 800	525 000	1.13	4.59	up
	异鼠李素-3-O-芸香糖苷-7-O-阿拉伯糖苷	756.21	9 390	81 700	1.13	3.12	up
	山奈酚-3-O-(6″-对香豆酰)葡萄糖苷（银锻苷）	594.14	25 000	178 000	1.13	2.83	up
	槲皮素	302.04	324 000	2 090 000	1.13	2.69	up
	山奈酚-3-O-鼠李糖苷（阿福豆苷）（番泻叶山奈苷）	432.11	145 000	724 000	1.11	2.32	up
	山奈酚-7-O-鼠李糖苷	432.11	142 000	686 000	1.11	2.27	up
	鼠李素	316.06	2 740	12 600	1.05	2.21	up
	山奈素	300.06	5 250	17 400	1.13	1.73	up
	槲皮素-3-O-(2″-O-半乳糖基)葡萄糖苷	626.15	119 000	337 000	1.12	1.50	up
	槲皮素-3-O-木糖基(1→2)阿拉伯糖苷	566.13	35 000 000	17 400 000	1.11	−1.01	down
	扁蓄苷（广寄生苷）	434.09	4 170 000	1 970 000	1.11	−1.09	down
	槲皮素-3-O-鼠李糖基(1→2)阿拉伯糖苷	580.14	53 200	24 000	1.06	−1.15	down
	槲皮素-3-O-葡萄糖醛酸苷	478.08	43 000	18 800	1.06	−1.20	down
	山奈酚-3-O-芸香糖苷-7-O-葡萄糖苷	756.21	695 000	291 000	1.11	−1.26	down
	槲皮素-3-O-阿拉伯糖苷（番石榴苷）	434.09	2 360 000	930 000	1.09	−1.34	down
	槲皮素-3-O-(2″-O-阿拉伯糖基)芸香糖苷	742.20	1 760 000	672 000	1.11	−1.38	down

（续表）

活性物质	物质	分子量（Da）	植物藜	发酵植物藜	VIP	Log$_2$FC	Type
黄酮醇	槲皮素-3-O-桑布双糖苷	596.14	1 380 000	500 000	1.09	−1.46	down
	山柰酚-3-O-阿拉伯糖苷-7-O-鼠李糖苷	564.15	104 000	37 300	1.08	−1.48	down
	异鼠李素-3-O-芸香糖苷-7-O-鼠李糖苷	770.23	6 420 000	2 190 000	1.11	−1.55	down
	槲皮素-3-O-木糖苷（瑞诺苷）	434.09	11 700 000	3 680 000	1.11	−1.67	down
	槲皮素-3-O-桑布双糖苷-5-O-葡萄糖苷	758.19	2 780 000	795 000	1.10	−1.81	down
	山柰素-3-O-(6″-丙二酰)葡萄糖苷	548.12	250 000	68 700	1.11	−1.86	down
	异鼠李素-3-O-芸香糖苷-7-O-芸香糖苷	932.28	77 200	20 400	1.12	−1.92	down
	槲皮素 3-O-新橘皮糖苷	610.15	8 230 000	2 060 000	1.07	−2.00	down
	槲皮素-3-O-(2″-O-葡萄糖基)葡萄糖醛酸苷	640.13	569 000	137 000	1.12	−2.06	down
	槲皮素-3-O-(2″-O-鼠李糖基)芸香糖苷	756.21	10 100 000	2 430 000	1.10	−2.06	down
	山柰酚-3-O-芸香糖苷（烟花苷）	594.16	24 400 000	5 700 000	1.10	−2.10	down
	山柰酚-3-O-新橙皮糖苷	594.16	26 200 000	5 950 000	1.11	−2.14	down
	异鼠李素-3-O-槐糖苷-7-O-鼠李糖苷	786.22	96 900	19 600	1.04	−2.30	down
	山柰酚-3-O-(6″-丙二酰)半乳糖苷	534.10	83 400	16 800	1.06	−2.31	down
	槲皮素-4′-O-葡萄糖苷（绣线菊苷）	464.10	1 970 000	347 000	1.10	−2.51	down
	山柰酚-3-O-葡萄糖苷（紫云英苷）	448.10	487 000	80 800	1.01	−2.59	down
	槲皮素-7-O-葡萄糖苷	464.10	2 040 000	317 000	1.11	−2.69	down
	异鼠李素-3-O-(6″-丙二酰)葡萄糖苷	564.09	67 900	10 400	1.12	−2.70	down
	山柰酚-3-O-新橙皮糖苷-7-O-葡萄糖苷	756.21	174 000	25 100	1.09	−2.80	down
	槲皮素-3-O-芸香糖苷-7-O-鼠李糖苷	756.21	2 2500 000	3 230 000	1.09	−2.80	down
	槲皮素-7-O-芸香糖苷-4′-O-葡萄糖苷	772.21	9 820 000	1 360 000	1.11	−2.86	down
	槲皮素-3-O-葡萄糖苷（异槲皮苷）	464.10	14 800 000	2 000 000	1.12	−2.88	down

（续表）

活性物质	物质	分子量（Da）	植物藜	发酵植物藜	VIP	Log₂FC	Type
黄酮醇	槲皮素-3-O-(6″-O-对香豆酰)槐糖苷-7-O-鼠李糖苷	918.24	269 000	36 400	1.13	−2.89	down
	槲皮素-3-O-半乳糖苷（金丝桃苷）	464.10	13 300 000	1 790 000	1.13	−2.89	down
	槲皮素-3-O-(2″-丙二酰)葡萄糖苷-7-O-阿拉伯糖苷	682.14	99 600	13 200	1.11	−2.92	down
	山奈酚-3-O-槐糖苷-7-O-鼠李糖苷	756.21	170 000	21 600	1.11	−2.98	down
	异鼠李素-3-O-芸香糖苷-4'-O-葡萄糖苷	786.22	186 000	19 400	1.11	−3.26	down
	鼠李素-3-O-芸香糖苷	624.17	22 500 000	2 320 000	1.11	−3.28	down
	异鼠李素-3-O-芸香糖苷（水仙苷）	624.17	25 900 000	2 570 000	1.11	−3.33	down
	异鼠李素-3-O-新橙皮糖苷	624.17	24 600 000	2 440 000	1.12	−3.33	down
	槲皮素-3-O-芸香糖苷（芦丁）	610.15	4 530 000	404 000	1.12	−3.48	down
	山奈酚-3-O-(6″-丙二酰)葡萄糖苷	534.10	110 000	9 230	1.13	−3.58	down
	鼠李素-3-O-葡萄糖苷	478.11	982 000	76 800	1.13	−3.68	down
	槲皮素-3-O-(6″-O-丙二酰)葡萄糖苷	550.10	70 200	3 160	1.07	−4.47	down
	槲皮素-3-O-槐糖苷-7-O-鼠李糖苷	772.21	1 650 000	60 600	1.11	−4.77	down
	槲皮素-7-O-(6″-丙二酰)葡萄糖苷	550.10	530 000	18 700	1.12	−4.82	down
	槲皮素-3-O-芸香糖苷-7-O-葡萄糖苷	772.21	1 660 000	50 000	1.11	−5.05	down
黄酮碳糖苷	木犀草素-6-C-葡萄糖苷（异荭草素）	448.10	439 000	188 000	1.12	−1.22	down
	荭草素-6-C-阿拉伯糖苷	580.14	37 500	14 300	1.12	−1.40	down
	牡荆素葡萄糖苷	594.16	378 000	126 000	1.07	−1.59	down
	木犀草素-8-C-葡萄糖苷（荭草素）	448.10	374 000	106 000	1.11	−1.82	down
	异牡荆素-2″-O-(6‴-阿魏酰)葡萄糖苷	770.21	66 600	18 800	1.05	−1.82	down
	木犀草素-6-C-葡萄糖苷-7-O-鼠李糖苷	594.16	329 000	73 400	1.10	−2.16	down

（续表）

活性物质	物质	分子量（Da）	植物藜	发酵植物藜	VIP	Log₂FC	Type
黄烷醇类	表儿茶素	290.08	16 000 000	2 060 000	1.08	−2.96	down
	没食子儿茶素-(4α→8)-没食子儿茶素	610.13	253 000	10 700	1.12	−4.56	down
木脂素	3,4-亚甲二氧肉桂醇	178.06	200 000	1 900 000	1.13	3.24	up
	表松脂醇	358.14	48 100	167 000	1.13	1.80	up
	松脂醇	358.14	49 600	166 000	1.13	1.75	up
	松脂醇-4-O-葡萄糖苷	520.19	33 600	70 600	1.02	1.07	up
	开环异落叶松脂素-9'-O-木糖苷	494.22	682 000	332 000	1.09	−1.04	down
	丁香树脂酚-4'-O-(6″-乙酰)葡萄糖苷	622.23	208 000	13 400	1.11	−3.96	down
香豆素	香豆素	146.04	5 430	839 000	1.13	7.27	up
	异嗪皮啶	222.05	50 300	534 000	1.12	3.41	up
	秦皮啶	222.05	21 900	223 000	1.13	3.35	up
	异莨菪亭	192.04	23 300	110 000	1.12	2.24	up
	东莨菪内酯	192.04	57 400	184 000	1.10	1.68	up
	东莨菪内酯-7-O-葡萄糖醛酸苷	368.07	190 000	29 400	1.11	−2.69	down
	秦皮甲素	340.08	369 000	51 300	1.12	−2.85	down
	东莨菪内酯-7-O-葡萄糖苷（东莨菪苷）	354.10	325 000	34 900	1.13	−3.22	down
	4-羟基-7-氧甲基香豆素鼠李糖苷	338.10	730 000	75 100	1.12	−3.28	down

5.4.2.4 发酵植物藜图像数据集及图像特征

获取8批次不同发酵时间（0 h、6 h、12 h、18 h、24 h、30 h、36 h、42 h、48 h、54 h、60 h、66 h、72 h）的生物发酵饲料产品。从发酵袋中取出发酵植物藜，按前中后分装在3个平皿，平皿直径85 mm，拍摄获取312张图像样本，部分样本图例见图5-150。

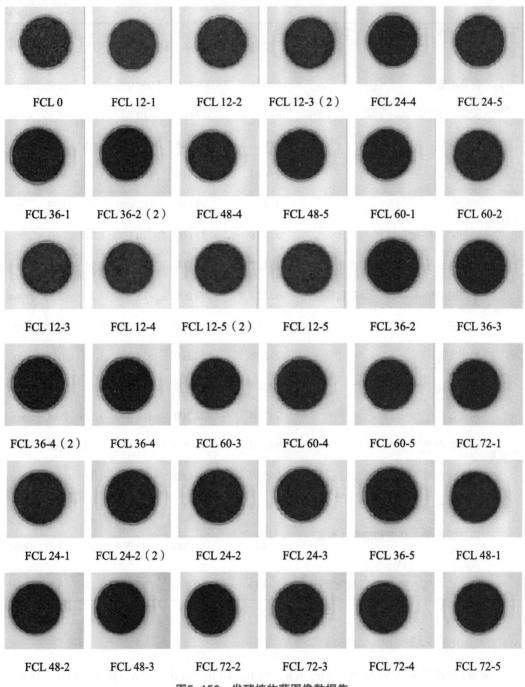

图5-150　发酵植物藜图像数据集

5.4.2.4.1　发酵植物藜0h图像数据集

构建发酵植物藜0h颜色特征图像数据集（图5-151），经过处理分别得到发酵植物藜0h RGB图像数据集（图5-152）、发酵植物藜0h HSV图像数据集（图5-153）、发酵植物藜0h灰度图像数据集（图5-154）。

图5-151　发酵植物藜0 h颜色特征图像数据集

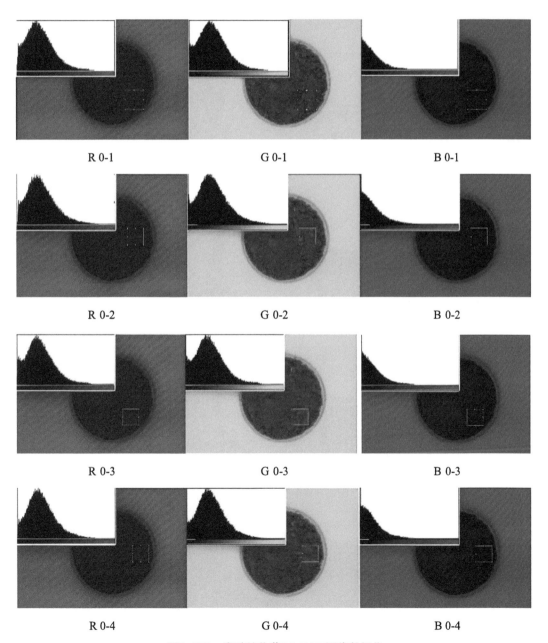

图5-152　发酵植物藜0 h RGB图像数据集

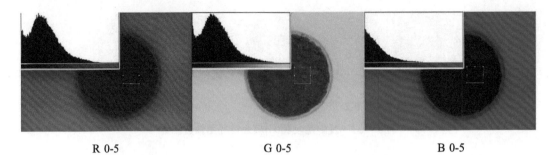

R 0-5 G 0-5 B 0-5

图5-152　发酵植物藜0 h RGB图像数据集（续）

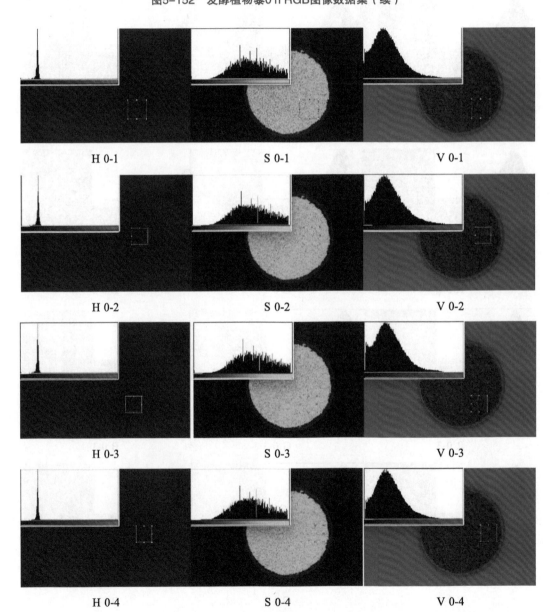

H 0-1 S 0-1 V 0-1

H 0-2 S 0-2 V 0-2

H 0-3 S 0-3 V 0-3

H 0-4 S 0-4 V 0-4

图5-153　发酵植物藜0 h HSV图像数据集

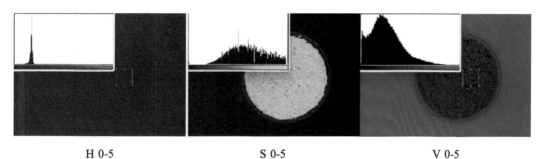

H 0-5   S 0-5   V 0-5

图5-153   发酵植物藜0 h HSV图像数据集（续）

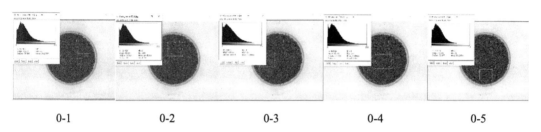

0-1   0-2   0-3   0-4   0-5

图5-154   发酵植物藜0 h灰度图像数据集

5.4.2.4.2   发酵植物藜12 h图像数据集

构建发酵植物藜12 h颜色特征图像数据集（图5-155），经过处理分别得到发酵植物藜12 h RGB图像数据集（图5-156）、发酵植物藜12 h HSV图像数据集（图5-157）、发酵植物藜12 h灰度图像数据集（图5-158）。

12-1   12-2   12-3   12-4   12-5

图5-155   发酵植物藜12 h颜色特征图像数据集

R 12-1   G 12-1   B 12-1

图5-156   发酵植物藜12 h RGB图像数据集

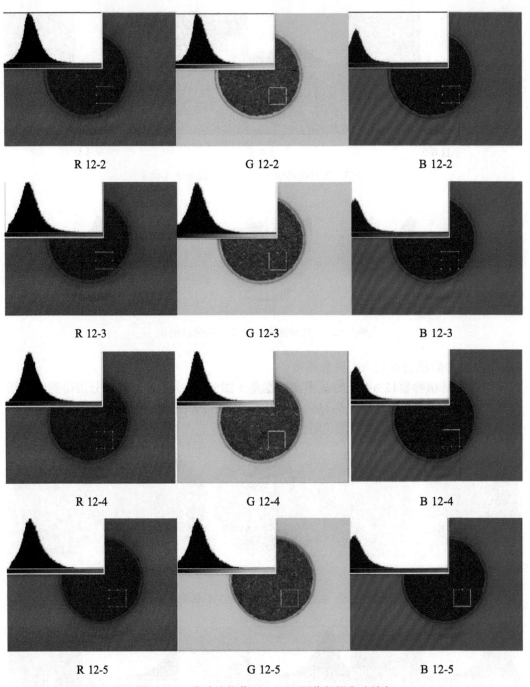

R 12-2　　　　　　　　G 12-2　　　　　　　　B 12-2

R 12-3　　　　　　　　G 12-3　　　　　　　　B 12-3

R 12-4　　　　　　　　G 12-4　　　　　　　　B 12-4

R 12-5　　　　　　　　G 12-5　　　　　　　　B 12-5

图5-156　发酵植物藜12 h RGB图像数据集（续）

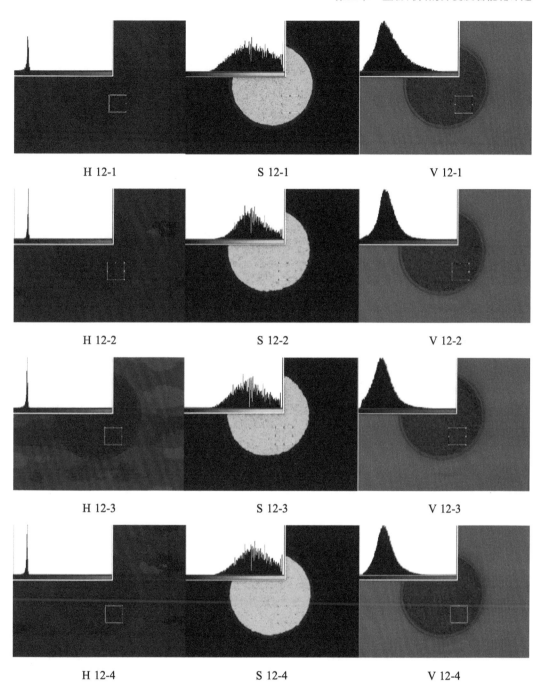

H 12-1　　　　　　　　　S 12-1　　　　　　　　　V 12-1

H 12-2　　　　　　　　　S 12-2　　　　　　　　　V 12-2

H 12-3　　　　　　　　　S 12-3　　　　　　　　　V 12-3

H 12-4　　　　　　　　　S 12-4　　　　　　　　　V 12-4

图5-157　发酵植物藜12 h HSV图像数据集

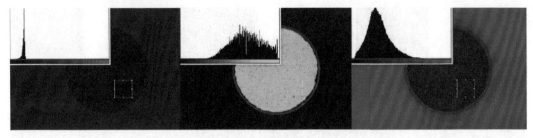

| H 12-5 | S 12-5 | V 12-5 |

图5-157　发酵植物藜12 h HSV图像数据集（续）

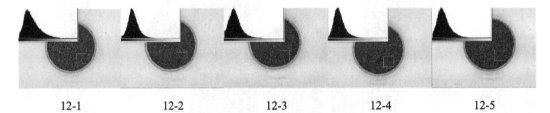

| 12-1 | 12-2 | 12-3 | 12-4 | 12-5 |

图5-158　发酵植物藜12 h灰度图像数据集

5.4.2.4.3　发酵植物藜24 h图像数据集

　　构建发酵植物藜24 h颜色特征图像数据集（图5-159），经过处理分别得到发酵植物藜24 h RGB图像数据集（图5-160）、发酵植物藜24 h HSV图像数据集（图5-161）、发酵植物藜24 h灰度图像数据集（图5-162）。

| 24-1 | 24-2 | 24-3 | 24-4 | 24-5 |

图5-159　发酵植物藜24 h颜色特征图像数据集

| R 24-1 | G 24-1 | B 24-1 |

图5-160　发酵植物藜24 h RGB图像数据集

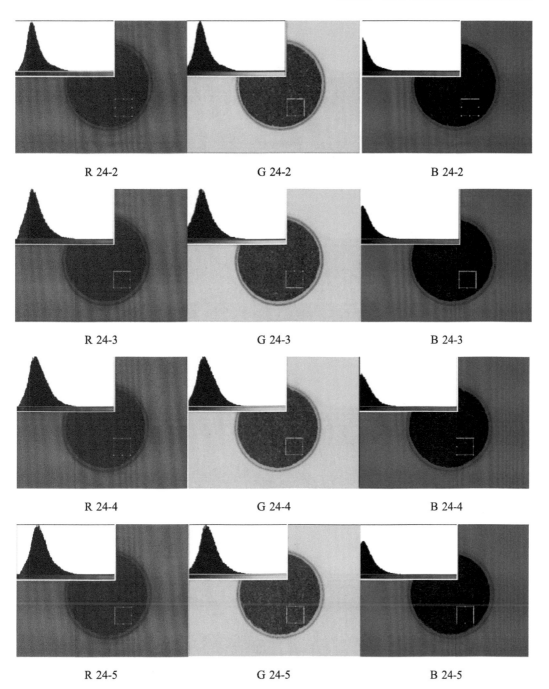

图5-160 发酵植物藜24 h RGB图像数据集（续）

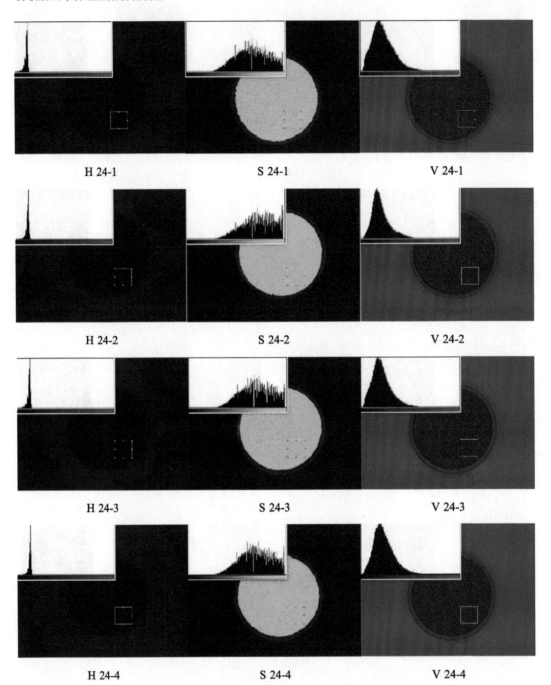

H 24-1   S 24-1   V 24-1

H 24-2   S 24-2   V 24-2

H 24-3   S 24-3   V 24-3

H 24-4   S 24-4   V 24-4

图5-161　发酵植物藜24 h HSV图像数据集

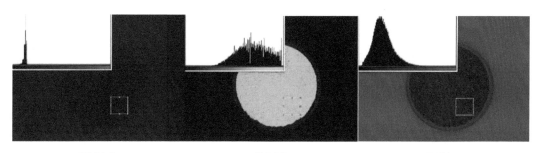

H 24-5　　　　　　　　　　S 24-5　　　　　　　　　　V 24-5

图5-161　发酵植物藜24 h HSV图像数据集（续）

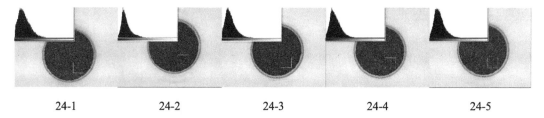

24-1　　　　　24-2　　　　　24-3　　　　　24-4　　　　　24-5

图5-162　发酵植物藜24 h灰度图像数据集

5.4.2.4.4　发酵植物藜36 h图像数据集

构建发酵植物藜36 h颜色特征图像数据集（图5-163），经过处理分别得到发酵植物藜36 h RGB图像数据集（图5-164）、发酵植物藜36 h HSV图像数据集（图5-165）、发酵植物藜36 h灰度图像数据集（图5-166）。

36-1　　　　　36-2　　　　　36-3　　　　　36-4　　　　　36-5

图5-163　发酵植物藜36 h颜色特征图像数据集

R 36-1　　　　　　　　　　G 36-1　　　　　　　　　　B 36-1

图5-164　发酵植物藜36 h RGB图像数据集

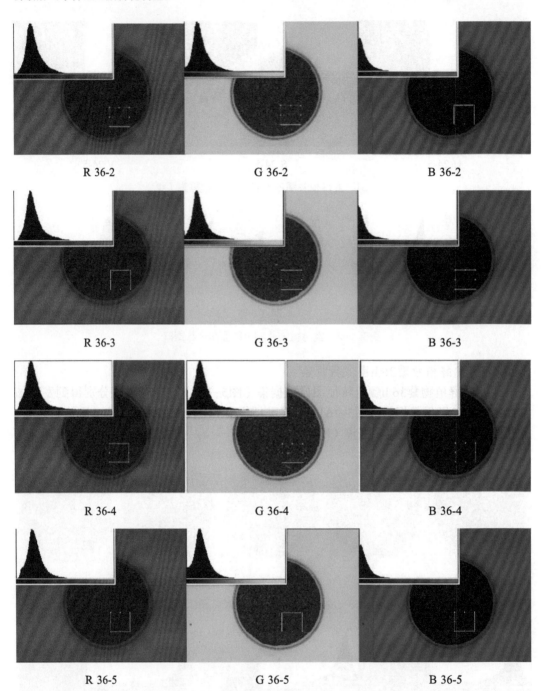

图5-164　发酵植物藜36 h RGB图像数据集（续）

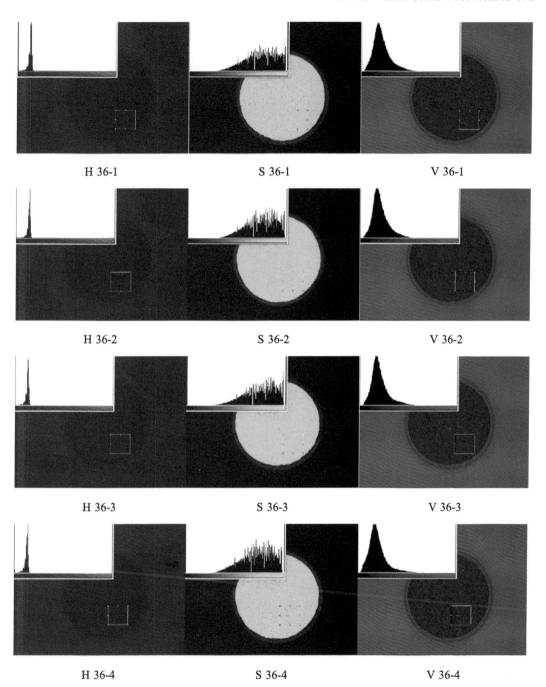

| H 36-1 | S 36-1 | V 36-1 |

| H 36-2 | S 36-2 | V 36-2 |

| H 36-3 | S 36-3 | V 36-3 |

| H 36-4 | S 36-4 | V 36-4 |

图5-165　发酵植物藜36 h HSV图像数据集

H 36-5 S 36-5 V 36-5

图5-165 发酵植物藜36 h HSV图像数据集（续）

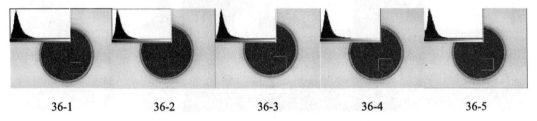

36-1 36-2 36-3 36-4 36-5

图5-166 发酵植物藜36 h灰度图像数据集

5.4.2.4.5 发酵植物藜48 h图像数据集

构建发酵植物藜48 h颜色特征图像数据集（图5-167），经过处理分别得到发酵植物藜48 h RGB图像数据集（图5-168）、发酵植物藜48 h HSV图像数据集（图5-169）、发酵植物藜48 h灰度图像数据集（图5-170）。

48-1 48-2 48-3 48-4 48-5

图5-167 发酵植物藜48 h颜色特征图像数据集

R 48-1 G 48-1 B 48-1

图5-168 发酵植物藜48 h RGB图像数据集

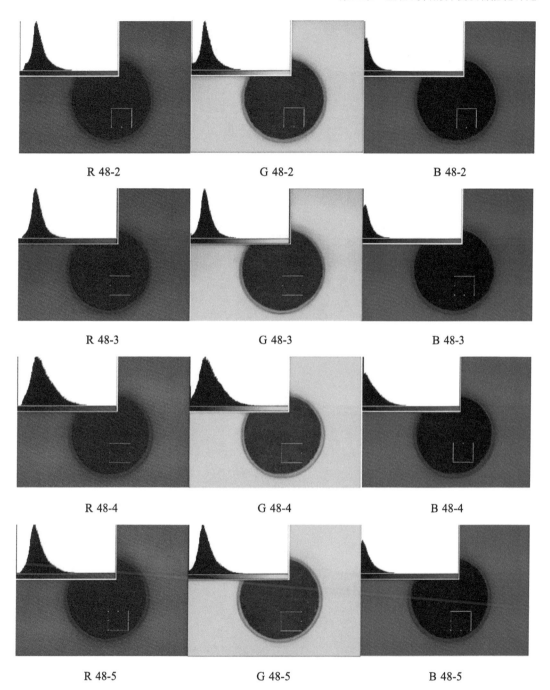

R 48-2　　　　　　　　　G 48-2　　　　　　　　　B 48-2

R 48-3　　　　　　　　　G 48-3　　　　　　　　　B 48-3

R 48-4　　　　　　　　　G 48-4　　　　　　　　　B 48-4

R 48-5　　　　　　　　　G 48-5　　　　　　　　　B 48-5

图5-168　发酵植物藜48 h RGB图像数据集（续）

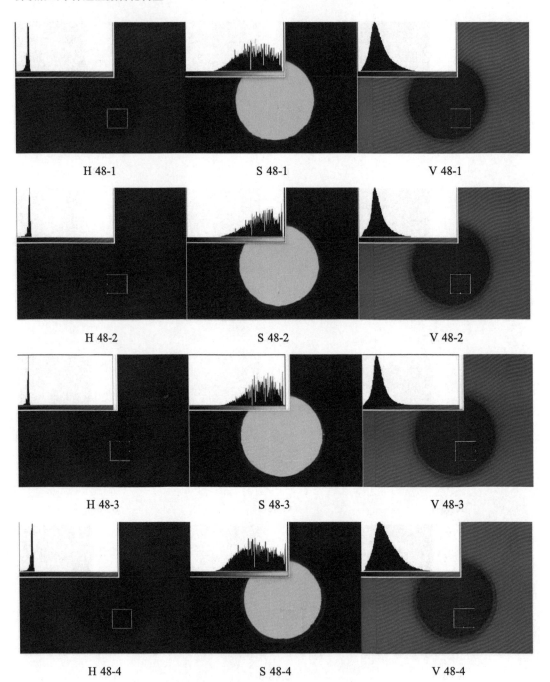

H 48-1   S 48-1   V 48-1

H 48-2   S 48-2   V 48-2

H 48-3   S 48-3   V 48-3

H 48-4   S 48-4   V 48-4

图5-169　发酵植物藜48 h HSV图像数据集

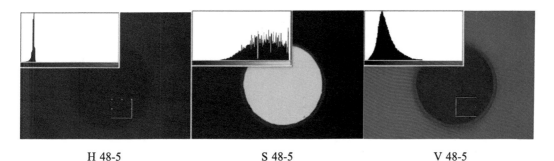

| H 48-5 | S 48-5 | V 48-5 |

图5-169 发酵植物藜48 h HSV图像数据集（续）

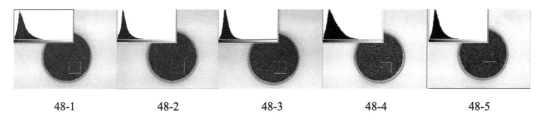

| 48-1 | 48-2 | 48-3 | 48-4 | 48-5 |

图5-170 发酵植物藜48 h灰度图像数据集

5.4.2.4.6 发酵植物藜60 h图像数据集

构建发酵植物藜60 h颜色特征图像数据集（图5-171），经过处理分别得到发酵植物藜60 h RGB图像数据集（图5-172）、发酵植物藜60 h HSV图像数据集（图5-173）、发酵植物藜60 h灰度图像数据集（图5-174）。

| 60-1 | 60-2 | 60-3 | 60-4 | 60-5 |

图5-171 发酵植物藜60 h颜色特征图像数据集

| R 60-1 | G 60-1 | B 60-1 |

图5-172 发酵植物藜60 h RGB图像数据集

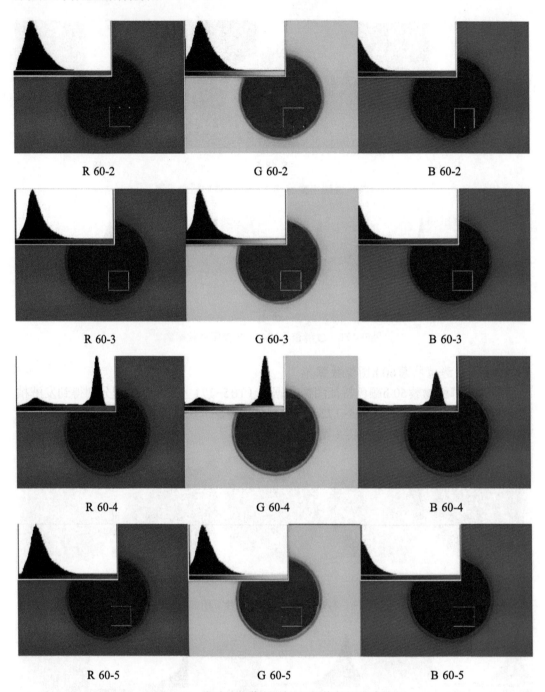

R 60-2   G 60-2   B 60-2

R 60-3   G 60-3   B 60-3

R 60-4   G 60-4   B 60-4

R 60-5   G 60-5   B 60-5

图5-172　发酵植物藜60 h RGB图像数据集（续）

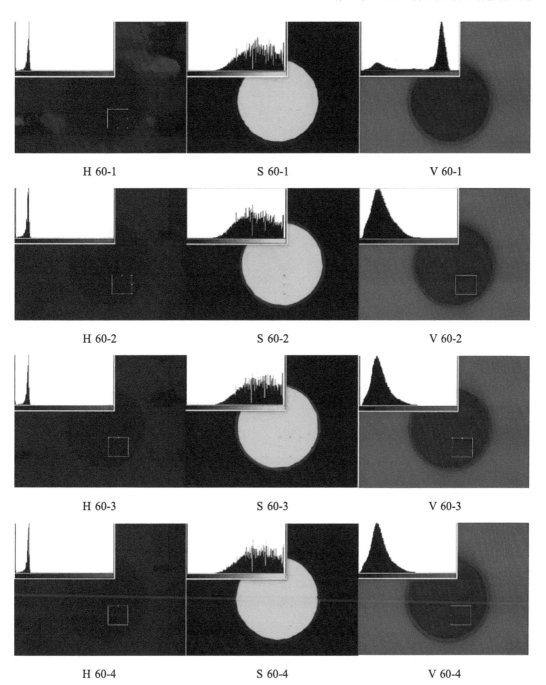

H 60-1　　　　　　　　S 60-1　　　　　　　　V 60-1

H 60-2　　　　　　　　S 60-2　　　　　　　　V 60-2

H 60-3　　　　　　　　S 60-3　　　　　　　　V 60-3

H 60-4　　　　　　　　S 60-4　　　　　　　　V 60-4

图5-173 发酵植物藜60 h HSV图像数据集

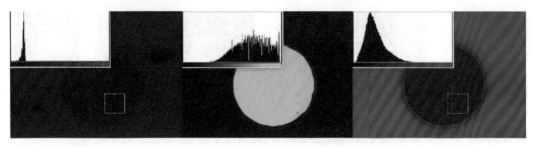

H 60-5　　　　　　　　S 60-5　　　　　　　　V 60-5

图5-173　发酵植物藜60 h HSV图像数据集（续）

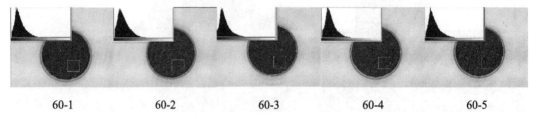

60-1　　　　　60-2　　　　　60-3　　　　　60-4　　　　　60-5

图5-174　发酵植物藜60 h灰度图像数据集

5.4.2.4.7　发酵植物藜72 h图像数据集

构建发酵植物藜72 h颜色特征图像数据集（图5-175），经过处理分别得到发酵植物藜72 h RGB图像数据集（图5-176）、发酵植物藜72 h HSV图像数据集（图5-177）、发酵植物藜72 h灰度图像数据集（图5-178）。

72-1　　　　　72-2　　　　　72-3　　　　　72-4　　　　　72-5

图5-175　发酵植物藜72 h颜色特征图像数据集

R 72-1　　　　　　　　G 72-1　　　　　　　　B 72-1

图5-176　发酵植物藜72 h RGB图像数据集

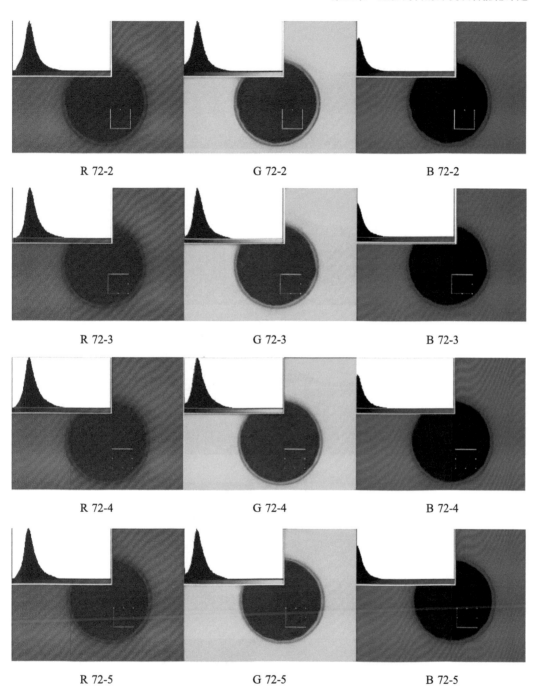

R 72-2　　　　　　　　　G 72-2　　　　　　　　　B 72-2

R 72-3　　　　　　　　　G 72-3　　　　　　　　　B 72-3

R 72-4　　　　　　　　　G 72-4　　　　　　　　　B 72-4

R 72-5　　　　　　　　　G 72-5　　　　　　　　　B 72-5

图5-176　发酵植物藜72 h RGB图像数据集（续）

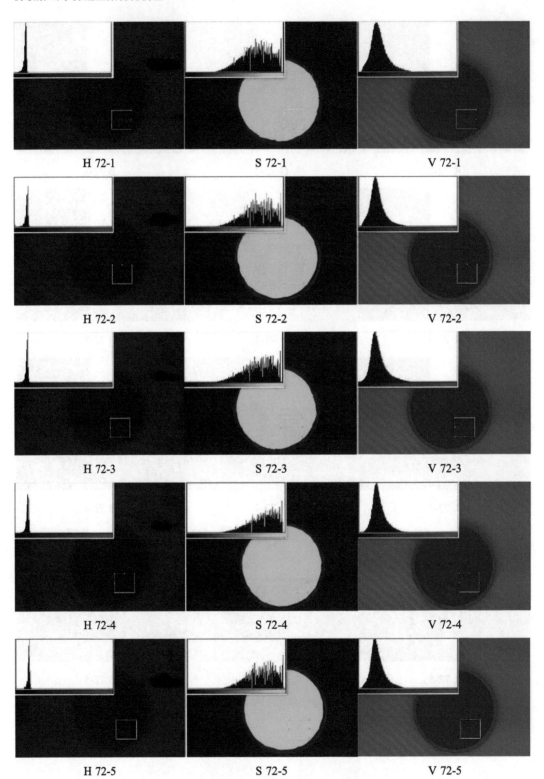

H 72-1　　　　　　　　S 72-1　　　　　　　　V 72-1

H 72-2　　　　　　　　S 72-2　　　　　　　　V 72-2

H 72-3　　　　　　　　S 72-3　　　　　　　　V 72-3

H 72-4　　　　　　　　S 72-4　　　　　　　　V 72-4

H 72-5　　　　　　　　S 72-5　　　　　　　　V 72-5

图5-177　发酵植物藜72 h HSV图像数据集

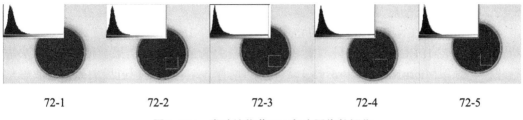

72-1   72-2   72-3   72-4   72-5

图5-178 发酵植物藜72 h灰度图像数据集

5.4.2.5 酶解蒲公英的制备流程

酶解底物蒲公英：麸皮比例为9∶1，添加1.5%果胶酶和67%水，酶解温度50℃的条件下，酶解48 h，收集样本。

5.4.2.6 蒲公英的酶解工艺

以酶解蒲公英多糖含量为评价指标，通过单因素试验及Box-Behnken响应面法优化酶解条件，最终确定蒲公英最佳的酶解工艺为：果胶酶酶解蒲公英，辅料麸皮添加量为10%，酶解时间为12.3 h，酶解温度为57.6℃，酶添加量为1 532 U/g，含水量为55%。

5.4.2.7 酶解蒲公英的近红外检测

5.4.2.7.1 蒲公英多糖的近红外原始光谱

在908～1 670 nm波段内采集100个酶解蒲公英样品的近红外光谱（图5-179）。可见酶解蒲公英在光谱波长范围908～1 670 nm内存在多个吸收峰，其变化趋势未见明显差异且不重合，在1 205 nm和1 440 nm附近均有吸收峰，分别与C-H基团的二阶倍频和O-H基团的一阶倍频的拉伸振动相关。

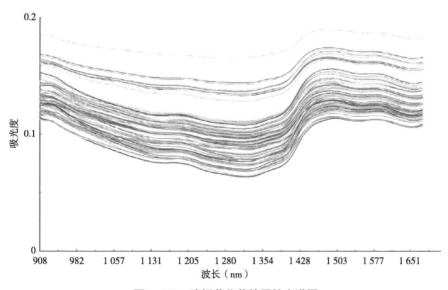

图5-179 酶解蒲公英的原始光谱图

5.4.2.7.2 最适波长段筛选

不同吸收峰在NIR光谱代表的物质不同，构建NIR预测模型也应对最适波段进行筛选，以RMSEC、SEC最小，R^2、RPD值最大为最佳筛选结果。使用PLSR法进行建模，采取MicroNIRTM Pro v3.1软件内的推荐，结合预处理过后的光谱吸收峰信息，选取在908～1 000 nm、1 001～1 120 nm、1 124～1 354 nm、1 360～1 546 nm、1 552～1 670 nm和全波段908～1 670 nm共6个光谱区间分别对校正集的酶解蒲公英光谱进行处理，并对模型进行评价。全波段，即波长范围908～1 670 nm时的R^2最大，RMSEC和SEC值最小，分别为8.362 3和8.320 4，且RPD值大于2.5，综上所述，全波段建模效果最好，且明显优于其他任一波长范围，符合模型构建的基本要求（图5-180）。

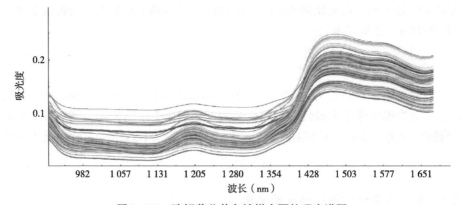

图5-180　酶解蒲公英多糖样本预处理光谱图

5.4.2.7.3 模型的外部验证与评价

外部验证是使用除建模数据以外的数据，对所建模型进行验证，可以避免在建模过程中出现过拟合的情况。使用外部验证集样本检测模型的准确性，结果如图5-181所示。样品的预测值与实测值均围绕在$y=x$的参考线附近，说明预测值和实测值间的差异不大。使用SAS软件对预测值与实测值进行显著性分析，结果表明二者差异不显著（$P>0.05$）。综上，本研究建立的酶解蒲公英的多糖含量预测模型具有良好的准确性，可以满足快速测定的需求。

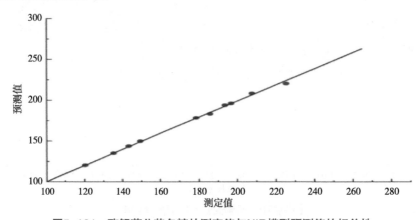

图5-181　酶解蒲公英多糖的测定值与NIR模型预测值的相关性

5.4.2.8　酶解蒲公英主要活性物质

蒲公英主要由甘露糖、鼠李糖、葡萄糖、半乳糖、木糖、阿拉伯糖组成，其摩尔比为1.72：1.80：20.24：14.59：4.58：10.07；酶解蒲公英主要由甘露糖、鼠李糖、葡萄糖、半乳糖、木糖、阿拉伯糖、岩藻糖组成，其摩尔比为2.99：10.65：18：14.82：8.61：9.20：0.83。与酶解前相比，甘露糖、鼠李糖、半乳糖、木糖含量分别增加了73.87%、490.54%、1.56%、87.79%，同时产生了岩藻糖、葡萄糖醛酸，但葡萄糖、阿拉伯糖分别下降了11.05%、8.66%（表5-10）。

表5-10　蒲公英和酶解蒲公英的单糖组成

项目	蒲公英（mg/g）	酶解蒲公英（mg/g）	增加量（mg/g）	增加百分比（%）
半乳糖醛酸	9.48	75.48	66	696.20
葡萄糖	36.46	32.43	-4.03	-11.05
半乳糖	26.28	26.69	0.41	1.56
鼠李糖	2.96	17.48	14.52	490.54
阿拉伯糖	15.12	13.81	-1.31	-8.66
木糖	6.88	12.92	6.04	87.79
甘露糖	3.10	5.39	2.29	73.87
葡萄糖醛酸	未检出	3.91	3.91	
岩藻糖	未检出	1.37	1.37	

从酶解蒲公英中共鉴定出106种黄酮类化合物，其中黄酮醇43种、黄酮40种、黄酮碳糖苷6种、二氢黄酮4种、二氢黄酮醇4种、黄烷醇类4种、异黄酮3种、查耳酮2种，主要是黄酮醇和黄酮。其中含有77种糖苷类化合物和19种苷元类化合物。糖苷类化合物中，单糖苷类有61种，二糖苷类有16种；山奈酚糖苷和槲皮素糖苷总数最多，有13种。槲皮素糖苷中包含的单糖苷数量最多，有9种；山奈酚糖苷中包含的二糖苷数量最多，有5种。苷元类化合物中，紫杉叶素、异荭草素、二氢杨梅素等的相对含量最高（表5-11）。

从酶解蒲公英中共鉴定出75种酚酸类化合物，其中相对含量较高的主要包括对羟基苯甲酸、龙胆酸、水杨酸等（表5-12）。

表5-11 蒲公英和酶解蒲公英中黄酮类化合物的成分及相对含量

序号	蒲公英				酶解蒲公英			
	化学式	物质	物质分类	相对含量	物质	化学式	物质分类	相对含量
1	$C_{27}H_{30}O_{15}$	山柰酚-3-O-新橙皮糖苷	黄酮醇	29 830 000	原儿茶酸	$C_7H_6O_4$	黄烷醇类	30 561 000
2	$C_{27}H_{30}O_{15}$	木犀草素-7-O-芸香糖苷	黄酮	28 243 000	烟花苷（山柰酚3-O-芸香糖苷）	$C_{27}H_{30}O_{15}$	黄酮醇	13 357 000
3	$C_7H_6O_4$	原儿茶酸	黄烷醇类	25 435 000	山柰酚3-O-洋槐糖苷	$C_{27}H_{30}O_{15}$	黄酮醇	1 178 9000
4	$C_{27}H_{30}O_{15}$	*忍冬苷*	黄酮	24 476 000	山柰酚-3-O-新橙皮糖苷	$C_{27}H_{30}O_{15}$	黄酮醇	11 112 000
5	$C_{27}H_{30}O_{15}$	山柰酚3-O-洋槐糖苷	黄酮醇	24 040 000	木犀草素-7-O-芸香糖苷	$C_{27}H_{30}O_{15}$	黄酮	11 030 000
6	$C_{27}H_{30}O_{15}$	四羟基-C-鼠李糖-葡萄糖黄酮碳苷	黄酮碳糖苷	23 411 000	四羟基-C-鼠李糖-葡萄糖黄酮碳苷	$C_{27}H_{30}O_{15}$	黄酮碳糖苷	8 247 400
7	$C_{27}H_{30}O_{15}$	山柰酚-3-O-葡萄糖苷-7-O-鼠李糖苷	黄酮醇	23 077 000	忍冬苷	$C_{27}H_{30}O_{15}$	黄酮	7 713 300
8	$C_{27}H_{30}O_{15}$	烟花苷（山柰酚3-O-芸香糖苷）	黄酮醇	18 853 000	山柰酚-3-O-葡萄糖苷-7-O-鼠李糖苷	$C_{27}H_{30}O_{15}$	黄酮醇	6 807 800
9	$C_{24}H_{22}O_{14}$	山柰酚3-O-（6''-O-丙二酰基）-葡萄糖苷	黄酮醇	17 072 000	山柰酚3-O-(6''-O-丙二酰基)-葡萄糖苷	$C_{24}H_{22}O_{14}$	黄酮醇	6 082 100
10	$C_{24}H_{22}O_{14}$	山柰酚3-O-（6''-O-丙二酰基）-半乳糖苷	黄酮醇	16 121 000	山柰酚3-O-(6''-O-丙二酰基)-半乳糖苷	$C_{24}H_{22}O_{14}$	黄酮醇	5 233 400
11	$C_{20}H_{18}O_{11}$	扁蓄苷	黄酮醇	10 541 000	紫杉叶素	$C_{15}H_{12}O_7$	二氢黄酮醇	1 902 900
12	$C_{27}H_{30}O_{16}$	木犀草素-7-O-β-D-龙胆糖苷	黄酮	6 347 800	8-C-己糖苷-木犀草素-O-己糖苷	$C_{27}H_{30}O_{16}$	黄酮碳糖苷	1 522 200
13	$C_{27}H_{30}O_{16}$	8-C-己糖苷-木犀草素O-己糖苷	黄酮碳糖苷	6 252 500	根皮苷	$C_{21}H_{24}O_{10}$	异黄酮	1 147 500
14	$C_{21}H_{20}O_{11}$	槲皮素-3-O-α-L-吡喃鼠李糖苷	黄酮醇	5609000	异鼠李素3-O-β-（2''-O-乙酰基-β-D-葡萄糖醛酸）	$C_{24}H_{22}O_{14}$	黄酮醇	1 003 900
15	$C_{27}H_{30}O_{16}$	山柰酚-3,7-二-O-β-D-吡喃葡萄糖苷	黄酮醇	5429900	香叶木苷	$C_{28}H_{32}O_{15}$	黄酮	1 002 500

（续表）

序号	蒲公英				醇解蒲公英			
	化学式	物质	相对含量	物质分类	化学式	物质	物质分类	相对含量
16	$C_{15}H_{10}O_6$	木犀草素	4 972 700	黄酮	$C_{21}H_{20}O_{11}$	槲皮素-3-O-α-L-吡喃鼠李糖苷	黄酮醇	570 910
17	$C_{21}H_{20}O_{11}$	木犀草苷	4 949 900	黄酮	$C_{28}H_{32}O_{15}$	香叶木素-7-O-新橘皮糖苷	黄酮	547 390
18	$C_{24}H_{22}O_{15}$	槲皮素-7-O-（6"-O-丙二酰基）-β-D-葡萄糖苷	4 388 400	黄酮醇	$C_{21}H_{20}O_{11}$	木犀草苷	黄酮	534 060
19	$C_{22}H_{22}O_{12}$	异鼠李素-3-O-β-D-葡萄糖苷	4 021 700	黄酮醇	$C_{20}H_{18}O_{11}$	扁蓄苷	黄酮醇	515 510
20	$C_{21}H_{20}O_{12}$	异金丝桃苷	3 452 800	黄酮醇	$C_{30}H_{26}O_{14}$	槲皮素-O-阿魏酰皮糖苷	黄酮醇	503 170
21	$C_{24}H_{22}O_{14}$	异鼠李素3-O-β-（2"-O-乙酰基-β-D-葡萄糖醛酸）	3 214 800	黄酮醇	$C_{27}H_{30}O_{16}$	槲皮素葡萄糖苷-鼠李糖苷	黄酮醇	496 780
22	$C_{16}H_{12}O_6$	香叶木素	3 111 900	黄酮	$C_{28}H_{32}O_{15}$	香叶木素-7-O-芸香糖苷	黄酮	492 410
23	$C_{27}H_{30}O_{16}$	槲皮素葡萄糖苷-鼠李糖苷	2 931 500	黄酮醇	$C_{21}H_{20}O_{11}$	紫云英苷	黄酮醇	408 670
24	$C_{16}H_{12}O_6$	6,7,8-三羟基-5-甲氧基黄酮	2 718 600	黄酮	$C_{21}H_{20}O_{12}$	异金丝桃苷	黄酮醇	396 080
25	$C_{16}H_{12}O_6$	高车前素	2 596 500	黄酮	$C_{21}H_{18}O_{12}$	4-羟基黄酮-7-O-葡萄糖苷	黄酮	388 920
26	$C_{30}H_{26}O_{14}$	槲皮素-O-阿魏酰皮糖苷	2 588 800	黄酮醇	$C_{22}H_{22}O_{12}$	异鼠李素-3-O-β-D-葡萄糖苷	黄酮醇	378 800
27	$C_7H_6O_3$	原儿茶醛	2 513 200	黄烷醇类	$C_{21}H_{18}O_{12}$	山柰酚-3-O-D-葡萄糖醛酸糖苷	黄酮醇	341 110
28	$C_{26}H_{28}O_{16}$	槲皮素-O-己糖苷-O-戊糖苷	2 249 700	黄酮醇	$C_{28}H_{32}O_{15}$	金圣草黄素7-O-芸香糖苷	黄酮	285 680
29	$C_{21}H_{24}O_{10}$	根皮苷	2 077 700	异黄酮	$C_{24}H_{22}O_{15}$	槲皮素-7-O-（6"-O-丙酰基）-β-D-葡萄糖苷	黄酮醇	273 740
30	$C_{15}H_{10}O_6$	2'-羟基异黄酮	1 975 700	异黄酮	$C_{22}H_{22}O_{11}$	金圣草黄素6-C-己糖苷	黄酮	246 540

（续表）

序号	蒲公英				酶解蒲公英			
	物质	化学式	物质分类	相对含量	物质	化学式	物质分类	相对含量
31	紫云英苷	$C_{21}H_{20}O_{11}$	黄酮醇	1 939 500	槲皮素-3-O-刺槐苷	$C_{27}H_{30}O_{16}$	黄酮醇	240 850
32	山柰酚3-葡萄糖	$C_{21}H_{20}O_{11}$	黄酮醇	1 814 600	橙皮素5-O-葡萄糖苷	$C_{22}H_{24}O_{11}$	二氢黄酮醇	223 210
33	香叶木苷	$C_{28}H_{32}O_{15}$	黄酮	1 640 600	山柰酚7-O-葡萄糖苷	$C_{21}H_{20}O_{11}$	黄酮醇	220 580
34	紫杉叶素	$C_{15}H_{12}O_7$	二氢黄酮醇	1 353 800	槲皮素-7-O-葡萄糖苷	$C_{21}H_{20}O_{12}$	黄酮醇	215 310
35	槲皮素-3-O-(6"-O-乙酰)-半乳糖苷	$C_{23}H_{22}O_{13}$	黄酮醇	1 241 200	异野漆树苷	$C_{27}H_{30}O_{14}$	黄酮	187 540
36	异高山黄芩素	$C_{15}H_{10}O_6$	黄酮	1 141 300	木犀草素-3'-O-β-D-葡萄糖苷	$C_{21}H_{20}O_{11}$	黄酮	186 460
37	槲皮素-3-O-α-L-吡喃阿拉伯糖苷	$C_{20}H_{18}O_{11}$	黄酮醇	1 087 800	山柰酚3-葡萄糖	$C_{21}H_{20}O_{11}$	黄酮醇	185 760
38	香叶木素-7-O-新橘皮糖苷	$C_{28}H_{32}O_{15}$	黄酮	972 590	异荭草素	$C_{21}H_{20}O_{11}$	黄酮碳糖苷	185 560
39	香叶木素-7-O-芸香糖苷	$C_{28}H_{32}O_{15}$	黄酮	962 890	芦丁	$C_{27}H_{30}O_{16}$	黄酮醇	185 490
40	山柰酚7-O-葡萄糖苷	$C_{21}H_{20}O_{11}$	黄酮醇	914 020	异槲皮苷	$C_{21}H_{20}O_{12}$	黄酮醇	183 920
41	橙皮素5-O-葡萄糖苷	$C_{22}H_{24}O_{11}$	二氢黄酮醇	888 400	原儿茶醛	$C_7H_6O_3$	黄烷醇类	182 320
42	槲皮素-7-O-葡萄糖苷	$C_{21}H_{20}O_{12}$	黄酮醇	886 390	异夏佛塔苷	$C_{26}H_{28}O_{14}$	黄酮碳糖苷	180 840
43	异槲皮苷	$C_{21}H_{20}O_{12}$	黄酮醇	837290	绣线菊苷	$C_{21}H_{20}O_{12}$	黄酮醇	178 600
44	山柰酚-O-戊糖苷-O-己糖苷	$C_{26}H_{28}O_{15}$	黄酮醇	772 710	槲皮素3-O-(6"-O-乙酰)-半乳糖苷	$C_{23}H_{22}O_{13}$	黄酮醇	157 770
45	绣线菊苷	$C_{21}H_{20}O_{12}$	黄酮醇	697 330	木犀草素-4'-O-β-D-葡萄糖苷	$C_{21}H_{20}O_{11}$	黄酮	156 470
46	槲皮素-3-O-刺槐苷	$C_{27}H_{30}O_{16}$	黄酮醇	678 490	二氢杨梅素（蛇葡萄素）	$C_{15}H_{12}O_8$	二氢黄酮醇	135 780

（续表）

序号	蒲公英				酶解蒲公英			
	化学式	物质	物质分类	相对含量	物质	化学式	物质分类	相对含量
47	$C_{23}H_{20}O_{13}$	山柰酚3-O-β-（2"-O-乙酰基-β-D-葡萄糖醛酸）	黄酮醇	635 890	山柰酚-O-戊糖苷-O-己糖苷	$C_{26}H_{28}O_{15}$	黄酮醇	126 420
48	$C_{27}H_{30}O_{16}$	芦丁	黄酮醇	578230	乙酰己糖苷异鼠李素	$C_{24}H_{24}O_{13}$	黄酮醇	122 160
49	$C_{24}H_{22}O_{14}$	木犀草素-7-O-（6"-O-丙二酰基）-β-D-葡萄糖苷	黄酮	540 410	芹菜素-6,8-C-二葡萄糖苷	$C_{27}H_{30}O_{15}$	黄酮	121 350
50	$C_{21}H_{20}O_{11}$	异牡荆素	黄酮碳糖苷	519 840	胡桃苷	$C_{20}H_{18}O_{10}$	黄酮醇	120 110
51	$C_{17}H_{14}O_7$	苜蓿素（麦黄酮）	黄酮	513 490	木犀草素-7-O-（6"-O-丙二酰基）-β-D-葡萄糖苷	$C_{24}H_{22}O_{14}$	黄酮	106 260
52	$C_{27}H_{30}O_{14}$	异野漆树苷	黄酮	491 700	山柰酚-3,7-二-O-β-D-吡喃葡萄糖苷	$C_{27}H_{30}O_{16}$	黄酮醇	102 030
53	$C_{22}H_{22}O_{11}$	香叶木素-7-O-半乳糖苷	黄酮	484 750	金合欢素-7-O-芸香糖苷	$C_{28}H_{32}O_{14}$	黄酮	100 760
54	$C_{24}H_{24}O_{13}$	乙酰己糖苷异鼠李素	黄酮醇	472 810	木犀草素-7-O-β-D-龙胆糖苷	$C_{27}H_{30}O_{16}$	黄酮	97 805
55	$C_{28}H_{32}O_{16}$	异金圣草黄素-C-己糖基-O-己糖苷	黄酮	470 050	木犀草素	$C_{15}H_{10}O_6$	黄酮	88 950
56	$C_{27}H_{26}O_{11}$	麦黄酮4'-O-愈创木基油醚	黄酮	459 300	橙皮苷	$C_{28}H_{34}O_{15}$	二氢黄酮	88 036
57	$C_{26}H_{24}O_{10}$	麦黄酮4'-O-丁香醇醚	黄酮	314 030	槲皮素-O-己糖苷-O-戊糖苷	$C_{26}H_{28}O_{16}$	黄酮醇	87 620
58	$C_{26}H_{28}O_{16}$	异麦芽素-7-O-β-D-吡喃葡萄糖基-2'-O-α-L-阿拉伯吡喃呋喃果糖苷	黄酮	274 920	槲皮素-3-O-α-L-吡喃阿拉伯糖苷	$C_{20}H_{18}O_{11}$	黄酮醇	76 912
59	$C_{21}H_{18}O_{12}$	山柰酚-3-O-D-葡萄糖醛酸糖苷	黄酮醇	247 380	麦黄酮4'-O-愈创木基油醚	$C_{27}H_{26}O_{11}$	黄酮	76 065
60	$C_{24}H_{24}O_{13}$	异鼠李素-O-乙酰己糖苷	黄酮醇	246 430	异鼠李素-O-乙酰己糖苷	$C_{24}H_{24}O_{13}$	黄酮醇	70 455

（续表）

序号	蒲公英				酶解蒲公英			
	化学式	物质	相对含量	物质分类	物质	化学式	物质分类	相对含量
61	$C_{28}H_{32}O_{15}$	金圣草黄素7-O-芸香糖苷	241 730	黄酮	异麦芽素-7-O-β-D-吡喃葡萄糖基-2'-O-α-L-阿拉(白吡喃果糖苷)	$C_{26}H_{28}O_{16}$	黄酮	67 616
62	$C_{15}H_{12}O_8$	二氢杨梅素（蛇葡萄素）	241 030	二氢黄酮醇	苜蓿素（麦黄酮）	$C_{17}H_{14}O_7$	黄酮	66 411
63	$C_{22}H_{22}O_{11}$	金圣草黄素6-C-己糖苷	231 630	黄酮	金圣草黄素-C-鼠李糖-O-鼠李糖	$C_{28}H_{32}O_{14}$	黄酮	65 916
64	$C_{17}H_{14}O_7$	棕矢车菊素	227 380	黄酮	没食子酸甲酯	$C_8H_8O_5$	黄烷醇类	60 798
65	$C_{27}H_{30}O_{17}$	槲皮素3,7-二-O-β-D-葡萄糖苷	219 990	黄酮醇	山柰酚3-O-β-（2''-O-乙酰基-β-D-葡萄糖醛酸）	$C_{23}H_{20}O_{13}$	黄酮醇	56 541
66	$C_{21}H_{20}O_{11}$	木犀草素4'-O-β-D-葡萄糖苷	209 610	黄酮	木犀草素-7,3'-二-O-β-D-葡萄糖苷	$C_{27}H_{30}O_{16}$	黄酮	50 797
67	$C_{27}H_{30}O_{17}$	6-羟基山柰酚-7,6-O-二葡萄糖苷	206 090	黄酮醇	香叶木素-7-O-半乳糖苷	$C_{22}H_{22}O_{11}$	黄酮	45 949
68	$C_{21}H_{20}O_{11}$	木犀草素-3'-O-β-D-葡萄糖苷	205 540	黄酮	香叶木素	$C_{16}H_{12}O_6$	黄酮	45 618
69	$C_{26}H_{28}O_{14}$	异夏佛塔苷	201 810	黄酮碳糖苷	麦黄酮4'-O-丁香醇醚	$C_{26}H_{24}O_{10}$	黄酮	42 214
70	$C_{21}H_{18}O_{12}$	4-羟基黄酮-7-O-葡萄糖苷	201 230	黄酮	6,7,8-三羟基-5-甲氧基黄酮	$C_{16}H_{12}O_6$	黄酮醇	41 666
71	$C_{28}H_{34}O_{15}$	橙皮苷	182 610	二氢黄酮	棕矢车菊素	$C_{17}H_{14}O_7$	黄酮	37 196
72	$C_{21}H_{20}O_{11}$	槲皮苷	163 650	黄酮醇	2'-羟基异黄酮	$C_{15}H_{10}O_6$	异黄酮	35 168
73	$C_{15}H_{12}O_6$	圣草酚	162 480	二氢黄酮	金圣草黄素-O-丙二酰己糖苷	$C_{25}H_{24}O_{14}$	黄酮	33 850
74	$C_{33}H_{40}O_{21}$	槲皮素葡萄糖苷-葡萄糖苷-鼠李糖苷	161 390	黄酮醇	木犀草素-7-葡萄糖醛酸苷	$C_{21}H_{18}O_{12}$	黄酮	33 821
75	$C_{17}H_{14}O_7$	3,7-二-O-甲基槲皮素	149 210	黄酮醇	高车前素	$C_{16}H_{12}O_6$	黄酮	33 637

（续表）

序号	蒲公英				酶解蒲公英			
	化学式	物质	物质分类	相对含量	物质	化学式	物质分类	相对含量
76	$C_{28}H_{32}O_{14}$	金合欢素-7-O-芸香糖苷	黄酮	137 820	槲皮素葡萄糖苷-葡萄糖苷-鼠李糖苷	$C_{33}H_{40}O_{21}$	黄酮醇	28 704
77	$C_{25}H_{24}O_{14}$	金圣草黄素-O-丙二酰己糖苷	黄酮	119 780	香叶木素-7-O-葡萄糖醛酸苷	$C_{22}H_{20}O_{12}$	黄酮	28 305
78	$C_{28}H_{34}O_{16}$	8-C-己糖基-橙皮素-O-己糖苷	黄酮碳糖苷	119 690	槲皮苷	$C_{21}H_{20}O_{11}$	黄酮醇	28 270
79	$C_{27}H_{30}O_{16}$	木犀草素-7,3'-二-O-β-D-葡萄糖苷	黄酮	116 380	金圣草黄素-O-葡萄糖醛酸	$C_{22}H_{20}O_{12}$	黄酮	26 178
80	$C_{28}H_{32}O_{14}$	金圣草黄素-C-鼠李糖苷-O-鼠李糖	黄酮	113 500	芫草苷	$C_{21}H_{20}O_{11}$	黄酮碳糖苷	25 561
81	$C_{21}H_{20}O_{11}$	芫草苷	黄酮碳糖苷	108 740	槲皮素-3-O-β-（2''-O-乙酰基-β-D-葡萄糖醛酸）	$C_{23}H_{20}O_{14}$	黄酮醇	23 363
82	$C_{23}H_{20}O_{14}$	槲皮素-3-O-β-（2''-O-乙酰基-β-D-葡萄糖醛酸）	黄酮醇	104 020	异金圣草素-C-己糖基-O-己糖苷	$C_{28}H_{32}O_{16}$	黄酮	21 880
83	$C_{22}H_{20}O_{12}$	香叶木素-7-O-葡萄糖醛酸苷	黄酮	102 520	山柰酚7-O-鼠李糖苷	$C_{21}H_{20}O_{10}$	黄酮醇	20 038
84	$C_{22}H_{24}O_{8}$	芹菜素-3-O-α-L-鼠李糖苷	黄酮	100 380	番泻叶山柰苷	$C_{21}H_{20}O_{10}$	黄酮醇	19 091
85	$C_{27}H_{30}O_{15}$	芹菜素-6,8-C-二葡萄糖苷	黄酮	99 486	圣草酚-7-O-葡萄糖苷	$C_{21}H_{22}O_{11}$	二氢黄酮	18 387
86	$C_{21}H_{22}O_{11}$	圣草酚-7-O-葡萄糖苷	二氢黄酮	92 674	4,2',4',6'-四羟基查尔酮	$C_{15}H_{12}O_{5}$	查耳酮	18 144
87	$C_{21}H_{20}O_{12}$	金丝桃苷	黄酮醇	84 113	异高山黄芩素	$C_{15}H_{10}O_{6}$	黄酮	17 670
88	$C_{20}H_{18}O_{10}$	胡桃苷	黄酮醇	83 186	金丝桃苷	$C_{21}H_{20}O_{12}$	黄酮醇	15 688
89	$C_{21}H_{18}O_{12}$	木犀草素-7-葡萄糖醛酸苷	黄酮	81 194	金雀异黄素8-C-葡萄糖苷	$C_{21}H_{20}O_{10}$	黄酮碳糖苷	15 230
90	$C_{28}H_{32}O_{16}$	金圣草黄素-O-二己糖苷	黄酮	75 903	川陈皮素	$C_{21}H_{22}O_{8}$	黄酮	14 503

（续表）

序号	蒲公英				酶解蒲公英			
	化学式	物质	物质分类	相对含量	物质	化学式	物质分类	相对含量
91	$C_{30}H_{26}O_{14}$	没食子儿茶素-没食子儿茶素	黄烷醇类	64 277	没食子儿茶素-没食子儿茶素	$C_{30}H_{26}O_{14}$	黄烷醇类	13 913
92	$C_{32}H_{38}O_{21}$	槲皮素-O-戊糖苷-O-己糖苷	黄酮醇	63 787	桔皮素	$C_{20}H_{20}O_{7}$	黄酮醇	13 516
93	$C_{21}H_{18}O_{13}$	槲皮素-O-葡萄糖醛酸	黄酮醇	62 456	芸香柚皮苷	$C_{27}H_{32}O_{14}$	二氢黄酮	12 136
94	$C_{21}H_{20}O_{10}$	番泻叶山奈苷	黄酮醇	54 546	6-羟基山奈酚-7,6-O-二葡萄糖苷	$C_{27}H_{30}O_{17}$	黄酮醇	12108
95	$C_{21}H_{18}O_{12}$	野黄芩苷	黄酮	53 404	柚皮素	$C_{15}H_{12}O_{5}$	二氢黄酮	11 926
96	$C_{21}H_{20}O_{10}$	山奈酚7-O-鼠李糖苷	黄酮醇	51 868	短叶松素	$C_{15}H_{12}O_{5}$	二氢黄酮醇	9 045.6
97	$C_{23}H_{24}O_{12}$	麦黄酮7-O-己糖苷	黄酮	51 032	芹菜素-3-O-α-L-鼠李糖苷	$C_{22}H_{24}O_{8}$	黄酮	8 033
98	$C_{22}H_{20}O_{12}$	金圣草黄素-O-葡萄糖醛酸	黄酮	42 377	槲皮素-O-葡萄糖醛酸	$C_{21}H_{18}O_{13}$	黄酮醇	7 917.2
99	$C_{16}H_{12}O_{7}$	泽兰黄酮	黄酮	34 479	3,7-二-O-甲基槲皮素	$C_{17}H_{14}O_{7}$	黄酮醇	6 963.7
100	$C_{8}H_{8}O_{5}$	没食子酸甲酯	黄烷醇类	32 772	杨梅苷	$C_{21}H_{20}O_{12}$	黄酮醇	5 267.2
101	$C_{15}H_{12}O_{5}$	紫铆素	二氢黄酮	30 668	芹菜素-7-O-(6'-O-乙酰基)-β-D-葡萄糖苷	$C_{23}H_{22}O_{11}$	黄酮	5 231.2
102	$C_{16}H_{12}O_{7}$	柽柳黄素	黄酮醇	28 140	7,8-二羟基-5,6,4'-三甲氧基黄酮	$C_{18}H_{16}O_{7}$	黄酮	3 345.2
103	$C_{15}H_{10}O_{5}$	芹菜素	黄酮	27 846	泽兰黄素	$C_{18}H_{16}O_{7}$	黄酮	3 243
104	$C_{27}H_{32}O_{14}$	芸香柚皮苷	二氢黄酮	27 134	李属异黄酮（樱黄素）	$C_{16}H_{12}O_{5}$	异黄酮	2 816.2
105	$C_{21}H_{20}O_{10}$	金雀异黄素8-C-葡萄糖苷	黄酮碳糖苷	24 865	金合欢素	$C_{16}H_{12}O_{5}$	黄酮	1 357.8

（续表）

序号	蒲公英				酶解蒲公英			
	化学式	物质	物质分类	相对含量	化学式	物质	物质分类	相对含量
106	$C_{15}H_{12}O_5$	4，2′，4′，6′-四羟基查尔酮	查耳酮	19 393	$C_{21}H_{22}O_5$	3′，4，4′-三羟基-2-甲氧基-3-丙烯基查尔酮	查耳酮	1 145
107	$C_{16}H_{12}O_5$	李属异黄酮（樱黄素）	异黄酮	18 436				
108	$C_{20}H_{20}O_7$	桔皮素	黄酮醇	17 699				
109	$C_{21}H_{22}O_8$	川陈皮素	黄酮	17 658				
110	$C_{15}H_{12}O_5$	柚皮素	二氢黄酮	16 692				
111	$C_{16}H_{12}O_7$	异鼠李素	黄酮醇	14 353				
112	$C_{18}H_{16}O_6$	7，8-二羟基-5，6，4′-三甲氧基黄酮	黄酮	11 780				
113	$C_{23}H_{22}O_{11}$	芹菜素-7-O-（6′-O-Z酰基）-β-D-葡萄糖苷	黄酮	11 360				
114	$C_{15}H_{14}O_5$	根皮素	查耳酮	10 450				
115	$C_{18}H_{16}O_7$	泽兰黄素	黄酮	8 632.9				
116	$C_{15}H_{12}O_5$	短叶松素	二氢黄酮醇	7 838				
117	$C_{16}H_{12}O_4$	毛蕊异黄酮	异黄酮	7 160.9				
118	$C_{16}H_{12}O_5$	芫花素（5，4′-二羟基-7-甲氧基黄酮）	黄酮	5 969.3				
119	$C_{15}H_{10}O_5$	3′，4′，7-三羟基黄酮	黄酮	5 702.9				
120	$C_{16}H_{12}O_5$	金合欢素	黄酮	3 992.9				

（续表）

序号	蒲公英				酶解蒲公英		
	化学式	物质	物质分类	相对含量	物质	物质分类	相对含量
121	$C_{15}H_{10}O_5$	染料木素	异黄酮	3 546.9			
122	$C_{21}H_{22}O_5$	3′,4′,4-三羟基-2-甲氧基-3-丙烯基查尔酮	查尔酮	3 321.6			
123	$C_{21}H_{20}O_{12}$	杨梅苷	黄酮醇	1 762.5			

表5-12　蒲公英和酶解蒲公英中酚酸类化合物的成分及相对含量

序号	蒲公英				酶解蒲公英			
	化学式	物质	物质分类	相对含量	化学式	物质	物质分类	相对含量
1	$C_7H_6O_4$	龙胆酸	酚酸类	20 998 000	$C_7H_6O_3$	对羟基苯甲酸	酚酸类	30 564 000
2	$C_{16}H_{18}O_9$	新绿原酸	酚酸类	20 496 000	$C_7H_6O_4$	龙胆酸	酚酸类	26 427 000
3	$C_{16}H_{22}O_8$	松柏苷	酚酸类	19 120 000	$C_7H_6O_3$	水杨酸	酚酸类	21 871 000
4	$C_{15}H_{18}O_9$	1-O-[(E)-咖啡酰]-β-D-吡喃葡萄糖	酚酸类	13 484 000	$C_7H_6O_4$	2,4-二羟基苯甲酸	酚酸类	15 839 000
5	$C_{13}H_{16}O_9$	原儿茶酸-4-葡萄糖苷	酚酸类	12 470 000	$C_{16}H_{18}O_9$	新绿原酸	酚酸类	12 708 000
6	$C_{25}H_{24}O_{12}$	3,4-二咖啡酰奎宁酸	酚酸类	11 486 000	$C_{16}H_{18}O_8$	3-O-(E)-对香豆酰奎宁酸	酚酸类	12 345 000
7	$C_{22}H_{18}O_{11}$	咖啡酰对香豆酰酒石酸	酚酸类	10 804 000	$C_{14}H_{14}O_9$	阿魏酰酒石酸	酚酸类	8 033 200
8	$C_{14}H_{14}O_9$	阿魏酰酒石酸	酚酸类	10 555 000	$C_{14}H_{14}O_8$	阿魏酰苹果酸	酚酸类	5 400 700

（续表）

序号	蒲公英				酶解蒲公英			
	化学式	物质	物质分类	相对含量	化学式	物质	物质分类	相对含量
9	$C_{13}H_{12}O_8$	顺式-香豆素酸	酚酸类	9 999 200	$C_{25}H_{24}O_{12}$	3，4-二咖啡酰奎宁酸	酚酸类	5 079 900
10	$C_{16}H_{18}O_8$	3-O-（E）-对香豆蔻酰奎宁酸	酚酸类	7 567 500	$C_8H_6O_4$	对苯二甲酸	酚酸类	4 814 400
11	$C_{16}H_{18}O_9$	绿原酸	酚酸类	7 532 900	$C_{22}H_{18}O_{10}$	二对香豆酰酒石酸	酚酸类	4 738 300
12	$C_{14}H_{14}O_8$	阿魏酰苹果酸	酚酸类	7 407 500	$C_9H_{10}O_3$	3-（4-羟基苯基）丙酸	酚酸类	4 221 100
13	$C_{22}H_{30}O_{14}$	西伯利亚远志糖A5	酚酸类	6 374 700	$C_{17}H_{20}O_9$	绿原酸甲酯	酚酸类	4 036 600
14	$C_{22}H_{18}O_{10}$	二对香豆酰酒石酸	酚酸类	6 343 200	$C_{30}H_{46}O_5$	皂皮酸	酚酸类	3 812 100
15	$C_{17}H_{20}O_9$	绿原酸甲酯	酚酸类	6 308 600	$C_{16}H_{18}O_9$	绿原酸	酚酸类	3 183 300
16	$C_9H_8O_4$	咖啡酸	酚酸类	4 513 000	$C_{25}H_{24}O_{12}$	异绿原酸A	酚酸类	2 789 400
17	$C_{30}H_{46}O_5$	皂皮酸	酚酸类	4 493 800	$C_{13}H_{12}O_7$	对香豆酰苹果酸	酚酸类	2 590 300
18	$C_7H_6O_3$	对羟基苯甲酸	酚酸类	4 433 500	$C_{13}H_{16}O_9$	原儿茶酸4-葡萄糖苷	酚酸类	2 540 500
19	$C_{25}H_{24}O_{12}$	异绿原酸C	酚酸类	4 193 700	$C_{22}H_{18}O_{11}$	咖啡酰对香豆酰酒石酸	酚酸类	2 488 900
20	$C_{25}H_{24}O_{12}$	异绿原酸A	酚酸类	4 065 300	$C_8H_8O_3$	对-羟基苯乙酸	酚酸类	2 248 900
21	$C_{16}H_{20}O_9$	阿魏酰葡萄糖	酚酸类	3 963 800	$C_{13}H_{12}O_8$	顺式-香豆素酸	酚酸类	2 204 000
22	$C_{13}H_{16}O_9$	2，5-二羟基苯甲酸O-己糖苷	酚酸类	3 893 800	$C_{25}H_{24}O_{12}$	异绿原酸C	酚酸类	2 158 100
23	$C_{13}H_{12}O_7$	对香豆酰苹果酸	酚酸类	3 810 500	$C_9H_8O_4$	咖啡酸	酚酸类	1 674 400
24	$C_8H_6O_4$	对苯二甲酸	酚酸类	3 115 600	$C_{16}H_{20}O_9$	阿魏酰葡萄糖	酚酸类	1 418 200
25	$C_{24}H_{22}O_{12}$	阿魏酰阿魏酰酒石酸	酚酸类	3 061 500	$C_9H_{10}O_4$	甲基-（2，4-二羟基苯基）乙酯	酚酸类	1 397 900

（续表）

序号	蒲公英				酶解蒲公英			
	化学式	物质	相对含量	物质分类	物质分类	物质	化学式	相对含量
26	$C_7H_6O_4$	2,4-二羟基苯甲酸	3 019 000	酚酸类	酚酸类	西伯利亚远志志糖A5	$C_{22}H_{30}O_{14}$	1 154 200
27	$C_7H_6O_3$	水杨酸	2 866 900	酚酸类	酚酸类	2,5-二羟基苯甲酸O-己糖苷	$C_{13}H_{16}O_9$	1 143 300
28	$C_{15}H_{18}O_8$	对香豆酸-O-葡萄糖苷	2 549 800	酚酸类	酚酸类	阿魏酰阿魏酰酒石酸	$C_{24}H_{22}O_{12}$	1 099 600
29	$C_{13}H_{16}O_8$	水杨酸-O-葡萄糖苷	2 041 100	酚酸类	酚酸类	1-O-[(E)-咖啡酰]-β-D-吡喃葡萄糖	$C_{15}H_{18}O_9$	654 010
30	$C_{18}H_{16}O_8$	迷迭香酸	1 877 400	酚酸类	酚酸类	对香豆酰阿魏酰酒石酸	$C_{23}H_{20}O_{11}$	634 940
31	$C_{10}H_{10}O_4$	阿魏酸	1 487 300	酚酸类	酚酸类	芥子醇	$C_{11}H_{14}O_4$	512 640
32	$C_8H_8O_3$	香兰素	1 180 700	酚酸类	酚酸类	香草酸	$C_8H_8O_4$	491 250
33	$C_{17}H_{24}O_9$	紫丁香苷	1 125 900	酚酸类	酚酸类	松柏苷	$C_{16}H_{22}O_8$	482 130
34	$C_7H_6O_2$	4-羟基苯甲醛	1 064 700	酚酸类	酚酸类	香兰素	$C_8H_8O_3$	463 930
35	$C_{15}H_{22}O_8$	3,4,5-三甲氧基苯基1-O-D-葡萄糖吡喃苷	1 019 400	酚酸类	酚酸类	4-羟基苯甲醛	$C_7H_6O_2$	451 170
36	$C_9H_{10}O_3$	3-（4-羟基苯基）丙酸	1 009 000	酚酸类	酚酸类	二酒石酰羟基香豆素	$C_{17}H_{14}O_{13}$	429 090
37	$C_8H_8O_3$	对-羟基苯乙酸	953 540	酚酸类	酚酸类	迷迭香酸	$C_{18}H_{16}O_8$	378 990
38	$C_8H_8O_4$	香草酸	833 170	酚酸类	酚酸类	3-氨基水杨酸	$C_7H_7NO_3$	355 190
39	$C_{15}H_{20}O_{10}$	丁香酸O-葡萄糖苷	827 680	酚酸类	酚酸类	水杨酸-O-葡萄糖苷	$C_{13}H_{16}O_8$	351 880
40	$C_{16}H_{18}O_9$	4-咖啡酰奎宁酸	763 070	酚酸类	酚酸类	苯甲酸	$C_7H_6O_2$	281 190
41	$C_9H_8O_3$	香豆酸	760 800	酚酸类	酚酸类	松柏醇	$C_{10}H_{12}O_3$	218 860

（续表）

序号	蒲公英 化学式	蒲公英 物质	蒲公英 物质分类	蒲公英 相对含量	酶解蒲公英 物质	酶解蒲公英 化学式	酶解蒲公英 物质分类	酶解蒲公英 相对含量
42	$C_9H_{10}O_4$	甲基-（2，4-二羟基苯基）乙酯	酚酸类	708 990	肉桂酰酒石酸	$C_{13}H_{12}O_7$	酚酸类	216 580
43	$C_{23}H_{20}O_{11}$	对香豆酰阿魏酰酒石酸	酚酸类	707 520	3-O-阿魏酰奎宁酸	$C_{17}H_{20}O_9$	酚酸类	211 510
44	$C_{17}H_{14}O_{13}$	二酒石酰-羟基香豆素	酚酸类	497 700	丁香酸	$C_9H_{10}O_5$	酚酸类	204 180
45	$C_{13}H_{18}O_7$	3-羟基-5-甲基苯酚-1-氧-β-D-葡萄糖	酚酸类	490 120	4-咖啡酰奎宁酸	$C_{16}H_{18}O_9$	酚酸类	202 590
46	$C_9H_8O_3$	反式对羟基肉桂酸	酚酸类	476 970	紫丁香苷	$C_{17}H_{24}O_9$	酚酸类	183 680
47	$C_9H_{10}O_4$	丁香醛	酚酸类	451 800	香豆酸	$C_9H_8O_3$	酚酸类	177 520
48	$C_{17}H_{20}O_9$	3-O-阿魏酰奎宁酸	酚酸类	377 400	阿魏酸	$C_{10}H_{10}O_4$	酚酸类	161 280
49	$C_9H_{10}O_5$	丁香酸	酚酸类	316 230	丁香油酚甲醚	$C_{11}H_{14}O_2$	酚酸类	144 830
50	$C_{10}H_{10}O_3$	利波腺苷	酚酸类	310 750	丁香醛	$C_9H_{10}O_4$	酚酸类	135 480
51	$C_8H_{10}O_2$	酪醇	酚酸类	263 330	对香豆酸-O-葡糖苷	$C_{15}H_{18}O_8$	酚酸类	122 930
52	$C_7H_7NO_3$	3-氨基水杨酸	酚酸类	236 440	咖啡醇	$C_{20}H_{28}O_3$	酚酸类	122 220
53	$C_{10}H_{10}O_3$	反式-4-羟基肉桂酸甲酯	酚酸类	217 100	酪醇	$C_8H_{10}O_2$	酚酸类	106 150
54	$C_{19}H_{13}NO_{10}$	咖啡酰烟酰酒石酸	酚酸类	198 260	氢化肉桂酸	$C_9H_{10}O_2$	酚酸类	98 811
55	$C_{11}H_{12}O_4$	3，4-二甲氧基肉桂酸	酚酸类	187 340	芥子酸	$C_{11}H_{12}O_5$	酚酸类	85 683
56	$C_{17}H_{22}O_{10}$	芥子酸葡萄糖苷	酚酸类	185 740	咖啡酰烟酰酒石酸	$C_{19}H_{13}NO_{10}$	酚酸类	82 778
57	$C_{11}H_{12}O_4$	芥子醛	酚酸类	156 890	芥子酸葡糖苷	$C_{17}H_{22}O_{10}$	酚酸类	82 129

（续表）

序号	蒲公英				酶解蒲公英			
	化学式	物质	物质分类	相对含量	化学式	物质	物质分类	相对含量
58	$C_{13}H_{12}O_7$	肉桂酰酒石酸	酚酸类	128 970	$C_{10}H_{10}O_3$	反式-4-羟基肉桂酸甲酯	酚酸类	75 986
59	$C_{36}H_{32}O_{16}$	咖啡酸四聚体	酚酸类	117 370	$C_{15}H_{22}O_8$	3,4,5-三甲氧基苯基1-O-D-葡糖吡喃苷	酚酸类	67 997
60	$C_{13}H_8O_8$	短叶苏木酚酸	酚酸类	89 061	$C_{16}H_{20}O_{10}$	三羟基肉桂酰奎尼酸	酚酸类	46 592
61	$C_{22}H_{26}O_{12}$	5-O-对香豆酰莽草酸-O-己糖苷	酚酸类	85 996	$C_7H_7NO_2$	对氨基苯甲酸	酚酸类	43 120
62	$C_{10}H_{10}O_3$	对香豆酸甲酯	酚酸类	84 257	$C_9H_8O_2$	肉桂酸	酚酸类	36 311
63	$C_{10}H_{12}O_3$	松柏醇	酚酸类	54 224	$C_{13}H_{18}O_2$	4-羟基-3,5-二异丙基苯甲醛	酚酸类	29 709
64	$C_9H_{10}O_2$	氢化肉桂酸	酚酸类	47 401	$C_{11}H_{12}O_4$	芥子醛	酚酸类	28 165
65	$C_{20}H_{28}O_3$	咖啡醇	酚酸类	46 378	$C_{10}H_{10}O_3$	对香豆酸甲酯	酚酸类	27 056
66	$C_{16}H_{20}O_{10}$	三羟基肉桂酰奎尼酸	酚酸类	43 348	$C_9H_8O_3$	反式对羟基肉桂酸	酚酸类	26 587
67	$C_{13}H_{18}O_2$	4-羟基-3,5-二异丙基苯甲醛	酚酸类	40 086	$C_{13}H_{16}O_{10}$	葡萄糖没食子鞣苷	酚酸类	24 182
68	$C_{13}H_{16}O_{10}$	葡萄糖没食子鞣苷	酚酸类	35 590	$C_{36}H_{32}O_{16}$	咖啡酸四聚体	酚酸类	17 274
69	$C_{11}H_{12}O_4$	阿魏酸甲酯	酚酸类	34 278	$C_{11}H_{12}O_4$	阿魏酸甲酯	酚酸类	16 247
70	$C_{11}H_{10}O_6$	苯甲酰苹果酸	酚酸类	29 234	$C_8H_8O_2$	4-羟基苯乙酮	酚酸类	14 373
71	$C_7H_6O_2$	苯甲酸	酚酸类	25 985	$C_{22}H_{26}O_{12}$	5-O-对香豆酰莽草酸-O-己糖苷	酚酸类	12 316
72	$C_9H_8O_2$	肉桂酸	酚酸类	25 105	$C_{11}H_{12}O_4$	3,4-二甲氧基肉桂酸	酚酸类	11 730
73	$C_{11}H_{14}O_4$	芥子醇	酚酸类	21 236	$C_{10}H_{10}O_2$	4-甲氧基肉桂醛	酚酸类	9 550.6

（续表）

序号	蒲公英				酶解蒲公英			
	化学式	物质	物质分类	相对含量	化学式	物质	物质分类	相对含量
74	$C_8H_8O_2$	4-羟基苯乙酮	酚酸类	16 593	$C_{10}H_{10}O_3$	利波腺苷	酚酸类	5 216.9
75	$C_{21}H_{18}O_{12}$	香草酰咖啡酰酒石酸	酚酸类	16 129	$C_{21}H_{18}O_{12}$	香草酰咖啡酰酒石酸	酚酸类	5 209.8
76	$C_{10}H_{10}O_2$	4-甲氧基肉桂醛	酚酸类	12 920				
77	$C_{23}H_{30}O_{14}$	5-O-阿魏酰奎宁酸葡糖苷	酚酸类	12 889				
78	$C_{11}H_{12}O_5$	芥子酸	酚酸类	10 740				
79	$C_{15}H_{12}O_9$	棕榈酰没食子酸甲酯	酚酸类	6 621				

5.4.2.9 酶解蒲公英图像数据集

获取发酵6批次不同发酵时间（0 h、8 h、16 h、24 h、32 h、40 h、48 h）的生物发酵饲料产品。从发酵袋中取出酶解蒲公英，按前中后分装在3个平皿，平皿直径85 mm，拍摄获取234张图像样本，部分样本图例见图5-182。

图5-182 酶解蒲公英图像数据集

图5-182 酶解蒲公英图像数据集（续）

5.4.2.9.1 酶解蒲公英0 h图像数据集

构建酶解蒲公英0 h RGB图像数据集（图5-183）、酶解蒲公英0 h HSV图像数据集（图5-184）、酶解蒲公英0 h灰度图像数据集（图5-185）。

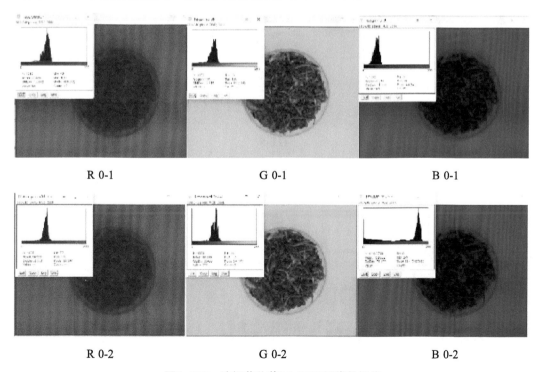

图5-183 酶解蒲公英0 h RGB图像数据集

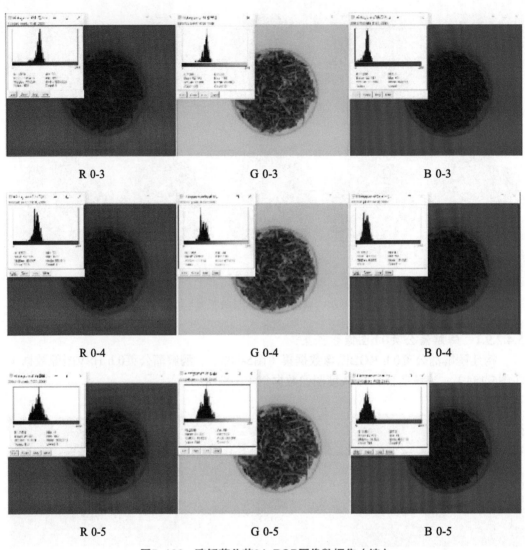

R 0-3 G 0-3 B 0-3

R 0-4 G 0-4 B 0-4

R 0-5 G 0-5 B 0-5

图5-183 酶解蒲公英0 h RGB图像数据集（续）

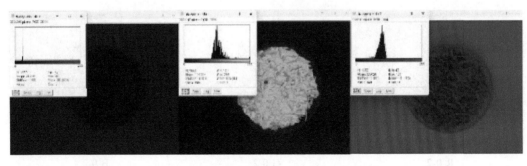

H 0-1 S 0-1 V 0-1

图5-184 酶解蒲公英0 h HSV图像数据集

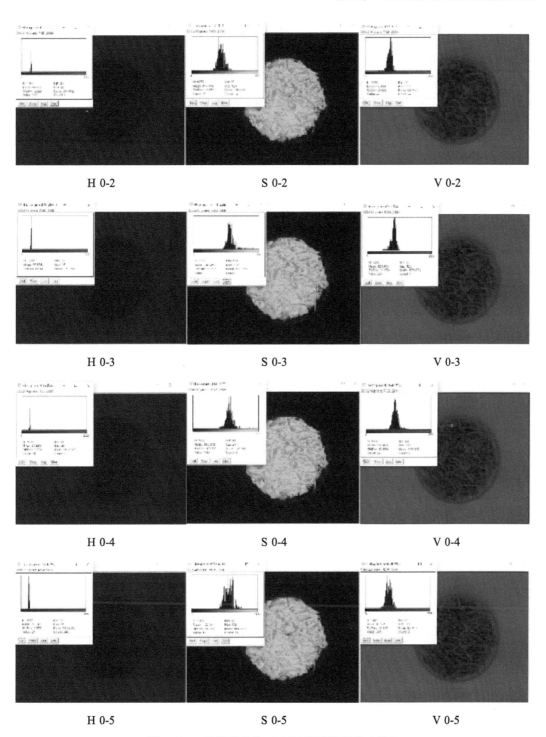

图5-184　酶解蒲公英0 h HSV图像数据集（续）

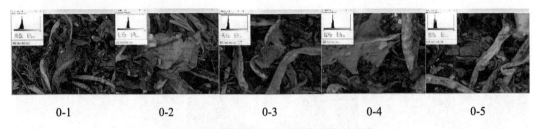

| 0-1 | 0-2 | 0-3 | 0-4 | 0-5 |

图5-185　酶解蒲公英0 h灰度图像数据集

5.4.2.9.2　酶解蒲公英8 h图像数据集

构建酶解蒲公英8 h RGB图像数据集（图5-186）、酶解蒲公英8 h HSV图像数据集（图5-187）、酶解蒲公英8 h灰度图像数据集（图5-188）。

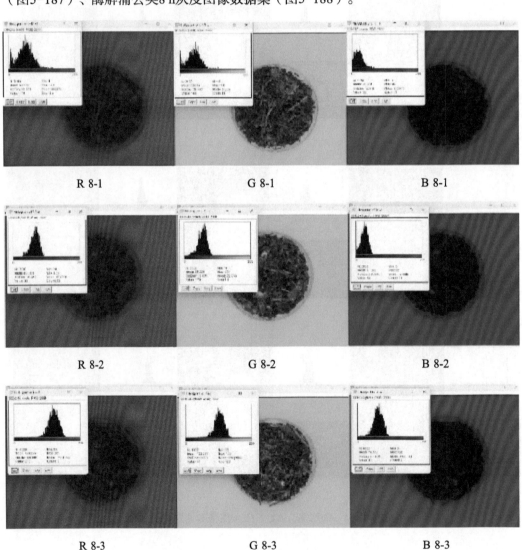

图5-186　酶解蒲公英8 h RGB图像数据集

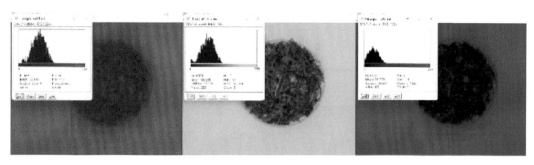

R 8-4　　　　　　　　　G 8-4　　　　　　　　　B 8-4

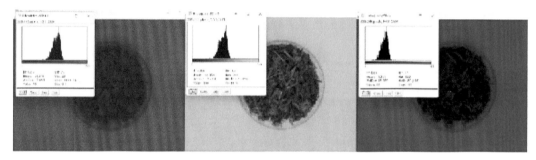

R 8-5　　　　　　　　　G 8-5　　　　　　　　　B 8-5

图5-186　酶解蒲公英8 h RGB图像数据集（续）

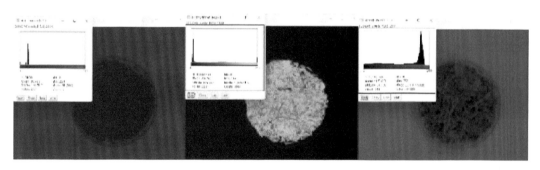

H 8-1　　　　　　　　　S 8-1　　　　　　　　　V 8-1

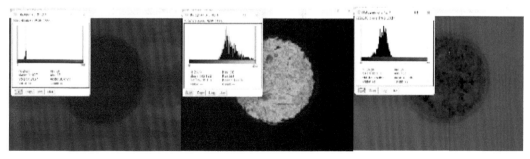

H 8-2　　　　　　　　　S 8-2　　　　　　　　　V 8-2

图5-187　酶解蒲公英8 h HSV图像数据集

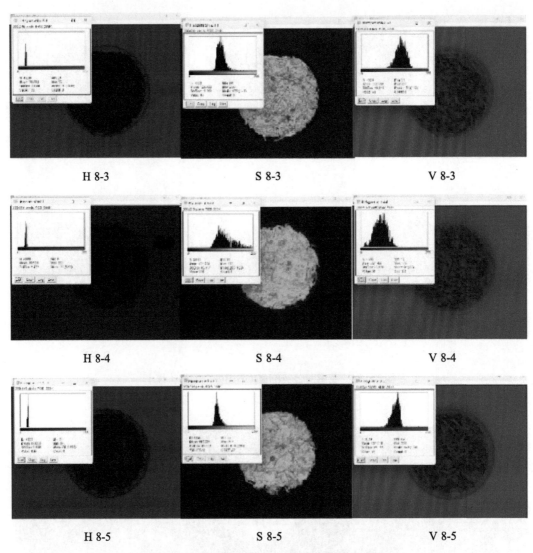

H 8-3　　　　　　　　　S 8-3　　　　　　　　　V 8-3

H 8-4　　　　　　　　　S 8-4　　　　　　　　　V 8-4

H 8-5　　　　　　　　　S 8-5　　　　　　　　　V 8-5

图5-187　酶解蒲公英8 h HSV图像数据集（续）

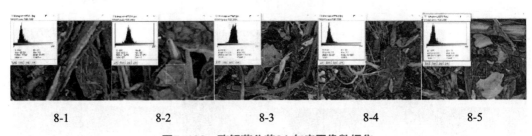

8-1　　　　　8-2　　　　　8-3　　　　　8-4　　　　　8-5

图5-188　酶解蒲公英8 h灰度图像数据集

5.4.2.9.3　酶解蒲公英16 h图像数据集

　　构建酶解蒲公英16 h RGB图像数据集（图5-189）、酶解蒲公英16 h HSV图像数据集（图5-190）、酶解蒲公英16 h灰度图像数据集（图5-191）。

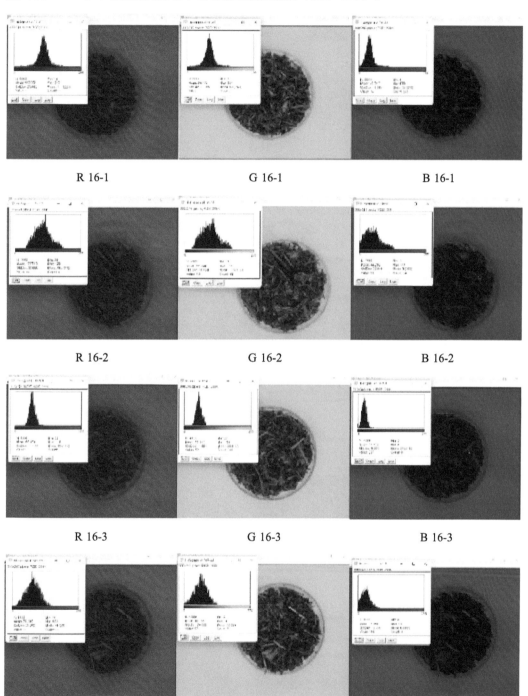

R 16-1   G 16-1   B 16-1

R 16-2   G 16-2   B 16-2

R 16-3   G 16-3   B 16-3

R 16-4   G 16-4   B 16-4

图5-189 酶解蒲公英16 h RGB图像数据集

R 16-5   G 16-5   B 16-5

图5-189　酶解蒲公英16 h RGB图像数据集（续）

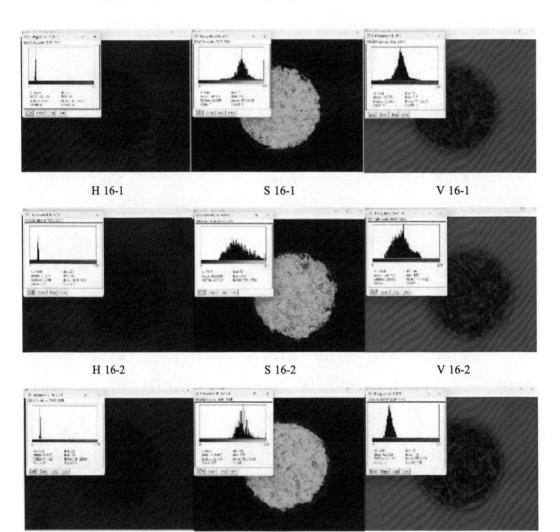

H 16-1   S 16-1   V 16-1

H 16-2   S 16-2   V 16-2

H 16-3   S 16-3   V 16-3

图5-190　酶解蒲公英16 h HSV图像数据集

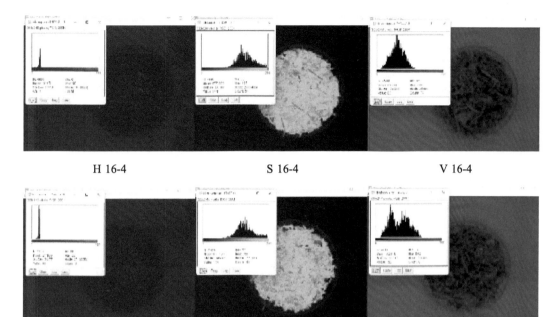

H 16-4	S 16-4	V 16-4
H 16-5	S 16-5	V 16-5

图5-190 酶解蒲公英16 h HSV图像数据集（续）

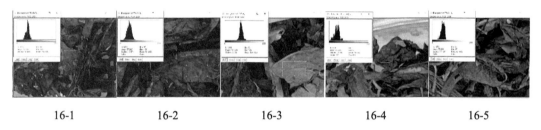

16-1	16-2	16-3	16-4	16-5

图5-191 酶解蒲公英16 h灰度图像数据集

5.4.2.9.4 酶解蒲公英24 h图像数据集

构建酶解蒲公英24 h RGB图像数据集（图5-192）、酶解蒲公英24 h HSV图像数据集（图5-193）、酶解蒲公英24 h灰度图像数据集（图5-194）。

R 24-1	G 24-1	B 24-1

图5-192 酶解蒲公英24 h RGB图像数据集

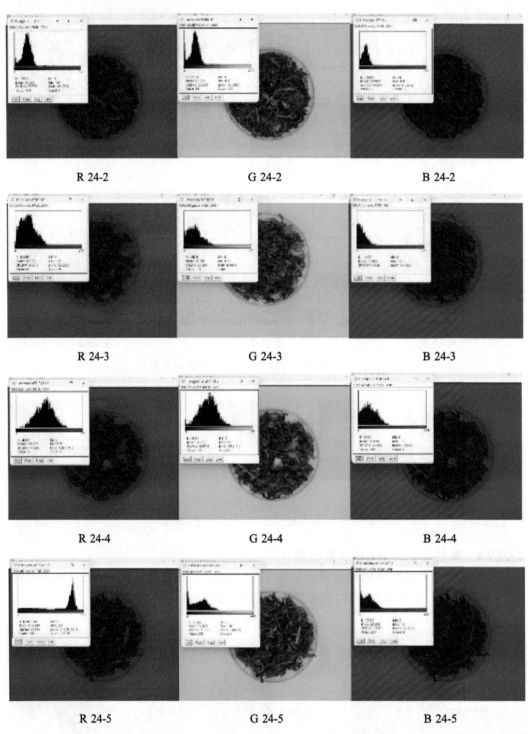

R 24-2　　　　　　　　　　G 24-2　　　　　　　　　　B 24-2

R 24-3　　　　　　　　　　G 24-3　　　　　　　　　　B 24-3

R 24-4　　　　　　　　　　G 24-4　　　　　　　　　　B 24-4

R 24-5　　　　　　　　　　G 24-5　　　　　　　　　　B 24-5

图5-192　酶解蒲公英24 h RGB图像数据集（续）

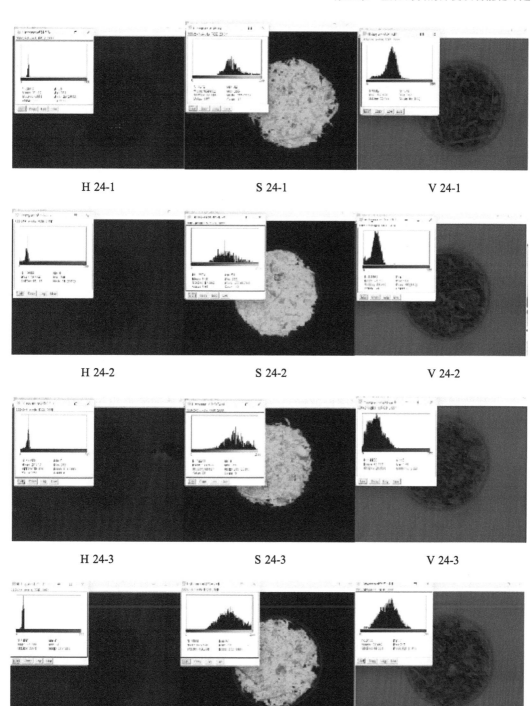

H 24-1　　　　　　　　S 24-1　　　　　　　　V 24-1

H 24-2　　　　　　　　S 24-2　　　　　　　　V 24-2

H 24-3　　　　　　　　S 24-3　　　　　　　　V 24-3

H 24-4　　　　　　　　S 24-4　　　　　　　　V 24-4

图5-193　酶解蒲公英24 h HSV图像数据集

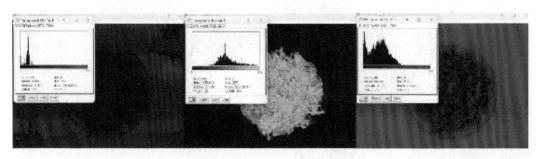

H 24-5   S 24-5   V 24-5

图5-193　酶解蒲公英24 h HSV图像数据集（续）

24-1   24-2   24-3   24-4   24-5

图5-194　酶解蒲公英24 h灰度图像数据集

5.4.2.9.5　酶解蒲公英32 h图像数据集

构建酶解蒲公英32 h RGB图像数据集（图5-195）、酶解蒲公英32 h HSV图像数据集（图5-196）、酶解蒲公英32 h灰度图像数据集（图5-197）。

R 32-1   G 32-1   B 32-1

R 32-2   G 32-2   B 32-2

图5-195　酶解蒲公英32 h RGB图像数据集

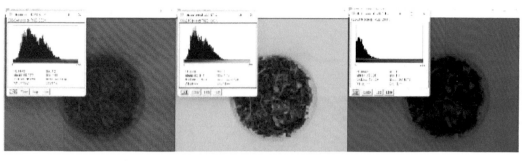

R 32-3　　　　　　　　　　G 32-3　　　　　　　　　　B 32-3

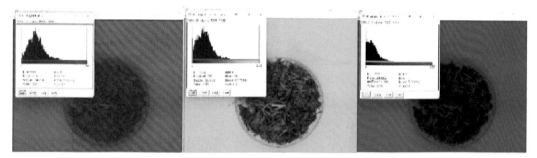

R 32-4　　　　　　　　　　G 32-4　　　　　　　　　　B 32-4

R 32-5　　　　　　　　　　G 32-5　　　　　　　　　　B 32-5

图5-195　酶解蒲公英32 h RGB图像数据集（续）

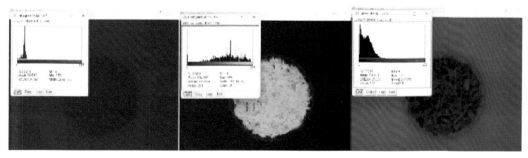

H 32-1　　　　　　　　　　S 32-1　　　　　　　　　　V 32-1

图5-196　酶解蒲公英32 h HSV图像数据集

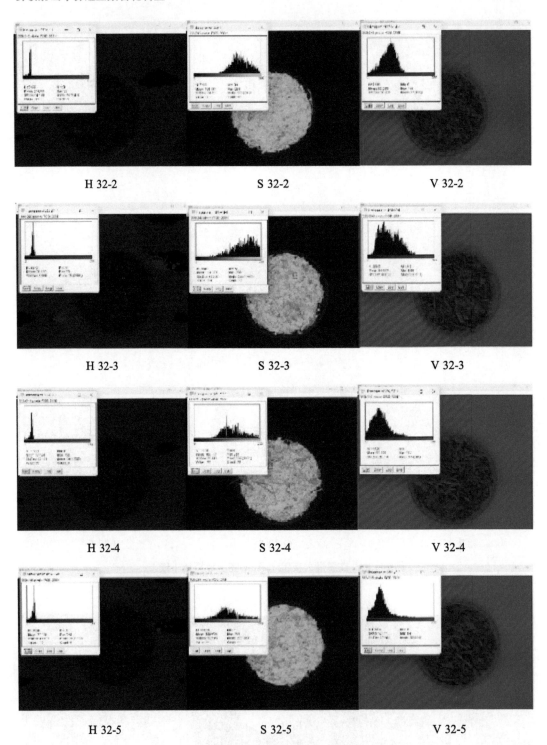

H 32-2   S 32-2   V 32-2

H 32-3   S 32-3   V 32-3

H 32-4   S 32-4   V 32-4

H 32-5   S 32-5   V 32-5

图5-196 酶解蒲公英32 h HSV图像数据集（续）

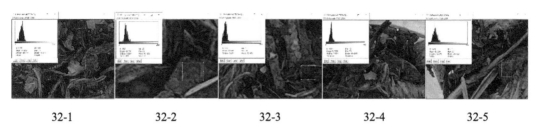

| 32-1 | 32-2 | 32-3 | 32-4 | 32-5 |

图5-197　酶解蒲公英32 h灰度图像数据集

5.4.2.9.6　酶解蒲公英40 h图像数据集

构建酶解蒲公英40 h RGB图像数据集（图5-198）、酶解蒲公英40 h HSV图像数据集（图5-199）、酶解蒲公英40 h灰度图像数据集（图5-200）。

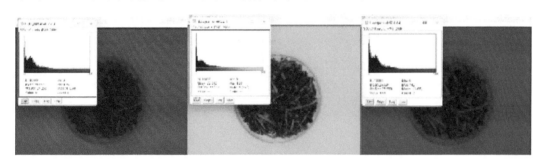

| R 40-1 | G 40-1 | B 40-1 |

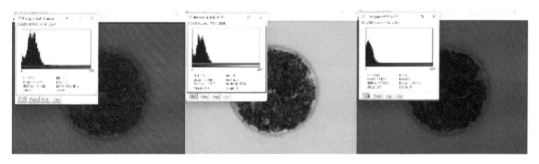

| R 40-2 | G 40-2 | B 40-2 |

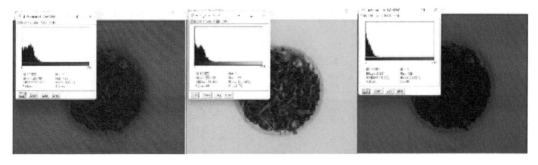

| R 40-3 | G 40-3 | B 40-3 |

图5-198　酶解蒲公英40 h RGB图像数据集

R 40-4 G 40-4 B 40-4

R 40-5 G 40-5 B 40-5

图5-198　酶解蒲公英40 h RGB图像数据集（续）

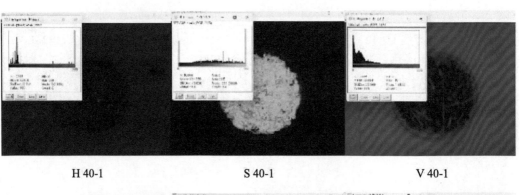

H 40-1 S 40-1 V 40-1

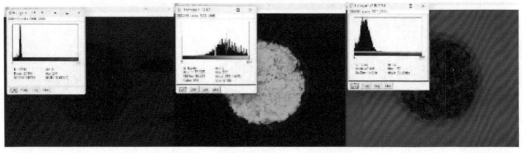

H 40-2 S 40-2 V 40-2

图5-199　酶解蒲公英40 h HSV图像数据集

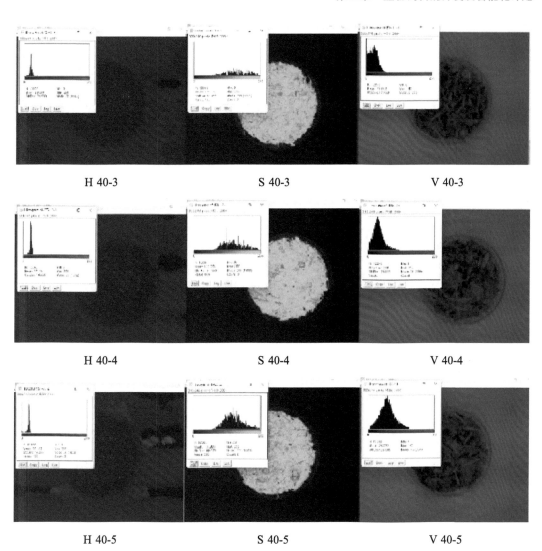

H 40-3　　　　　　　　　　S 40-3　　　　　　　　　　V 40-3

H 40-4　　　　　　　　　　S 40-4　　　　　　　　　　V 40-4

H 40-5　　　　　　　　　　S 40-5　　　　　　　　　　V 40-5

图5-199　酶解蒲公英40 h HSV图像数据集（续）

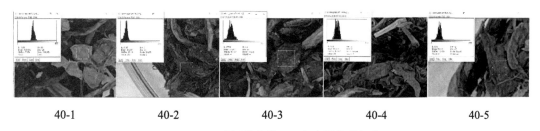

40-1　　　　　40-2　　　　　40-3　　　　　40-4　　　　　40-5

图5-200　酶解蒲公英40 h灰度图像数据集

5.4.2.9.7　酶解蒲公英48 h图像数据集

构建酶解蒲公英48 h RGB图像数据集（图5-201）、酶解蒲公英48 h HSV图像数据集（图5-202）、酶解蒲公英48 h灰度图像数据集（图5-203）。

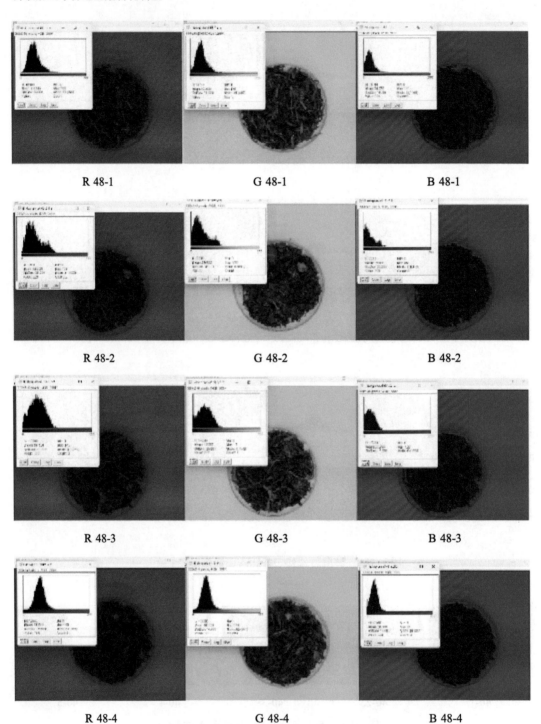

R 48-1　　　　　　　G 48-1　　　　　　　B 48-1

R 48-2　　　　　　　G 48-2　　　　　　　B 48-2

R 48-3　　　　　　　G 48-3　　　　　　　B 48-3

R 48-4　　　　　　　G 48-4　　　　　　　B 48-4

图5-201　酶解蒲公英48 h RGB图像数据集

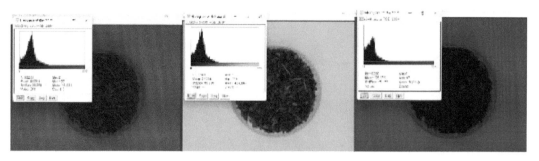

R 48-5　　　　　　　　　　G 48-5　　　　　　　　　　B 48-5

图5-201　酶解蒲公英48 h RGB图像数据集（续）

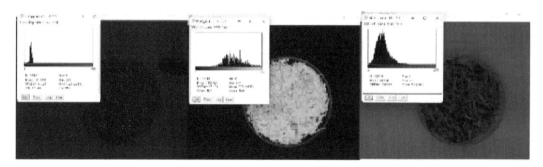

H 48-1　　　　　　　　　　S 48-1　　　　　　　　　　V 48-1

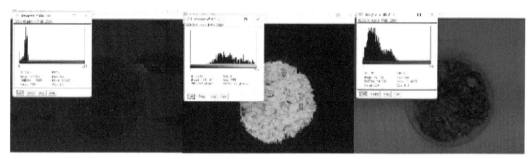

H 48-2　　　　　　　　　　S 48-2　　　　　　　　　　V 48-2

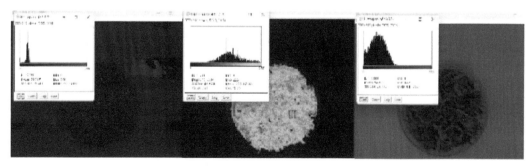

H 48-3　　　　　　　　　　S 48-3　　　　　　　　　　V 48-3

图5-202　酶解蒲公英48 h HSV图像数据集

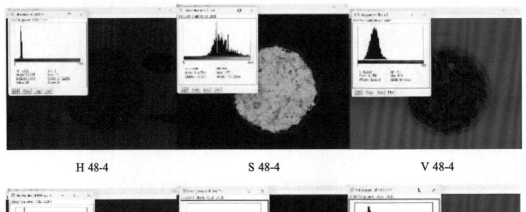

H 48-4   S 48-4   V 48-4

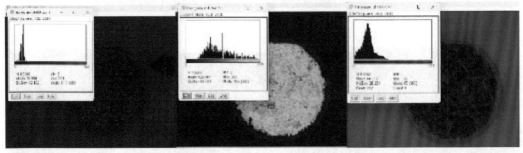

H 48-5   S 48-5   V 48-5

图5-202　酶解蒲公英48 h HSV图像数据集（续）

48-1   48-2   48-3   48-4   48-5

图5-203　酶解蒲公英48 h灰度图像数据集

5.4.2.10　酶解沙棘叶的制备流程

选用果胶酶作为酶制剂，酶添加量4 500 U/g，酶解温度50℃，料水比1∶1，酶解时间48 h。

5.4.2.11　沙棘叶的酶解工艺

以沙棘叶为研究对象，采用固态酶解技术，以多糖含量为指标，应用单因素试验设计优化酶解条件，确定最佳酶解工艺为：选用果胶酶作为酶制剂，酶添加量4 500 U/g，酶解温度50℃，料水比1∶1，酶解时间48 h，该条件下的沙棘叶多糖含量最高，为236.07 mg/g，较酶解前84.51 mg/g提高了179.33%。

5.4.2.12 酶解沙棘叶的主要活性物质

酶解沙棘叶的单糖组成如表5-13所示。

表5-13 沙棘叶和酶解沙棘叶的单糖组成

项目	样品	沙棘叶	酶解沙棘叶
多糖含量（%）		84.51 ± 8.40^b	236.07 ± 2.42^a
单糖组成（%）	古罗糖醛酸	0.002	0.044
	甘露糖醛酸	0.154	0.132
	甘露糖	2.579	3.331
	氨基葡萄糖	1.61	0.146
	核糖	1.041	1.157
	鼠李糖	6.379	4.048
	葡萄糖醛酸	1.072	0.959
	半乳糖醛酸	1.866	1.003
	氨基半乳糖	0.084	0.109
	N-乙酰氨基葡萄糖	未检出	未检出
	葡萄糖	68.141	75.145
	半乳糖	8.784	8.124
	木糖	2.101	0.92
	阿拉伯糖	5.871	4.526
	岩藻糖	0.298	0.357
分子量（kDa）		54.22	43.77

注：不同小写字母表示差异显著（$P<0.05$），含有相同标签表示差异不显著（$P<0.05$）。

酶解沙棘叶中酚类化合物主要成分如表5-14所示。

表5-14 沙棘叶和酶解沙棘叶的单糖组成

序号	化学式	物质	物质分类	相对含量		VIP	P-value	Fold_Change	Log₂FC
				沙棘叶	酶解沙棘叶				
1	$C_{15}H_{10}O_8$	杨梅素	黄酮醇	298 589.15	803 709.18	1.12	0.00	2.69	1.43
2	$C_{27}H_{30}O_{17}$	6-羟基山柰酚-6, 7-O-β-D-葡萄糖苷	黄酮醇	947 512.01	8 897 633.58	1.18	0.00	2.25	1.17
3	$C_{15}H_{14}O_6$	儿茶素	黄烷醇类	668 336.78	4 943 429.14	1.16	0.01	7.40	2.89
4	$C_{16}H_{12}O_6$	金圣草黄素	黄酮	961.47	14 198.22	1.16	0.08	14.77	3.88
5	$C_{28}H_{20}O_{14}$	表茶黄酸-3-O-没食子酸	黄烷醇类	4 103.00	72 285.74	1.18	0.02	17.62	4.14
6	$C_{15}H_{10}O_6$	山柰酚	黄酮醇	308 291.60	1 296 130.78	1.18	0.00	4.20	2.07
7	$C_{15}H_{10}O_7$	槲皮素	黄酮醇	2 784 796.65	8 226 323.31	1.17	0.00	2.95	1.56
8	$C_{16}H_{12}O_7$	异鼠李素	黄酮	193 131.39	613 562.05	1.17	0.00	3.18	1.67
9	$C_8H_8O_5$	没食子酸甲酯	酚酸类	9 168 576.48	47 102 200.52	1.17	0.00	5.14	2.36
10	$C_{11}H_{12}O_4$	阿魏酸甲酯	酚酸类	169 859.09	749 869.51	1.12	0.00	4.41	2.14
11	$C_8H_8O_5$	3-O-甲基没食子酸	酚酸类	9 881 261.14	53 471 396.00	1.18	0.00	5.41	2.44
12	$C_8H_8O_4$	4-甲氧基水杨酸	酚酸类	2 399.20	30 104.67	1.15	0.07	12.55	3.65
13	$C_{15}H_{14}O_5$	根皮素	查耳酮	7 807.87	49 423.90	1.18	0.00	6.33	2.66
14	$C_{31}H_{29}O_{15}$	牵牛花素-3-O-(6"-O-咖啡酰)葡萄糖苷	花青素	1 744 014.30	8 673 447.26	1.14	0.06	4.97	2.31
15	$C_8H_8O_3$	4-羟基苯乙酸	酚酸类	266 678.59	111 622.77	1.16	0.00	0.42	-1.26
16	$C_{16}H_{18}O_9$	绿原酸	酚酸类	751 426.68	47 548.76	1.15	0.04	0.06	-3.98

（续表）

序号	化学式	物质	物质分类	相对含量		VIP	P-value	Fold_Change	Log$_2$FC
				沙棘叶	酶解沙棘叶				
17	$C_9H_8O_2$	肉桂酸	酚酸类	168 119.31	41 585.02	1.18	0.00	0.25	-2.02
18	$C_{16}H_{18}O_9$	隐绿原酸（4-O-咖啡酰奎宁酸）	酚酸类	495 878.80	52 908.46	1.18	0.00	0.11	-3.23
19	$C_{14}H_{14}O_8$	阿魏酰苹果酸	酚酸类	150 950.51	71 403.27	1.09	0.01	0.47	-1.08
20	$C_{18}H_{24}O_{14}$	牡丹苷B*	酚酸类	3 982 450.83	1 118 942.40	1.17	0.00	0.28	-1.83
21	$C_{19}H_{26}O_{13}$	原儿茶酸 1-O-芫香糖苷	酚酸类	145 526.05	65 815.89	1.09	0.01	0.45	-1.14
22	$C_{11}H_{12}O_4$	3,4-二甲基肉桂酸	酚酸类	600 441.91	291 735.40	1.16	0.01	0.49	-1.04
23	$C_{25}H_{24}O_{12}$	异绿原酸	酚酸类	1 387 257.31	110 488.67	2.31	0.01	0.18	-7.52
24	$C_{20}H_{20}O_{13}$	龙胆酸 5-O-β-D-（6'-O-没食子酰基）-吡喃葡萄糖苷	酚酸类	3 294 691.87	126 641.34	1.17	0.02	0.04	-4.70
25	$C_{21}H_{20}O_9$	白杨素-7-O-葡萄糖苷	黄酮	67 864.25	7 594.02	1.18	0.02	0.11	-3.16
26	$C_{23}H_{22}O_6$	Cudraxanthone B	其他类 黄酮	12 267.62	1 827.68	1.16	0.04	0.15	-2.75
27	$C_{15}H_{14}O_7$	没食子儿茶素	黄烷醇类	713 880.37	32 797.54	1.18	0.03	0.05	-4.44
28	$C_{22}H_{24}O_{11}$	橙皮素-3'-O-葡萄糖苷	二氢黄酮	3 272 653.45	1 079 041.18	1.16	0.01	0.33	-1.60
29	$C_{23}H_{24}O_{13}$	柠檬素-3-O-半乳糖苷	黄酮醇	14 673 177.53	6 999 544.80	1.07	0.04	0.48	-1.07
30	$C_{23}H_{22}O_{11}$	芹菜素-7-O-（6''-乙酰）葡萄糖苷	黄酮	3 135 637.65	27 341.67	1.18	0.01	0.01	-6.84
31	$C_{27}H_{30}O_{15}$	牡荆素-2''-O-半乳糖苷	黄酮	21 667 315.97	965 532.94	1.18	0.00	0.04	-4.49

（续表）

序号	化学式	物质	物质分类	相对含量		VIP	P-value	Fold_Change	Log$_2$FC
				沙棘叶	酶解沙棘叶				
32	C$_{21}$H$_{24}$O$_{11}$	儿茶素-4-β-D-吡喃半乳糖苷	黄烷醇类	207 164.77	11 056.40	1.18	0.01	0.05	−4.23
33	C$_{23}$H$_{22}$O$_{11}$	芹菜素-7-O-（6"-乙酰）葡萄糖苷	黄酮	3 135 637.65	27 341.67	1.18	0.01	0.01	−6.84
34	C$_{27}$H$_{30}$O$_{15}$	牡荆素-2"-O-半乳糖苷	黄酮	21 667 315.97	965 532.94	1.18	0.00	0.04	−4.49
35	C$_{33}$H$_{40}$O$_{20}$	山奈酚-3-O-槐糖苷-7-O-鼠李糖苷	黄酮醇	24 143 231.63	659 030.91	1.18	0.00	0.03	−5.20
36	C$_{16}$H$_{16}$O$_6$	3'-甲氧基-表儿茶素	黄烷醇类	39 374.33	3 239.50	1.15	0.07	0.08	−3.60
37	C$_{27}$H$_{30}$O$_{16}$	草质素-7-O-鼠李糖苷-8-O-葡萄糖苷	黄酮醇	35 979 836.46	2 475 335.81	1.18	0.00	0.07	−3.86

5.4.2.13　酶解沙棘叶图像数据集

获取发酵9批次不同发酵时间（0 h、8 h、16 h、24 h、32 h、40 h、48 h、56 h、64 h、72 h）的生物发酵饲料产品。从发酵袋中取出酶解沙棘叶，按前中后分装在6个平皿，平皿直径85 mm，拍摄获取351张图像样本，部分样本图例见图5-204。

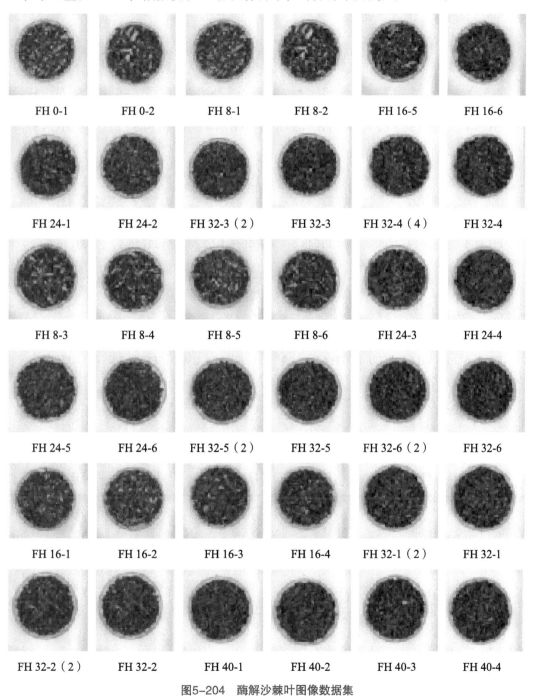

图5-204　酶解沙棘叶图像数据集

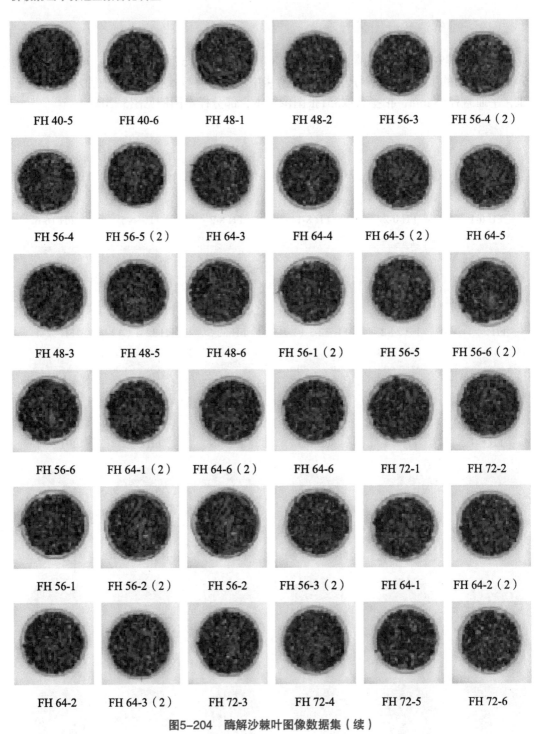

图5-204　酶解沙棘叶图像数据集（续）

5.4.2.13.1　酶解沙棘叶0 h图像数据集

　　构建酶解沙棘叶0 h颜色特征图像数据集（图5-205），经过处理分别得到酶解沙棘叶0 h RGB图像数据集（图5-206）、酶解沙棘叶0 h HSV图像数据集（图5-207）、

酶解沙棘叶0 h灰度图像数据集（图5-208）、酶解沙棘叶0 h纹理特征图像数据集
（图5-209）。

0-1　　　　　　0-2　　　　　　0-3　　　　　　0-4　　　　　　0-5

图5-205　酶解沙棘叶0 h颜色特征图像数据集

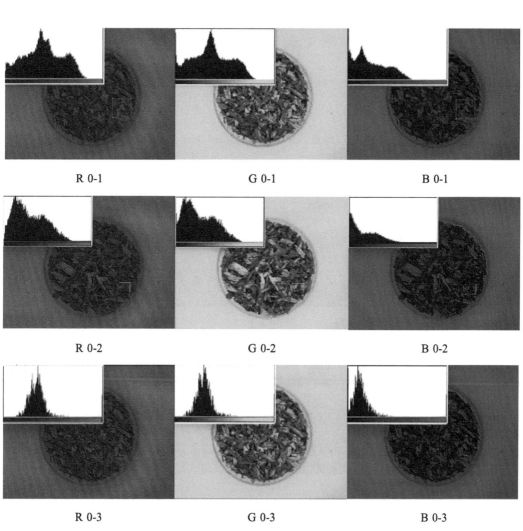

R 0-1　　　　　　　　　　G 0-1　　　　　　　　　　B 0-1

R 0-2　　　　　　　　　　G 0-2　　　　　　　　　　B 0-2

R 0-3　　　　　　　　　　G 0-3　　　　　　　　　　B 0-3

图5-206　酶解沙棘叶0 h RGB图像数据集

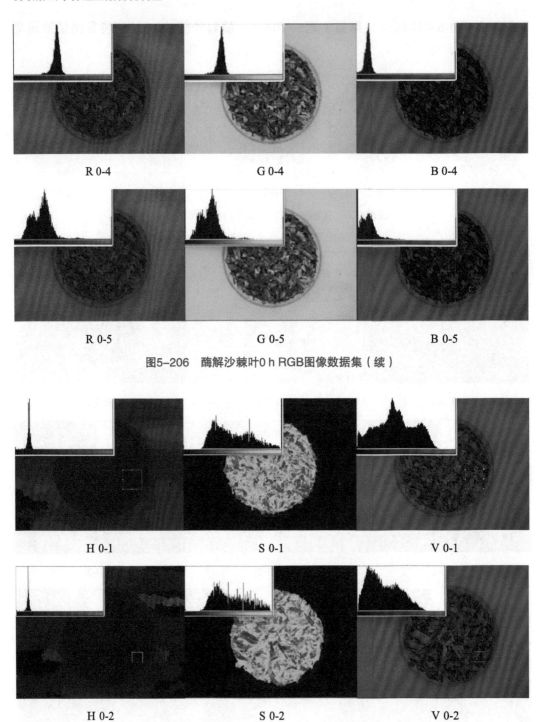

R 0-4   G 0-4   B 0-4

R 0-5   G 0-5   B 0-5

图5-206　酶解沙棘叶0 h RGB图像数据集（续）

H 0-1   S 0-1   V 0-1

H 0-2   S 0-2   V 0-2

图5-207　酶解沙棘叶0 h HSV图像数据集

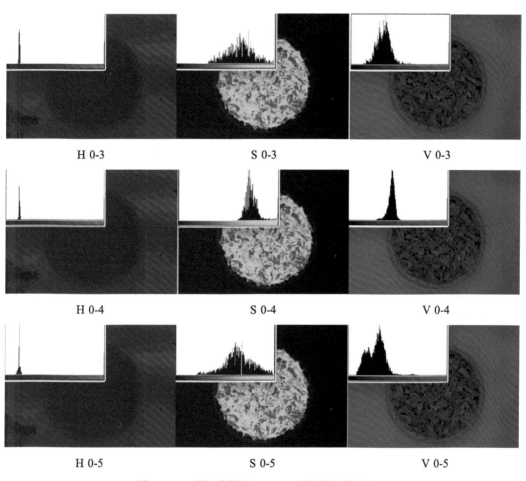

H 0-3　　　　　　　　　　S 0-3　　　　　　　　　　V 0-3

H 0-4　　　　　　　　　　S 0-4　　　　　　　　　　V 0-4

H 0-5　　　　　　　　　　S 0-5　　　　　　　　　　V 0-5

图5-207　酶解沙棘叶0 h HSV图像数据集（续）

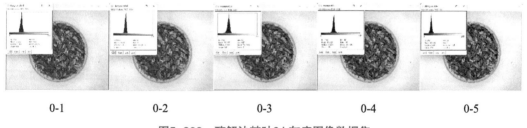

0-1　　　　　　0-2　　　　　　0-3　　　　　　0-4　　　　　　0-5

图5-208　酶解沙棘叶0 h灰度图像数据集

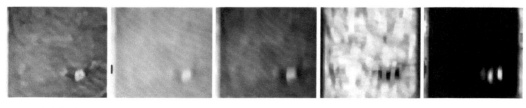

Original　　　　　Mean　　　　　Variance　　　　Homogeneity　　　　Contrast

图5-209　酶解沙棘叶0 h纹理特征图像数据集

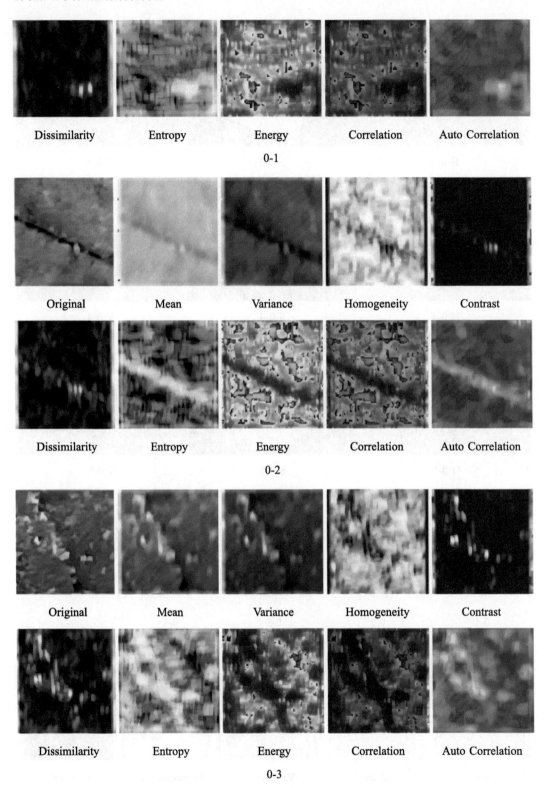

| Dissimilarity | Entropy | Energy | Correlation | Auto Correlation |

0-1

| Original | Mean | Variance | Homogeneity | Contrast |

| Dissimilarity | Entropy | Energy | Correlation | Auto Correlation |

0-2

| Original | Mean | Variance | Homogeneity | Contrast |

| Dissimilarity | Entropy | Energy | Correlation | Auto Correlation |

0-3

图5-209 酶解沙棘叶0 h纹理特征图像数据集（续）

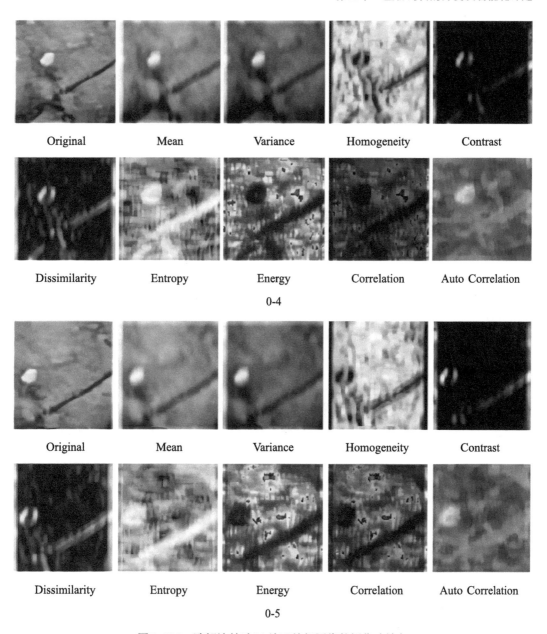

| Original | Mean | Variance | Homogeneity | Contrast |

| Dissimilarity | Entropy | Energy | Correlation | Auto Correlation |

0-4

| Original | Mean | Variance | Homogeneity | Contrast |

| Dissimilarity | Entropy | Energy | Correlation | Auto Correlation |

0-5

图5-209 酶解沙棘叶0 h纹理特征图像数据集（续）

5.4.2.13.2 酶解沙棘叶8 h图像数据集

构建酶解沙棘叶8 h颜色特征图像数据集（图5-210），经过处理分别得到酶解沙棘叶8 h RGB图像数据集（图5-211）、酶解沙棘叶8 h HSV图像数据集（图5-212）、酶解沙棘叶8 h灰度图像数据集（图5-213）及酶解沙棘叶8 h纹理特征图像数据集（图5-214）。

8-1　　　　　　8-2　　　　　　8-3　　　　　　8-4　　　　　　8-5

图5-210　酶解沙棘叶8 h颜色特征图像数据集

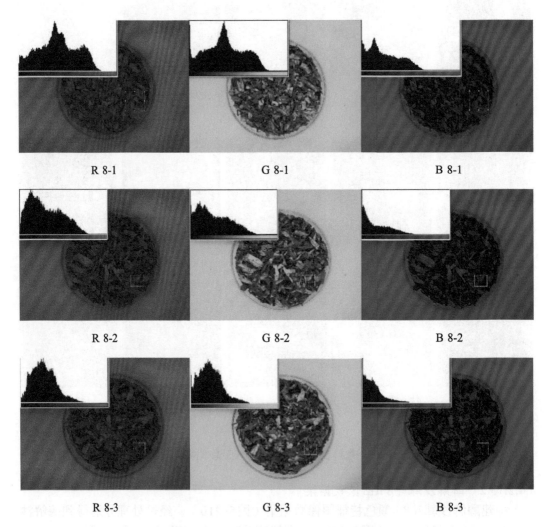

图5-211　酶解沙棘叶8 h RGB图像数据集

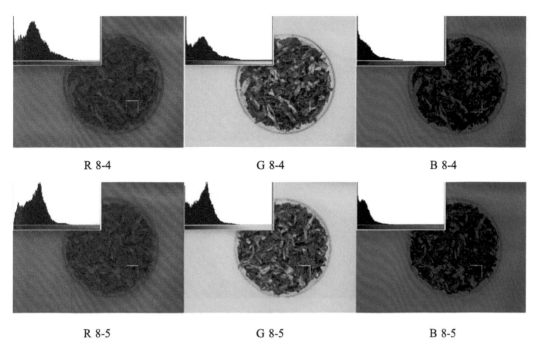

R 8-4　　　　　　　　　G 8-4　　　　　　　　　B 8-4

R 8-5　　　　　　　　　G 8-5　　　　　　　　　B 8-5

图5-211　酶解沙棘叶8 h RGB图像数据集（续）

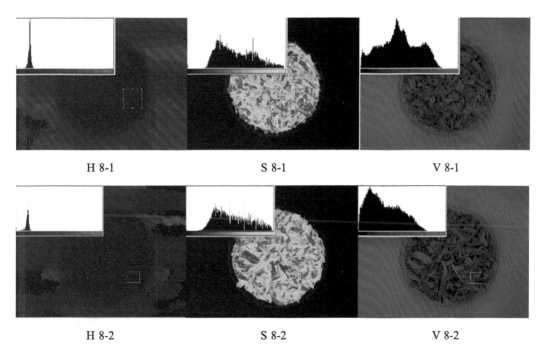

H 8-1　　　　　　　　　S 8-1　　　　　　　　　V 8-1

H 8-2　　　　　　　　　S 8-2　　　　　　　　　V 8-2

图5-212　酶解沙棘叶8 h HSV图像数据集

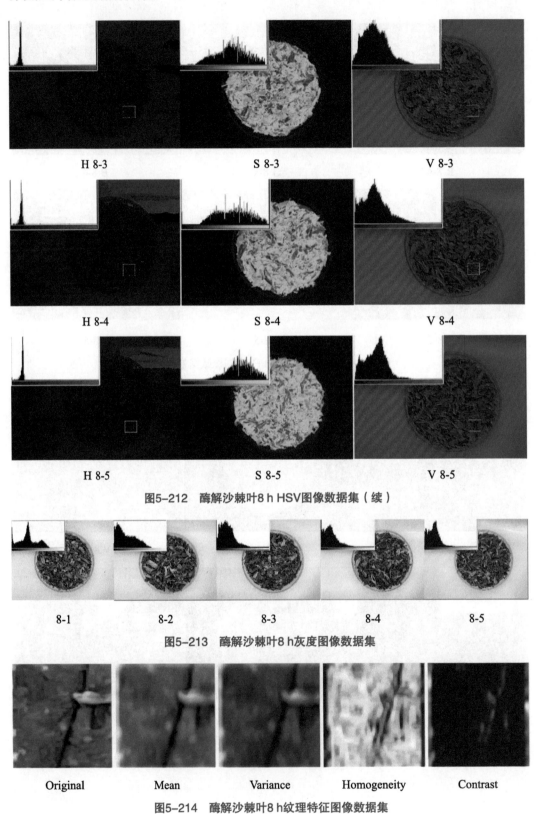

H 8-3　　　　　　　　　S 8-3　　　　　　　　　V 8-3

H 8-4　　　　　　　　　S 8-4　　　　　　　　　V 8-4

H 8-5　　　　　　　　　S 8-5　　　　　　　　　V 8-5

图5-212　酶解沙棘叶8 h HSV图像数据集（续）

8-1　　　　　8-2　　　　　8-3　　　　　8-4　　　　　8-5

图5-213　酶解沙棘叶8 h灰度图像数据集

Original　　　　Mean　　　　Variance　　　Homogeneity　　　Contrast

图5-214　酶解沙棘叶8 h纹理特征图像数据集

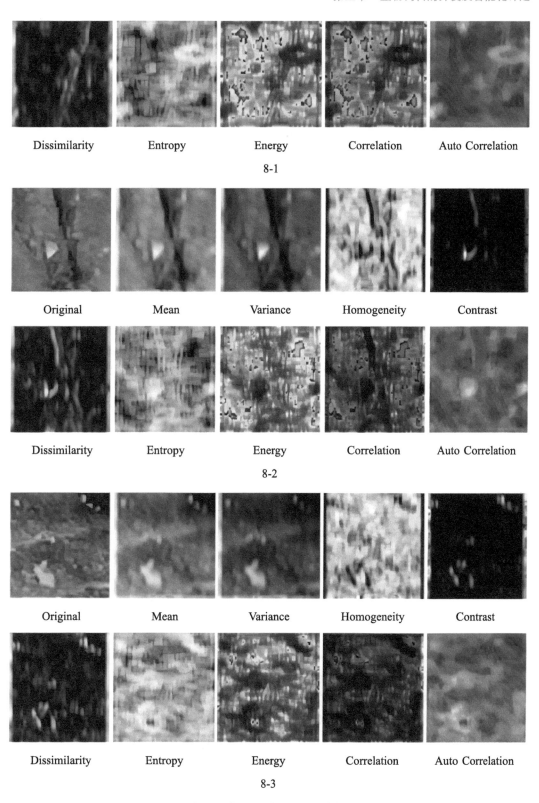

图5-214 酶解沙棘叶8h纹理特征图像数据集（续）

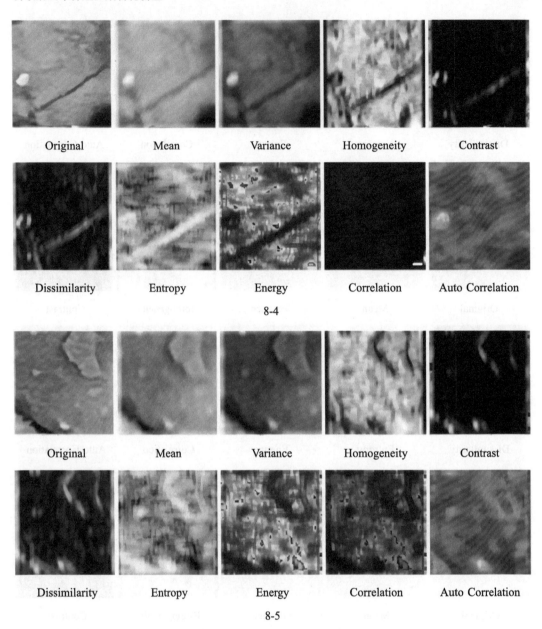

| Original | Mean | Variance | Homogeneity | Contrast |

| Dissimilarity | Entropy | Energy | Correlation | Auto Correlation |

8-4

| Original | Mean | Variance | Homogeneity | Contrast |

| Dissimilarity | Entropy | Energy | Correlation | Auto Correlation |

8-5

图5-214　酶解沙棘叶8 h纹理特征图像数据集（续）

5.4.2.13.3　酶解沙棘叶16 h图像数据集

构建酶解沙棘叶16 h颜色特征图像数据集（图5-215），经过处理分别得到酶解沙棘叶16 h RGB图像数据集（图5-216）、酶解沙棘叶16 h HSV图像数据集（图5-217）、酶解沙棘叶16 h灰度图像数据集（图5-218）及酶解沙棘叶16 h纹理特征图像数据集（图5-219）。

图5-215 酶解沙棘叶16 h颜色特征图像数据集

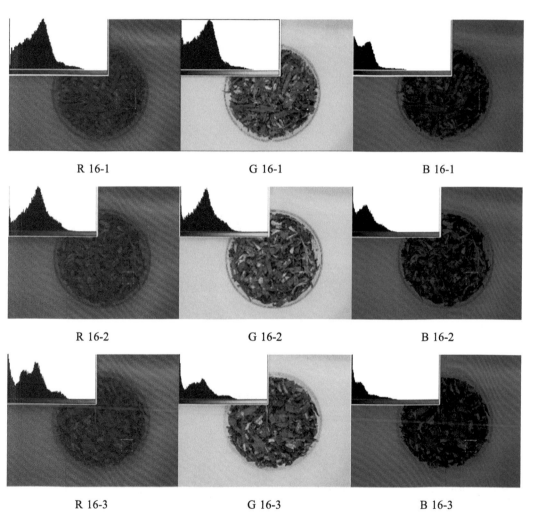

图5-216 酶解沙棘叶16 h RGB图像数据集

R 16-4　　　　　　　　　G 16-4　　　　　　　　　B 16-4

R 16-5　　　　　　　　　G 16-5　　　　　　　　　B 16-5

图5-216　酶解沙棘叶16 h RGB图像数据集（续）

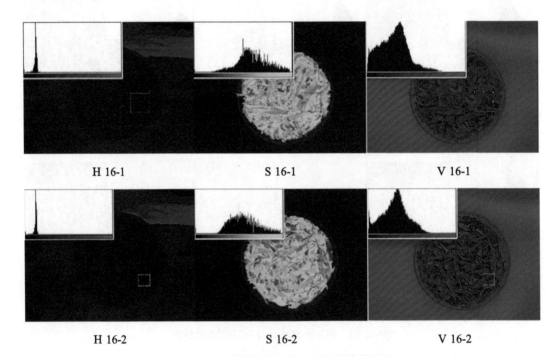

H 16-1　　　　　　　　　S 16-1　　　　　　　　　V 16-1

H 16-2　　　　　　　　　S 16-2　　　　　　　　　V 16-2

图5-217　酶解沙棘叶16 h HSV图像数据集

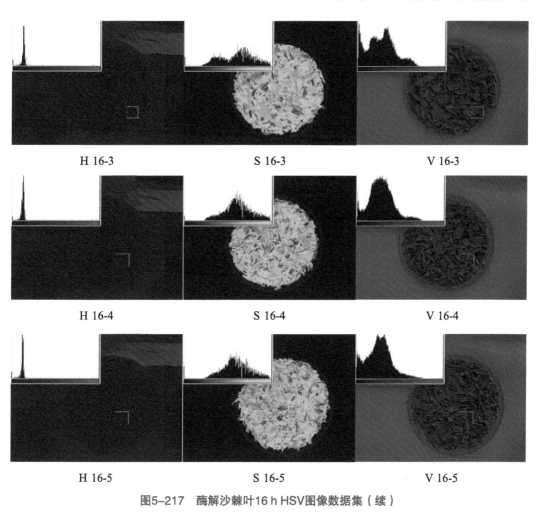

H 16-3　　　　　　　　　S 16-3　　　　　　　　　V 16-3

H 16-4　　　　　　　　　S 16-4　　　　　　　　　V 16-4

H 16-5　　　　　　　　　S 16-5　　　　　　　　　V 16-5

图5-217　酶解沙棘叶16 h HSV图像数据集（续）

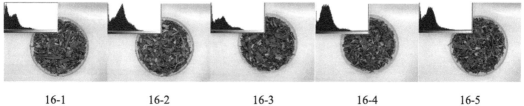

16-1　　　　　16-2　　　　　16-3　　　　　16-4　　　　　16-5

图5-218　酶解沙棘叶16 h灰度图像数据集

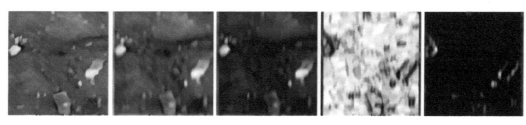

Original　　　　　Mean　　　　　Variance　　　　Homogeneity　　　　Contrast

图5-219　酶解沙棘叶16 h纹理特征图像数据集

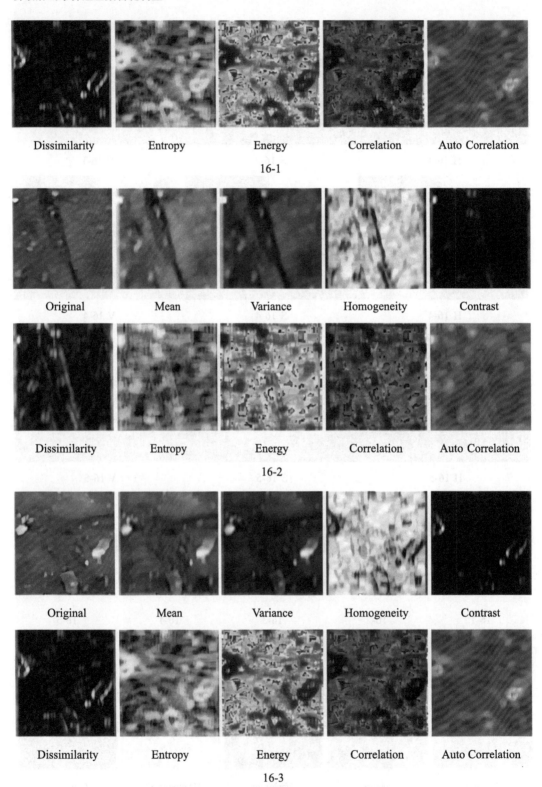

Dissimilarity　　　Entropy　　　Energy　　　Correlation　　　Auto Correlation

16-1

Original　　　Mean　　　Variance　　　Homogeneity　　　Contrast

Dissimilarity　　　Entropy　　　Energy　　　Correlation　　　Auto Correlation

16-2

Original　　　Mean　　　Variance　　　Homogeneity　　　Contrast

Dissimilarity　　　Entropy　　　Energy　　　Correlation　　　Auto Correlation

16-3

图5-219　酶解沙棘叶16 h纹理特征图像数据集（续）

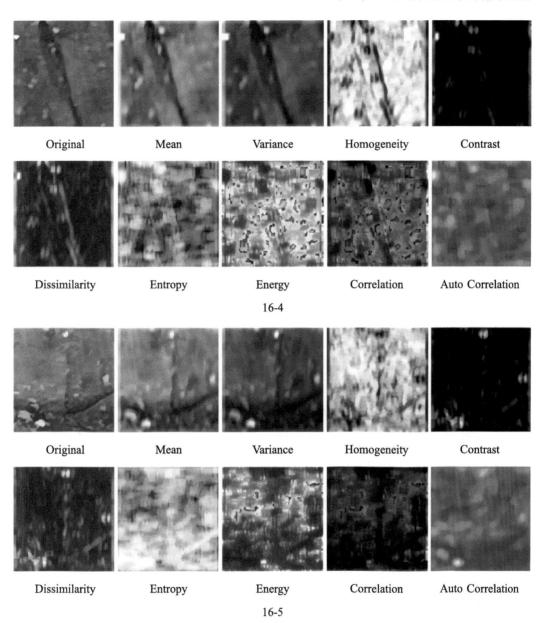

Original	Mean	Variance	Homogeneity	Contrast
Dissimilarity	Entropy	Energy	Correlation	Auto Correlation

16-4

Original	Mean	Variance	Homogeneity	Contrast
Dissimilarity	Entropy	Energy	Correlation	Auto Correlation

16-5

图5-219 酶解沙棘叶16 h纹理特征图像数据集（续）

5.4.2.13.4 酶解沙棘叶24 h图像数据集

构建酶解沙棘叶24 h颜色特征图像数据集（图5-220），经过处理分别得到酶解沙棘叶24 h RGB图像数据集（图5-221）、酶解沙棘叶24 h HSV图像数据集（图5-222）、酶解沙棘叶24 h灰度图像数据集（图5-223）及酶解沙棘叶24 h纹理特征图像数据集（图5-224）。

24-1　　　　　24-2　　　　　24-3　　　　　24-4　　　　　24-5

图5-220　酶解沙棘叶24 h颜色特征图像数据集

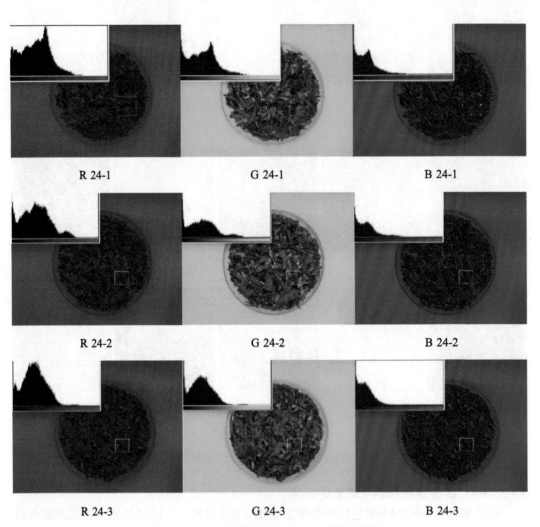

R 24-1　　　　　　　　G 24-1　　　　　　　　B 24-1

R 24-2　　　　　　　　G 24-2　　　　　　　　B 24-2

R 24-3　　　　　　　　G 24-3　　　　　　　　B 24-3

图5-221　酶解沙棘叶24 h RGB图像数据集

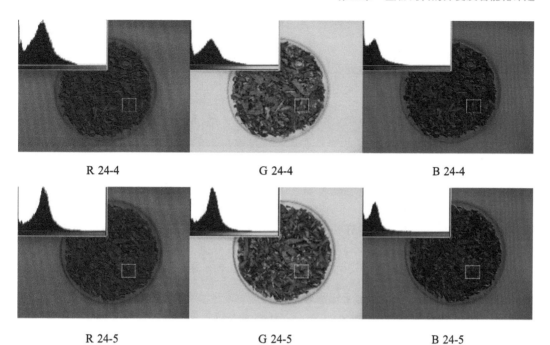

R 24-4　　　　　　　G 24-4　　　　　　　B 24-4

R 24-5　　　　　　　G 24-5　　　　　　　B 24-5

图5-221　酶解沙棘叶24 h RGB图像数据集（续）

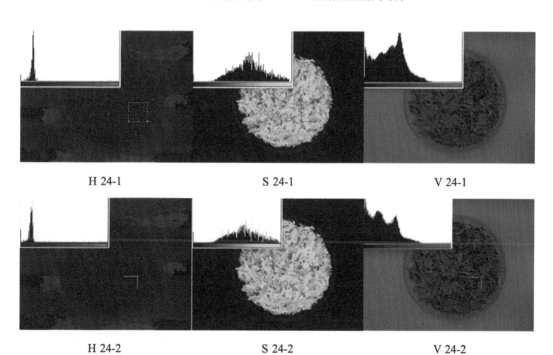

H 24-1　　　　　　　S 24-1　　　　　　　V 24-1

H 24-2　　　　　　　S 24-2　　　　　　　V 24-2

图5-222　酶解沙棘叶24 h HSV图像数据集

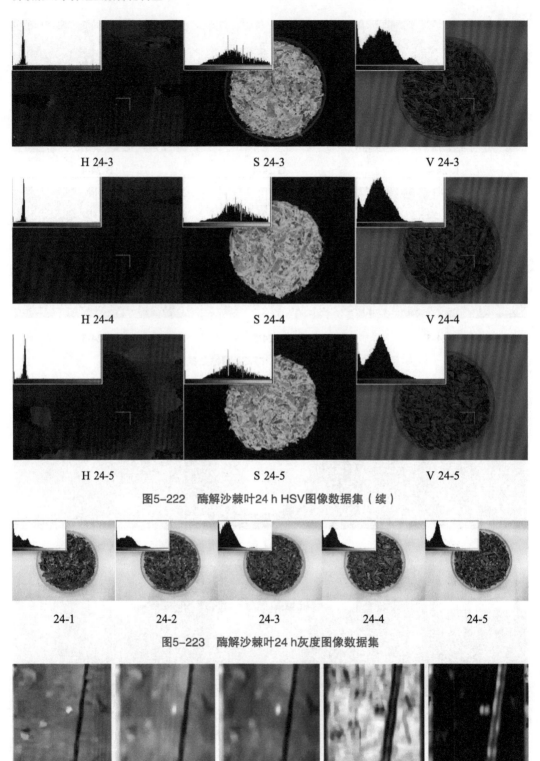

H 24-3　　　　　　　　　　S 24-3　　　　　　　　　　V 24-3

H 24-4　　　　　　　　　　S 24-4　　　　　　　　　　V 24-4

H 24-5　　　　　　　　　　S 24-5　　　　　　　　　　V 24-5

图5-222　酶解沙棘叶24 h HSV图像数据集（续）

24-1　　　　　24-2　　　　　24-3　　　　　24-4　　　　　24-5

图5-223　酶解沙棘叶24 h灰度图像数据集

Original　　　　　Mean　　　　　Variance　　　　Homogeneity　　　　Contrast

图5-224　酶解沙棘叶24 h纹理特征图像数据集

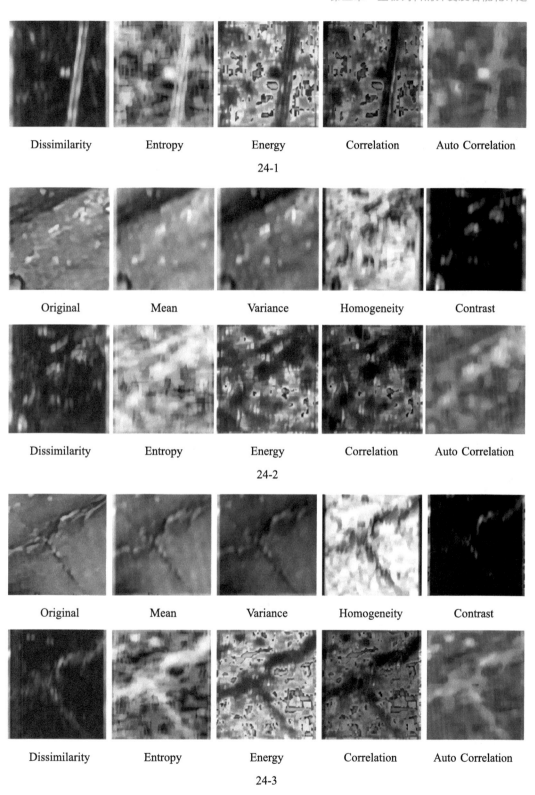

图5-224　酶解沙棘叶24 h纹理特征图像数据集（续）

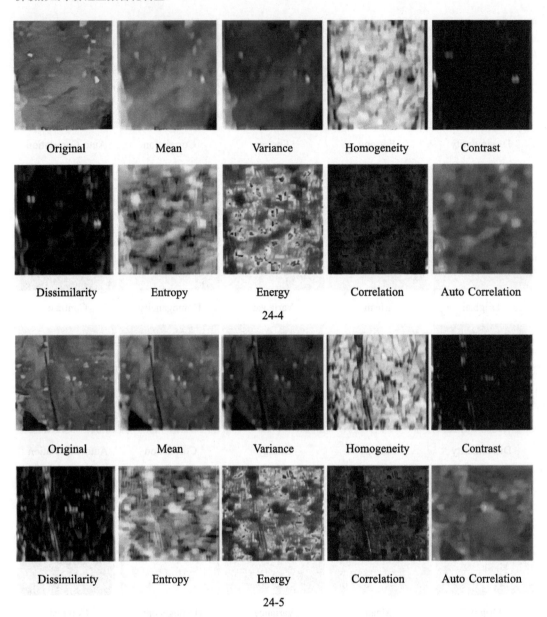

图5-224　酶解沙棘叶24 h纹理特征图像数据集（续）

5.4.2.13.5　酶解沙棘叶36 h图像数据集

　　构建酶解沙棘叶36 h颜色特征图像数据集（图5-225），经过处理分别得到酶解沙棘叶36 h RGB图像数据集（图5-226）、酶解沙棘叶36 h HSV图像数据集（图5-227）、酶解沙棘叶36 h灰度图像数据集（图5-228）及酶解沙棘叶36 h纹理特征图像数据集（图5-229）。

32-1 32-2 32-3 32-4 32-5

图5-225 酶解沙棘叶32 h颜色特征图像数据集

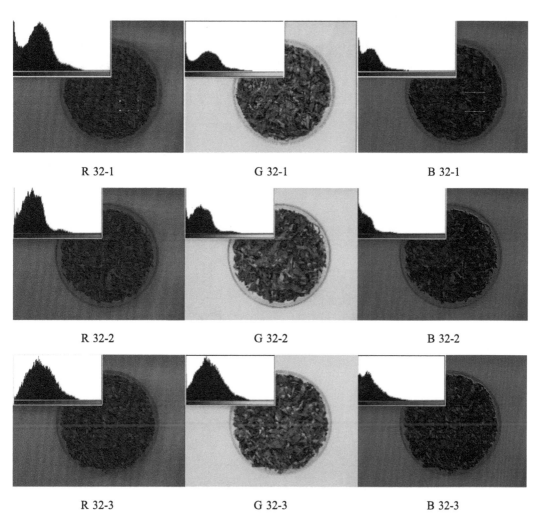

R 32-1 G 32-1 B 32-1

R 32-2 G 32-2 B 32-2

R 32-3 G 32-3 B 32-3

图5-226 酶解沙棘叶32 h RGB图像数据集

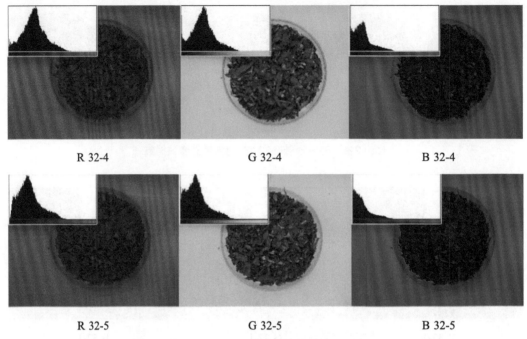

R 32-4   G 32-4   B 32-4

R 32-5   G 32-5   B 32-5

图5-226   酶解沙棘叶32 h RGB图像数据集（续）

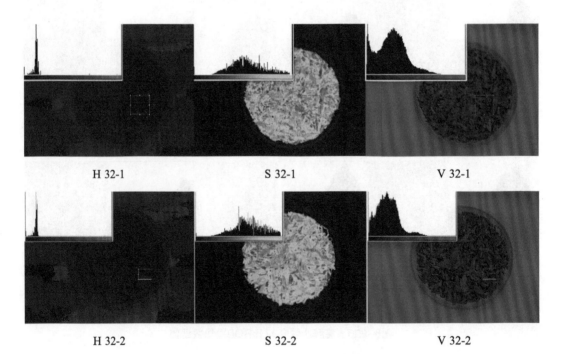

H 32-1   S 32-1   V 32-1

H 32-2   S 32-2   V 32-2

图5-227   酶解沙棘叶32 h HSV图像数据集

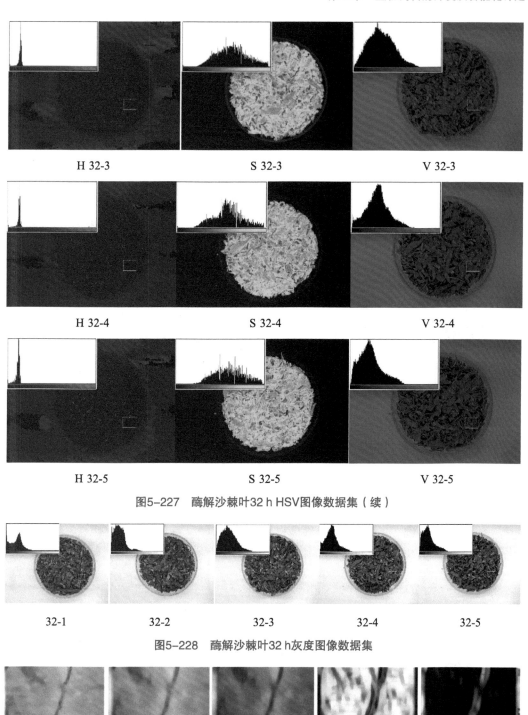

H 32-3　　　　　　　　　　　S 32-3　　　　　　　　　　　V 32-3

H 32-4　　　　　　　　　　　S 32-4　　　　　　　　　　　V 32-4

H 32-5　　　　　　　　　　　S 32-5　　　　　　　　　　　V 32-5

图5-227　酶解沙棘叶32 h HSV图像数据集（续）

32-1　　　　　32-2　　　　　32-3　　　　　32-4　　　　　32-5

图5-228　酶解沙棘叶32 h灰度图像数据集

Original　　　　Mean　　　　Variance　　　Homogeneity　　　Contrast

图5-229　酶解沙棘叶32 h纹理特征图像数据集

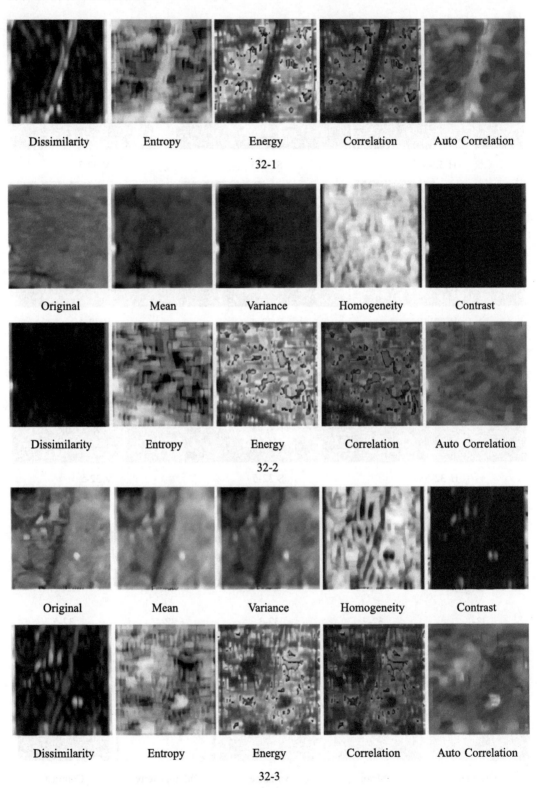

图5-229　酶解沙棘叶32 h纹理特征图像数据集（续）

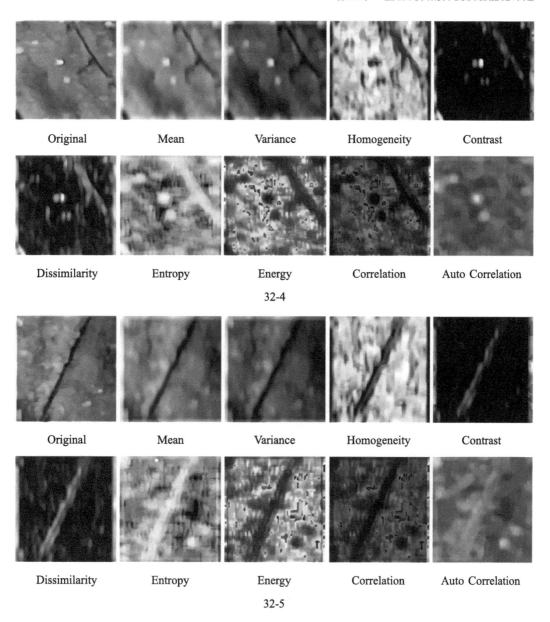

图5-229 酶解沙棘叶32 h纹理特征图像数据集（续）

5.4.2.13.6 酶解沙棘叶40 h图像数据集

构建酶解沙棘叶40 h颜色特征图像数据集（图5-230），经过处理分别得到酶解沙棘叶40 h RGB图像数据集（图5-231）、酶解沙棘叶40 h HSV图像数据集（图5-232）、酶解沙棘叶40 h灰度图像数据集（图5-233）及酶解沙棘叶40 h纹理特征图像数据集（图5-234）。

| 40-1 | 40-2 | 40-3 | 40-4 | 40-5 |

图5-230 酶解沙棘叶40 h颜色特征图像数据集

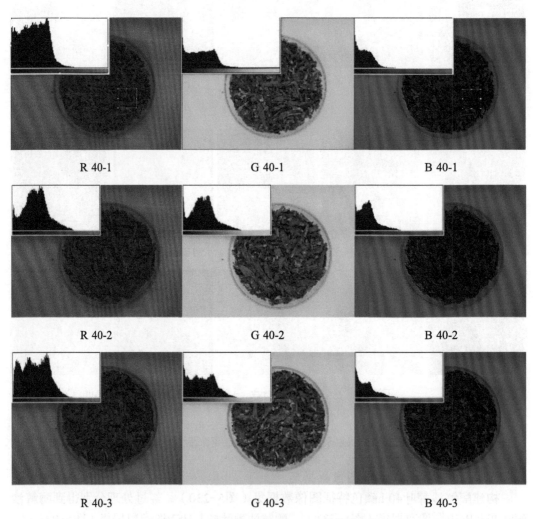

R 40-1	G 40-1	B 40-1
R 40-2	G 40-2	B 40-2
R 40-3	G 40-3	B 40-3

图5-231 酶解沙棘叶40 h RGB图像数据集

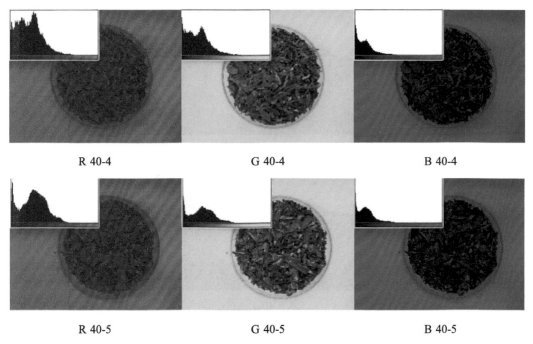

R 40-4　　　　　　　　　G 40-4　　　　　　　　　B 40-4

R 40-5　　　　　　　　　G 40-5　　　　　　　　　B 40-5

图5-231　酶解沙棘叶40 h RGB图像数据集（续）

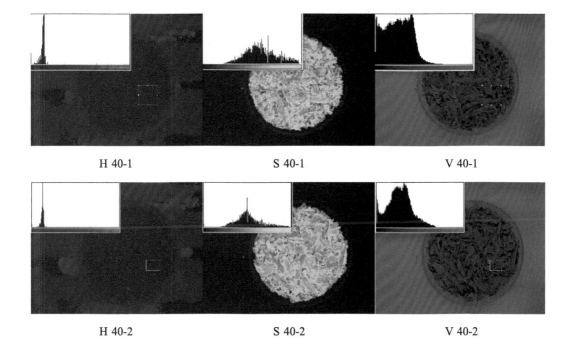

H 40-1　　　　　　　　　S 40-1　　　　　　　　　V 40-1

H 40-2　　　　　　　　　S 40-2　　　　　　　　　V 40-2

图5-232　酶解沙棘叶40 h HSV图像数据集

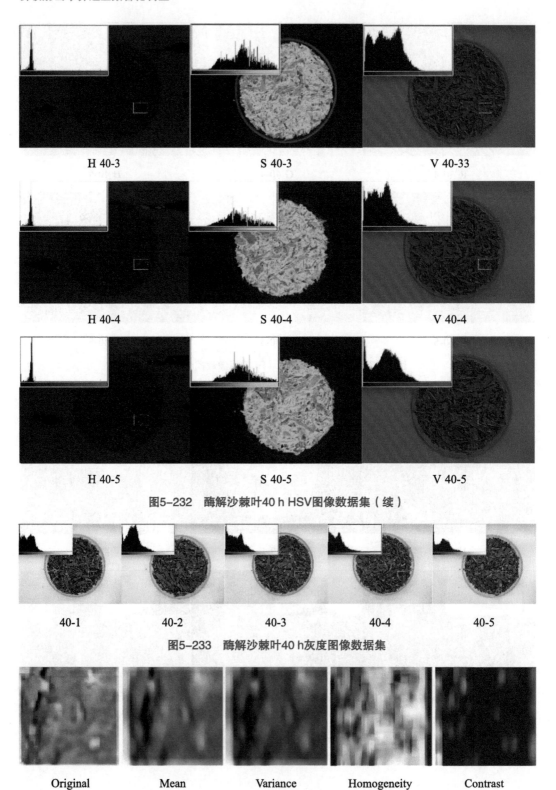

H 40-3 S 40-3 V 40-33

H 40-4 S 40-4 V 40-4

H 40-5 S 40-5 V 40-5

图5-232 酶解沙棘叶40 h HSV图像数据集（续）

40-1 40-2 40-3 40-4 40-5

图5-233 酶解沙棘叶40 h灰度图像数据集

Original Mean Variance Homogeneity Contrast

图5-234 酶解沙棘叶40 h纹理特征图像数据集

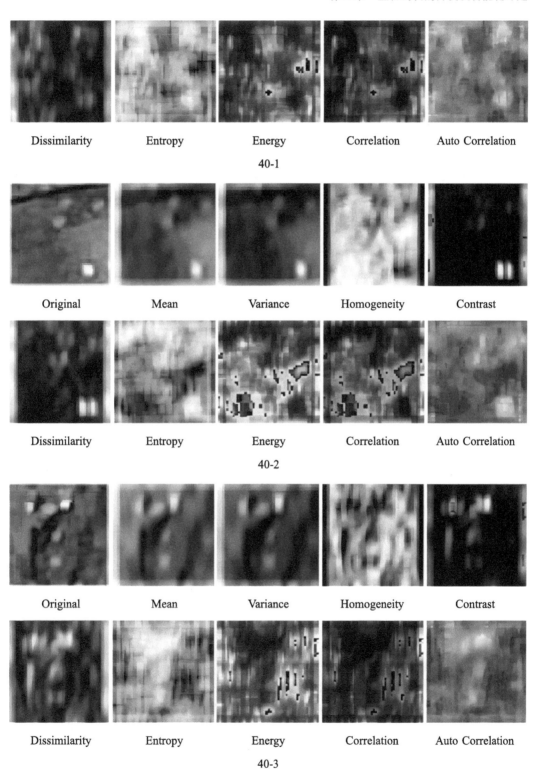

图5-234 酶解沙棘叶40 h纹理特征图像数据集（续）

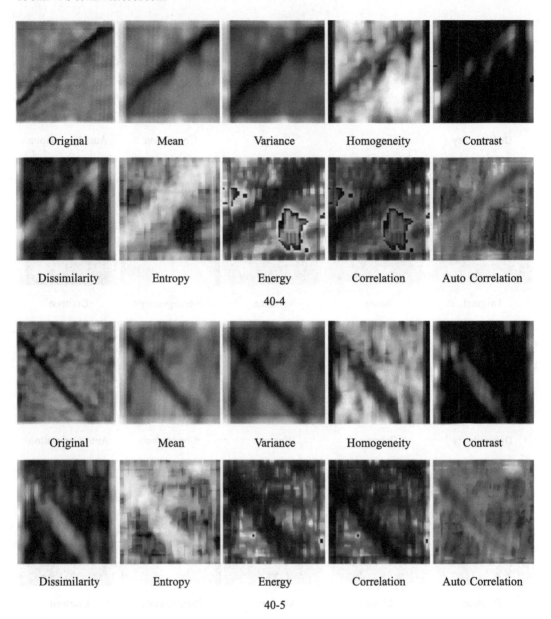

| Original | Mean | Variance | Homogeneity | Contrast |

| Dissimilarity | Entropy | Energy | Correlation | Auto Correlation |

40-4

| Original | Mean | Variance | Homogeneity | Contrast |

| Dissimilarity | Entropy | Energy | Correlation | Auto Correlation |

40-5

图5-234 酶解沙棘叶40 h纹理特征图像数据集（续）

5.4.2.13.7 酶解沙棘叶48 h图像数据集

　　构建酶解沙棘叶48 h颜色特征图像数据集（图5-235），经过处理分别得到酶解沙棘叶48 h RGB图像数据集（图5-236）、酶解沙棘叶48 h HSV图像数据集（图5-237）、酶解沙棘叶48 h灰度图像数据集（图5-238）及酶解沙棘叶48 h纹理特征图像数据集（图5-239）。

48-1　　　　　　48-2　　　　　　48-3　　　　　　48-4　　　　　　48-5

图5-235　酶解沙棘叶48 h颜色特征图像数据集

R 48-1　　　　　　　　G 48-1　　　　　　　　B 48-1

R 48-2　　　　　　　　G 48-2　　　　　　　　B 48-2

R 48-3　　　　　　　　G 48-3　　　　　　　　B 48-3

图5-236　酶解沙棘叶48 h RGB图像数据集

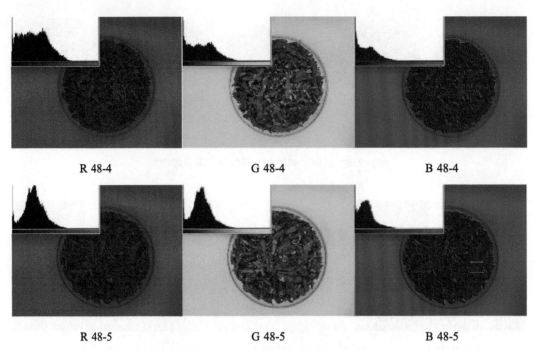

R 48-4   G 48-4   B 48-4

R 48-5   G 48-5   B 48-5

图5-236 酶解沙棘叶48 h RGB图像数据集（续）

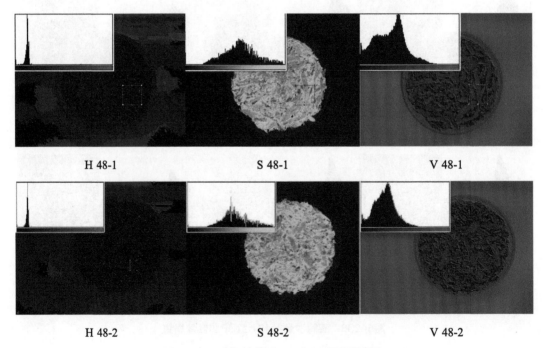

H 48-1   S 48-1   V 48-1

H 48-2   S 48-2   V 48-2

图5-237 酶解沙棘叶48 h HSV图像数据集

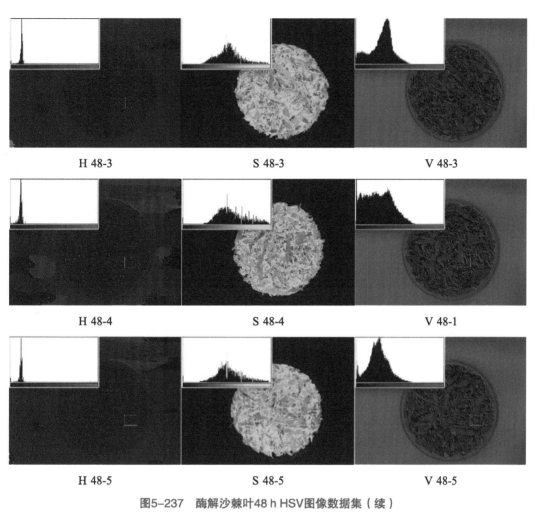

H 48-3 S 48-3 V 48-3

H 48-4 S 48-4 V 48-1

H 48-5 S 48-5 V 48-5

图5-237 酶解沙棘叶48 h HSV图像数据集（续）

48-1 48-2 48-3 48-4 48-5

图5-238 酶解沙棘叶48 h灰度图像数据集

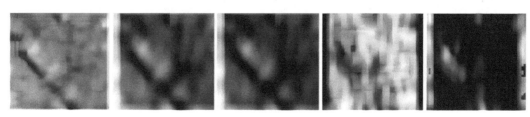

Original Mean Variance Homogeneity Contrast

图5-239 酶解沙棘叶48 h纹理特征图像数据集

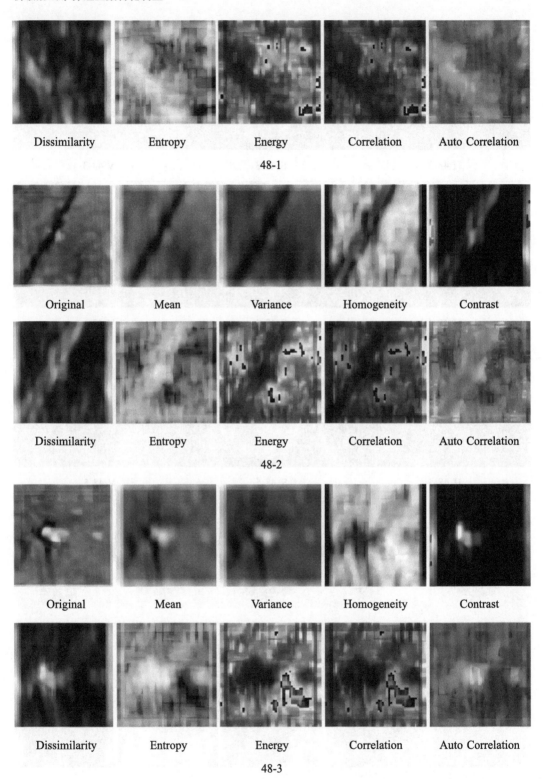

图5-239 酶解沙棘叶48 h纹理特征图像数据集（续）

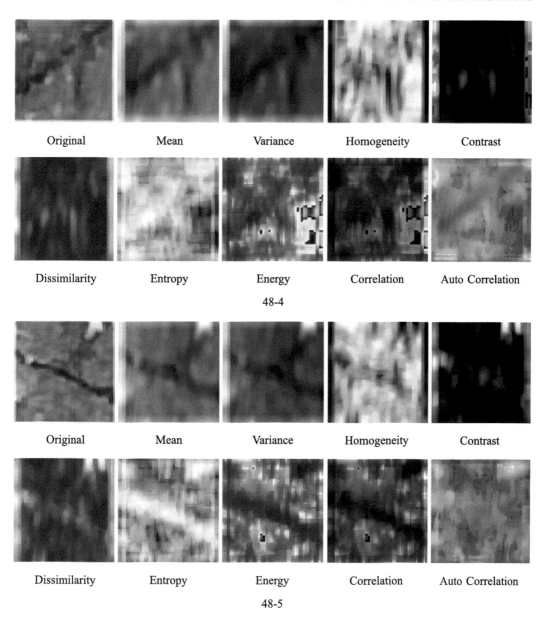

| Original | Mean | Variance | Homogeneity | Contrast |

| Dissimilarity | Entropy | Energy | Correlation | Auto Correlation |

48-4

| Original | Mean | Variance | Homogeneity | Contrast |

| Dissimilarity | Entropy | Energy | Correlation | Auto Correlation |

48-5

图5-239 酶解沙棘叶48 h纹理特征图像数据集（续）

5.4.2.13.8 酶解沙棘叶56 h图像数据集

构建酶解沙棘叶56 h颜色特征图像数据集（图5-240），经过处理分别得到酶解沙棘叶56 h RGB图像数据集（图5-241）、酶解沙棘叶56 h HSV图像数据集（图5-242）、酶解沙棘叶56 h灰度图像数据集（图5-243）及酶解沙棘叶56 h纹理特征图像数据集（图5-244）。

56-1　　　　　　56-2　　　　　　56-3　　　　　　56-4　　　　　　56-5

图5-240　酶解沙棘叶56 h颜色特征图像数据集

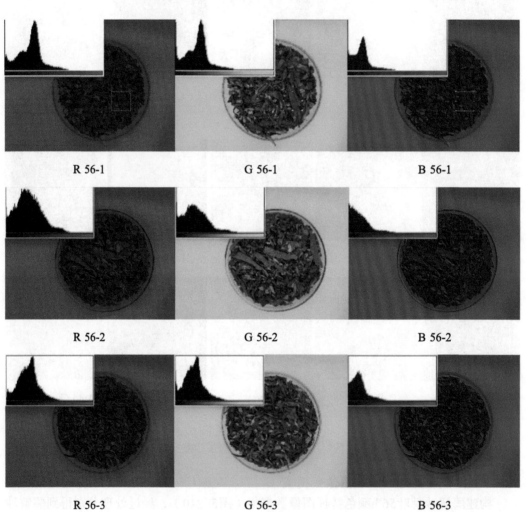

图5-241　酶解沙棘叶56 h RGB图像数据集

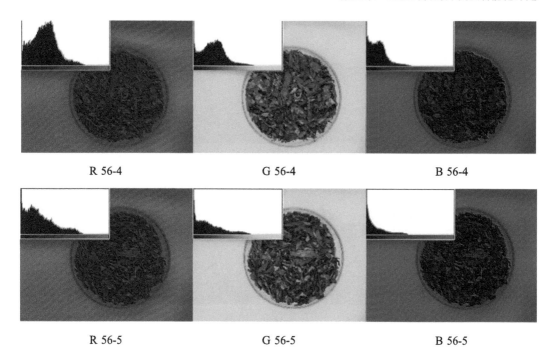

R 56-4   G 56-4   B 56-4

R 56-5   G 56-5   B 56-5

图5-241 酶解沙棘叶56 h RGB图像数据集（续）

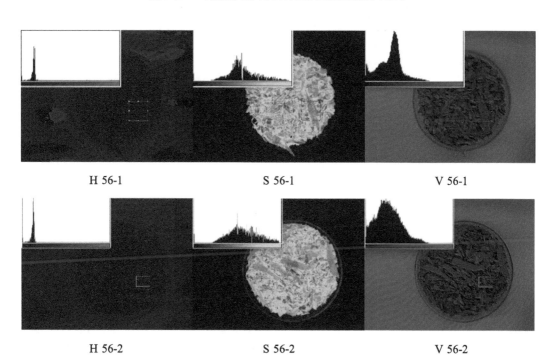

H 56-1   S 56-1   V 56-1

H 56-2   S 56-2   V 56-2

图5-242 酶解沙棘叶56 h HSV图像数据集

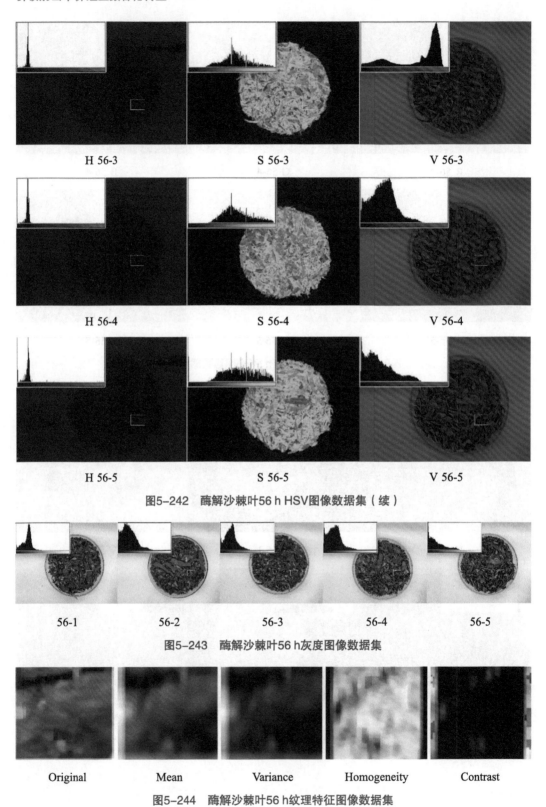

H 56-3　　　　　　　S 56-3　　　　　　　V 56-3

H 56-4　　　　　　　S 56-4　　　　　　　V 56-4

H 56-5　　　　　　　S 56-5　　　　　　　V 56-5

图5-242　酶解沙棘叶56 h HSV图像数据集（续）

56-1　　　　56-2　　　　56-3　　　　56-4　　　　56-5

图5-243　酶解沙棘叶56 h灰度图像数据集

Original　　　　Mean　　　　Variance　　　Homogeneity　　　Contrast

图5-244　酶解沙棘叶56 h纹理特征图像数据集

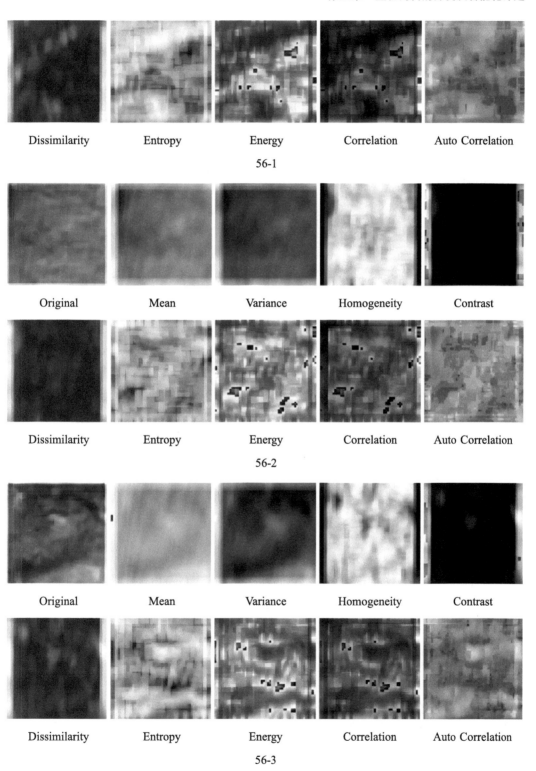

Dissimilarity	Entropy	Energy	Correlation	Auto Correlation

56-1

Original	Mean	Variance	Homogeneity	Contrast

Dissimilarity	Entropy	Energy	Correlation	Auto Correlation

56-2

Original	Mean	Variance	Homogeneity	Contrast

Dissimilarity	Entropy	Energy	Correlation	Auto Correlation

56-3

图5-244　酶解沙棘叶56 h纹理特征图像数据集（续）

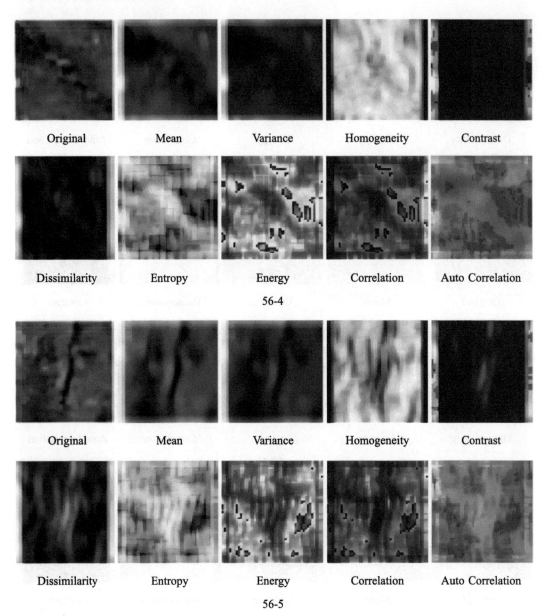

| Original | Mean | Variance | Homogeneity | Contrast |

| Dissimilarity | Entropy | Energy | Correlation | Auto Correlation |

56-4

| Original | Mean | Variance | Homogeneity | Contrast |

| Dissimilarity | Entropy | Energy | Correlation | Auto Correlation |

56-5

图5-244　酶解沙棘叶56 h纹理特征图像数据集（续）

5.4.2.13.9　酶解沙棘叶64 h图像数据集

　　构建酶解沙棘叶64 h颜色特征图像数据集（图5-245），经过处理分别得到酶解沙棘叶64 h RGB图像数据集（图5-246）、酶解沙棘叶64 h HSV图像数据集（图5-247）、酶解沙棘叶64 h灰度图像数据集（图5-248）及酶解沙棘叶64 h纹理特征图像数据集（图5-249）。

64-1　　　　　　64-2　　　　　　64-3　　　　　　64-4　　　　　　64-5

图5-245　酶解沙棘叶64 h颜色特征图像数据集

R 64-1　　　　　　　　　G 64-1　　　　　　　　　B 64-1

R 64-2　　　　　　　　　G 64-2　　　　　　　　　B 64-2

R 64-1　　　　　　　　　G 64-3　　　　　　　　　B 64-3

图5-246　酶解沙棘叶64 h RGB图像数据集

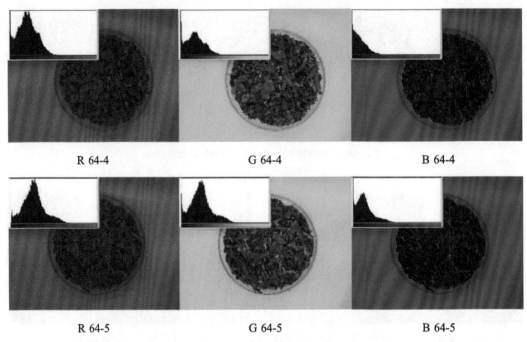

R 64-4   G 64-4   B 64-4

R 64-5   G 64-5   B 64-5

图5-246　酶解沙棘叶64 h RGB图像数据集（续）

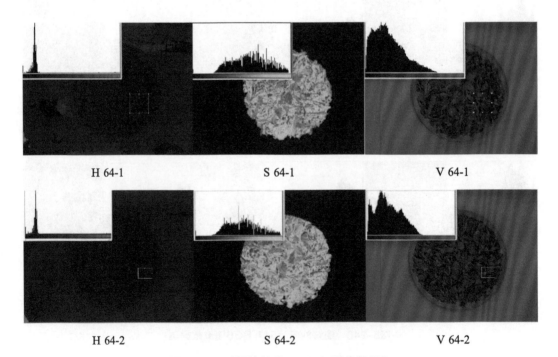

H 64-1   S 64-1   V 64-1

H 64-2   S 64-2   V 64-2

图5-247　酶解沙棘叶64 h HSV图像数据集

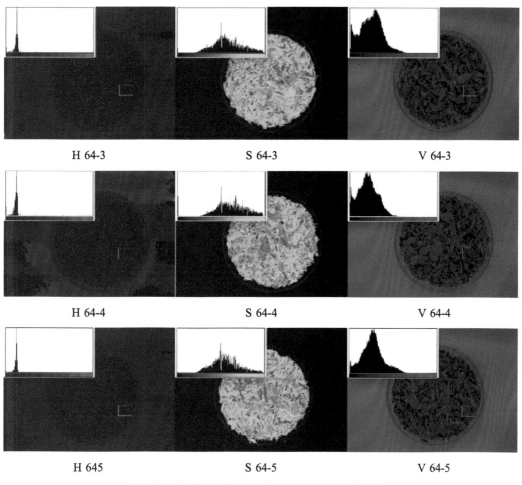

图5-247 酶解沙棘叶64 h HSV图像数据集（续）

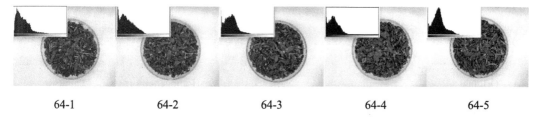

图5-248 酶解沙棘叶64 h灰度图像数据集

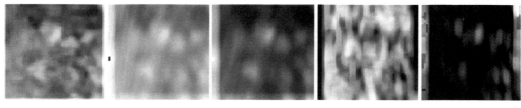

图5-249 酶解沙棘叶64 h纹理特征图像数据集

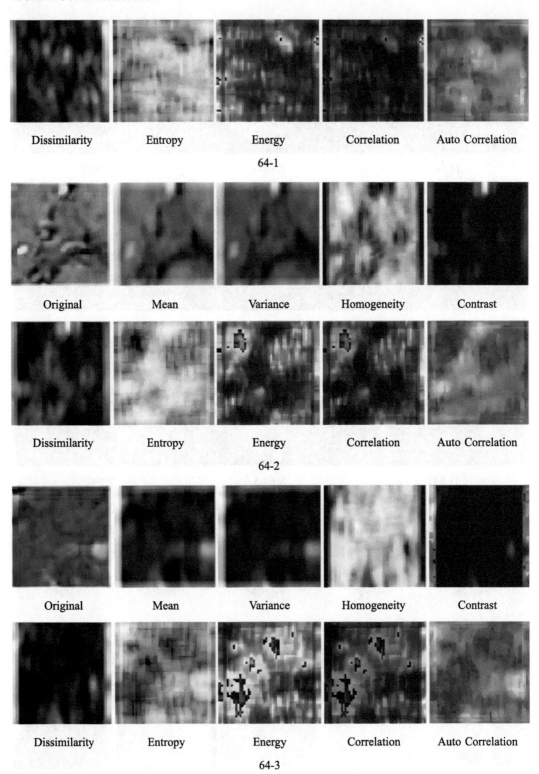

Dissimilarity　　　Entropy　　　Energy　　　Correlation　　　Auto Correlation

64-1

Original　　　Mean　　　Variance　　　Homogeneity　　　Contrast

Dissimilarity　　　Entropy　　　Energy　　　Correlation　　　Auto Correlation

64-2

Original　　　Mean　　　Variance　　　Homogeneity　　　Contrast

Dissimilarity　　　Entropy　　　Energy　　　Correlation　　　Auto Correlation

64-3

图5-249　酶解沙棘叶64 h纹理特征图像数据集（续）

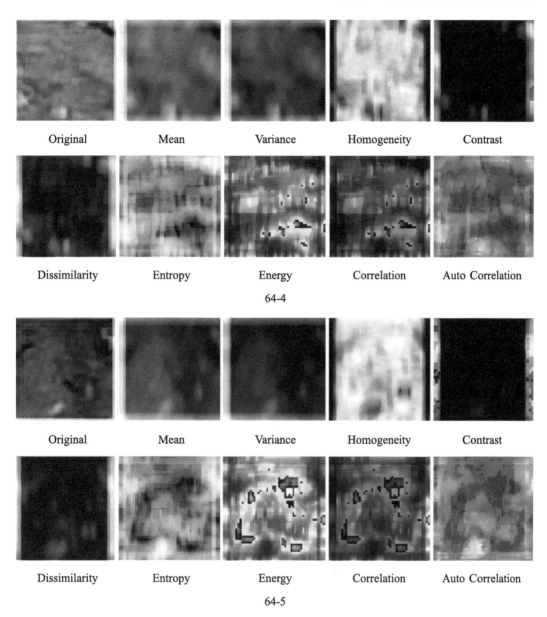

Original	Mean	Variance	Homogeneity	Contrast
Dissimilarity	Entropy	Energy	Correlation	Auto Correlation

64-4

Original	Mean	Variance	Homogeneity	Contrast
Dissimilarity	Entropy	Energy	Correlation	Auto Correlation

64-5

图5-249 酶解沙棘叶64 h纹理特征图像数据集（续）

5.4.2.13.10 酶解沙棘叶72 h图像数据集

构建酶解沙棘叶72 h颜色特征图像数据集（图5-250），经过处理分别得到酶解沙棘叶72 h RGB图像数据集（图5-251）、酶解沙棘叶72 h HSV图像数据集（图5-252）、酶解沙棘叶72 h灰度图像数据集（图5-253）及酶解沙棘叶72 h纹理特征图像数据集（图5-254）。

72-1　　　　72-2　　　　72-3　　　　72-4　　　　72-5

图5-250　酶解沙棘叶72 h颜色特征图像数据集

R 72-1　　　　　　G 72-1　　　　　　B 72-1

R 72-2　　　　　　G 72-2　　　　　　B 72-2

R 72-3　　　　　　G 72-3　　　　　　B 72-3

图5-251　酶解沙棘叶72 h RGB图像数据集

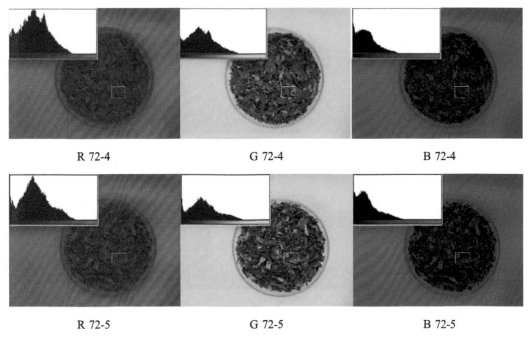

R 72-4   G 72-4   B 72-4

R 72-5   G 72-5   B 72-5

图5-251 酶解沙棘叶72 h RGB图像数据集（续）

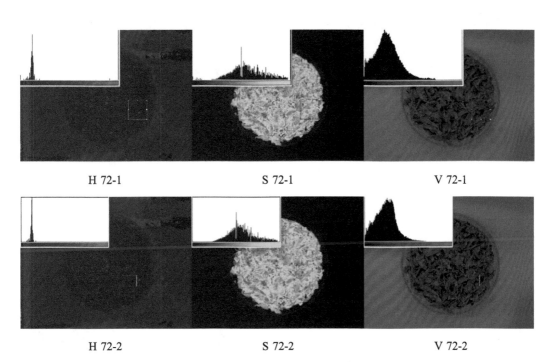

H 72-1   S 72-1   V 72-1

H 72-2   S 72-2   V 72-2

图5-252 酶解沙棘叶72 h HSV图像数据集

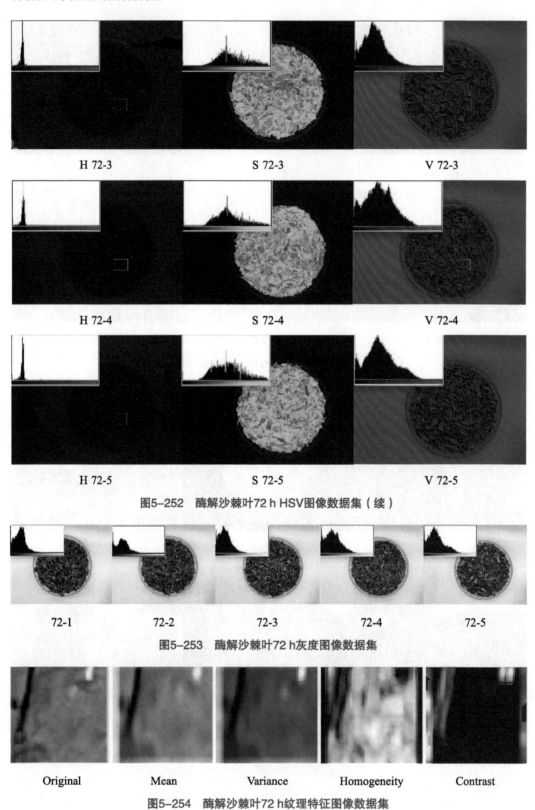

H 72-3　　　　　　　　S 72-3　　　　　　　　V 72-3

H 72-4　　　　　　　　S 72-4　　　　　　　　V 72-4

H 72-5　　　　　　　　S 72-5　　　　　　　　V 72-5

图5-252　酶解沙棘叶72 h HSV图像数据集（续）

72-1　　　　　72-2　　　　　72-3　　　　　72-4　　　　　72-5

图5-253　酶解沙棘叶72 h灰度图像数据集

Original　　　　　Mean　　　　　Variance　　　　Homogeneity　　　　Contrast

图5-254　酶解沙棘叶72 h纹理特征图像数据集

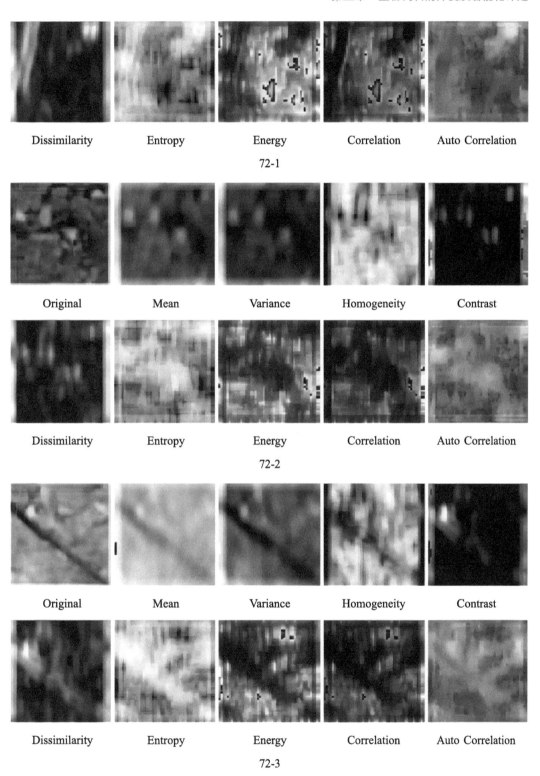

图5-254 酶解沙棘叶72 h纹理特征图像数据集（续）

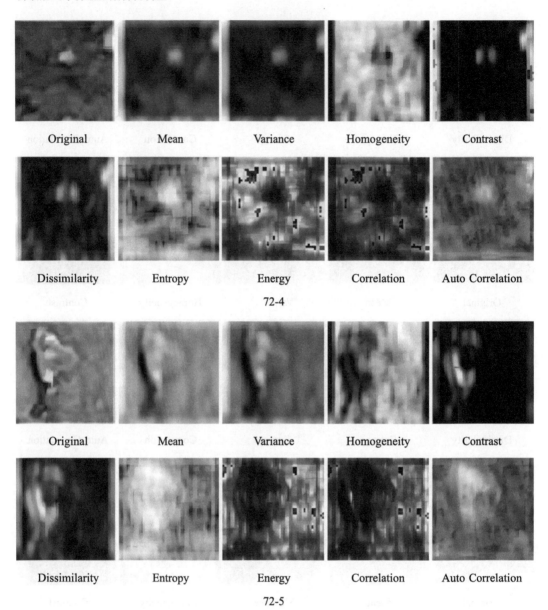

72-4

72-5

图5-254　酶解沙棘叶72 h纹理特征图像数据集（续）

5.4.2.14　发酵黄芪的制备流程

以黄芪茎为主要原料，添加纤维素酶+果胶酶2 000 U/g，在料水比为1∶0.75，发酵温度为30℃，发酵时间为7 d的条件下发酵黄芪茎。

5.4.2.15　发酵黄芪的提取工艺

采用单因素试验设计，以黄酮含量（mg/g）及多酚含量（mg/g）为指标，筛选出菌酶协同发酵黄芪茎条件为：添加纤维素酶+果胶酶2 000 U/g、料水比1∶0.75，发酵温度30℃，发酵时间7 d。黄芪茎中酚类物质提取条件为：乙醇体积分数60%，提取温度35℃，超声功率500 W，超声时间为40 min。

5.4.2.16 发酵黄芪近红外光谱图

5.4.2.16.1 黄芪的近红外原始光谱

试验所采集的发酵黄芪茎叶样品近红外光谱如图5-255所示。样品近红光谱曲线趋势大致相同却不完全重合，存在不同强度的吸收峰。表明不同样本之间的重现性良好，且存在差异，扫描获得的近红外光谱图可以用于发酵黄芪茎叶黄酮含量的定量分析。但样品之间的差异可能是受到噪声和操作的影响，因此需要对光谱进行预处理。

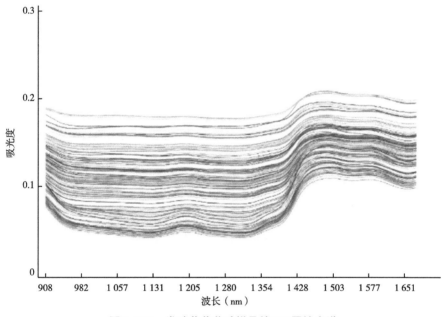

图5-255 发酵黄芪茎叶样品的NIR原始光谱

5.4.2.16.2 NIR分析模型光谱预处理方式的确定

由于受仪器状态、外部环境和人为操纵等因素的影响，光谱数据不仅包含了样本的成分和结构，而且还包含了噪声、散射、基线漂移等各种干扰，从而导致了模型的可信度和稳定性下降，因此，在建模之前，必须对光谱进行预处理，以消除基线的影响。在实践中，可以依次应用两种或多种方式进行光谱预处理。本试验从文献中收集了一些在实践中被证明是有益的或适用的预处理方式及其组合。结果表明，不同的光谱预处理方式会影响模型的准确性。可能原因是计算方法的不同产生不同的效果，如一阶导数（FD）可以消除基线偏移，提高光特性能，减少背景光源基线偏移引起的误差。二阶求导（SD）可消除光谱中倾斜的基线，标准正态变换（SNV）用于消除固体颗粒大小、表面散射和光程变化的影响，去趋势算法（Detrend）常用于SNV法处理之后，用于消除漫反射带来的基线漂移。从表中可以得知在不同预处理方式及其组合中，发酵黄酮茎叶黄酮模型适用于SD+SNV+Detred的方法，其RMSEC值、SEC、R^2和RPD分别为

0.65、0.65、0.39和1.28。图5-256是将发酵黄芪茎叶黄酮含量经过上述最适方法预处理之后的光谱图，由图5-256可知，预处理后的光谱图"峰谷"特征更加明显，大大简化了后续建模的复杂度，提高检测的快速性。

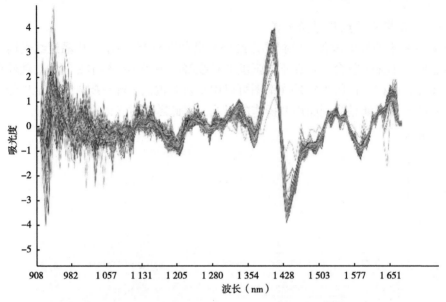

图5-256　发酵黄芪茎叶全样本光谱预处理光谱

5.4.2.16.3　预测模型优化

通过MicroNIR Pro分析软件进行异常样本剔除以及预测模型优化，图5-257是发酵黄芪茎叶中黄酮含量预测结果图。通过交叉验证的方法对异常样本剔除，分别观察模型评价指标，判断是否剔除。剔除异常值后，模型得到进一步优化，最终得出预测含量的最优NIR分析模型，该模型R^2、RMSEC、SEC分别为0.92、0.24、0.24，RPD为3.46。

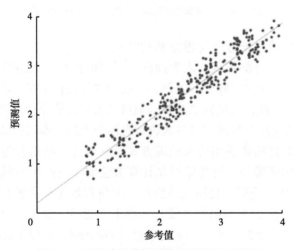

图5-257　发酵黄芪茎叶黄酮含量预测结果

5.4.2.17　发酵黄芪主要活性物质

黄芪和发酵黄芪中酚类化合物主要成分如表5-15所示。

表5-15　黄芪和发酵黄芪的部分酚酸类差异代谢物的相对含量

序号	物质	黄芪相对含量	发酵黄芪相对含量	VIP	FC	Type
1	3-（4-羟基苯基）丙酸	337 000	38 500 000	1.16	114.37	up
2	二氢阿魏酸	137 000	14 200 000	1.12	104.13	up
3	异阿魏酸	3 290 000	11 000 000	1.13	3.34	up
4	4-羟基苯甲酸	7 790 000	28 900 000	1.15	3.7	up
5	2-羟基-3-苯基丙酸	431 000	36 900 000	1.16	85.78	up
6	桑辛素Y	970 000	26 700 000	1.16	27.58	up
7	4-羟苯基乳酸	62 600	6 490 000	1.16	103.66	up
8	2,4-二羟基苯乙酸甲酯	60 400	6 310 000	1.16	104.45	up
9	2-羟基-（4-羟基苯基）丙酸	60 700	6 570 000	1.16	108.17	up
10	3,4-二甲氧基苯乙酸	14 100	1 590 000	1.15	112.86	up
11	阿魏酸	2 260 000	8 890 000	1.15	3.93	up
12	香草酸	1 280 000	3 210 000	1.16	2.51	up
13	2,3-二羟基苯甲酸	164 000	4 430 000	1.15	26.93	up
14	丁香酸	373 000	1 660 000	1.16	4.45	up
15	龙胆酸	364 000	920 000	1.14	2.53	up
16	苯甲酸	261 000	785 000	1.13	3	up
17	芥子酸	65 400	165 000	1.05	1.34	up
18	阿魏酸乙酯	58 100	793 000	1.15	13.65	up
19	阿魏酸甲酯	73 400	456 000	1.13	6.21	up
20	邻苯二酚/儿茶酚	11 500	114 000	1.13	9.94	up
21	4-O-葡萄糖基-4-羟基苯甲酸	38 700 000	151 000	1.15	0	down
22	葡萄糖氧基苯甲酸	34 900 000	119 000	1.15	0	down
23	红景天苷	33 500 000	164 000	1.15	0	down
24	1-O-水杨酰-β-D-葡萄糖	35 400 000	118 000	1.15	0	down

（续表）

序号	物质	黄芪相对含量	发酵黄芪相对含量	VIP	FC	Type
25	4-羟基苯甲酸葡萄糖基木糖苷	23 500 000	2 940 000	1.16	0.12	down
26	3,4-二羟基苯甲醛-木糖-葡萄糖苷	20 500 000	2 560 000	1.16	0.13	down
27	苯甲酰苹果酸	18 000 000	7 850 000	1.07	0.44	down
28	1-（4-羟基苯甲酰基）葡萄糖	6 170 000	27 300	1.14	0	down
29	6'-O-阿魏酰-D-蔗糖	1 050 000	86 800	1.15	0.08	down
30	5-羟基异香草酸	1 250 000	44 700	1.14	0.04	down
31	苯基丙酸-O-β-D-吡喃葡萄糖苷	1 970 000	59 600	1.08	0.03	down
32	二氢阿魏酸葡萄糖苷	1 290 000	173 000	1.15	0.13	down
33	葡萄糖基丁香酸	3 220 000	598 000	1.12	0.19	down
34	5-（2-羟乙基）-2-O-葡萄糖基苯酚	2 060 000	709 000	1.13	0.34	down
35	二羟基苯甲酰木糖苷	1 340 000	643 000	1.13	0.48	down
36	阿魏酸β-葡萄糖苷	394 000	189 000	1.12	0.48	down
37	4-O-β-D-葡萄糖基阿魏酸	250 000	66 200	1.03	0.26	down
38	4-羟基苯甲酰基乙酰葡萄糖苷	675 000	306 000	1.14	0.45	down
39	芥子醇	175 000	17 500	1.11	0.1	down
40	丁香酸甲酯	250 000	90 800	1.14	0.36	down
41	3-羟基-4-甲氧基苯丙酸甲酯	128 000	20 100	1.13	0.16	down

黄芪和发酵黄芪中部分二级黄酮差异代谢物的相对含量如表5-16所示。

表5-16　黄芪和发酵黄芪中部分二级黄酮差异代谢物的相对含量

序号	物质	黄芪相对含量	发酵黄芪相对含量	VIP	FC	Type
1	芹菜素	508 000	14 100 000	1.16	27.83	up
2	芹菜素-6-C-（2″-葡萄糖基）阿拉伯糖苷	86 100	2 850 000	1.16	33.1	up
3	芹菜素-6-C-（2″-葡萄糖基）阿拉伯糖苷	86 100	2 850 000	1.16	33.1	up
4	芹菜素-8-C-（2″-葡萄糖基）阿拉伯糖苷	27 800	1 000 000	1.15	36.18	up
5	苜蓿素（麦黄酮）	36 500	3 920 000	1.16	107.25	up
6	苜蓿素-4'-O-（愈创木酰甘油）醚	69 300	3 250 000	1.15	46.96	up

（续表）

序号	物质	黄芪相对含量	发酵黄芪相对含量	VIP	FC	Type
7	苜蓿素-7-O-（2″-O-鼠李糖基）半乳糖醛酸苷	15 500	2 100 000	1.15	135.76	up
8	苜蓿素-7-O-愈创木酚基甘油	61 800	2 730 000	1.14	44.14	up
9	苜蓿素-5-O-愈创木酚基甘油	63 700	2 720 000	1.15	42.7	up
10	6, 7-二羟基黄酮	118 000	12 900 000	1.16	109.19	up
11	3′, 4′, 7-三羟基黄酮	397 000	11 200 000	1.16	28.26	up
12	5, 6, 7-三羟基-8-甲氧基黄酮	3 600 000	10 500 000	1.15	2.92	up
13	5, 7, 3′, 5′-四羟基-6-甲基黄酮	3 930 000	10 300 000	1.13	2.63	up
14	金合欢素（5, 7-二羟基-4-甲氧基黄酮）	570 000	1 870 000	1.16	3.28	up
15	8-甲氧基芹菜素	3 620 000	9 660 000	1.14	2.67	up
16	4′, 5, 7-三羟基-3′, 6-二甲氧基黄酮（棕矢车菊素）	701 000	2 160 000	1.15	3.08	up
17	香叶木苷（3′, 5, 7-三羟基-4′-甲氧基黄酮-7-芸香糖苷）	37 100	141 000	1.11	3.8	up
18	金圣草黄素-7-O-（6″-丙二酰）葡萄糖苷	37 300 000	2 530 000	1.16	0.07	down
19	金合欢素-7-O-（6″-丙二酰）葡萄糖苷	23 400 000	1 700 000	1.16	0.07	down
20	高车前素-7-O-葡萄糖苷；高车前苷	14 400 000	1 550 000	1.16	0.11	down
21	香叶木素-7-O-半乳糖苷	14 000 000	1 280 000	1.15	0.09	down
22	芹菜素-7-O-（6″-丙二酰）葡萄糖苷	6 460 000	990 000	1.16	0.15	down
23	芹菜素-4′-O-葡萄糖苷	5 380 000	804 000	1.15	0.15	down
24	芹菜素 葡萄糖基丙二酰葡萄糖苷	3 330 000	668 000	1.14	0.2	down
25	五羟黄酮-5-O-（6″-丙二酰）葡萄糖苷	3 160 000	257 000	1.16	0.08	down
26	金圣草黄素-7-O-葡萄糖苷	2 200 000	229 000	1.15	0.1	down
27	木犀草素-7-O-葡萄糖苷（木犀草苷）	9 010 000	9 010 000	1.16	0.08	down
28	木犀草素-7-O-（6″-丙二酰）葡萄糖苷	8 890 000	8 890 000	1.16	0.08	down
29	5, 6, 3′, 4′-四羟基-3, 7-二甲氧基黄酮	538 000	82 800	1.16	0.15	down
30	金合欢素-7-O-芸香糖苷（蒙花苷）	688 000	65 300	1.15	0.09	down
31	金圣草黄素-7-O-（6″-乙酰）葡萄糖苷	776 000	58 700	1.15	0.08	down

（续表）

序号	物质	黄芪相对含量	发酵黄芪相对含量	VIP	FC	Type
32	金圣草黄素-7, 4′-二-*O*-葡萄糖苷	425 000	44 200	1.11	0.1	down
33	苜蓿素-5-*O*-（6′-*O*-丙二酰）葡萄糖苷	284 000	42 000	1.13	0.15	down

黄芪和发酵黄芪中部分二级异黄酮差异代谢物的相对含量如表5–17所示。

表5–17 黄芪和发酵黄芪中部分二级异黄酮差异代谢物的相对含量

序号	物质	黄芪相对含量	发酵黄芪相对含量	VIP	FC	Type
1	大豆苷元	241 000	25 500 000	1.16	105.46	up
2	染料木素（金雀异黄素）	501 000	14 700 000	1.16	29.38	up
3	芒柄花素	25 100 000	50 900 000	1.14	2.03	up
4	樱黄素	1 1400 000	31 900 000	1.16	2.8	up
5	红车轴草素	3 770 000	11 200 000	1.14	2.96	up
6	4′, 6, 7-三羟基异黄酮	50 400	2 150 000	1.16	42.69	up
7	黄豆黄素	2 630 000	6 300 000	1.15	2.93	up
8	5, 7, 4′-三羟基-3′-甲氧基异黄酮；3′-*O*-甲基香豌豆苷元	1 380 000	3 390 000	1.15	2.45	up
9	异木犀草素（香豌豆苷元）	46 800	1 190 000	1.16	25.4	up
10	鸢尾甲黄素A	580 000	1 820 000	1.15	3.14	up
11	3′-甲氧基大豆苷元	291 000	997 000	1.16	3.42	up
12	2′-羟基大豆苷元	10 300	242 000	1.16	23.52	up
13	6″-*O*-丙二酰基印度黄檀苷	36 200 000	2 640 000	1.14	0.07	down
14	乙酰黄豆黄苷	28 500 000	2 760 000	1.16	0.1	down
15	芒柄花素-7-氧-（6″-乙酰葡萄糖苷）	23 100 000	2 680 000	1.15	0.12	down
16	刺芒柄花素-乙酰葡萄糖苷	19 300 000	2 660 000	1.16	0.14	down
17	刺芒柄花素-乙酰葡萄糖苷	19 300 000	2 660 000	1.16	0.14	down
18	6″-*O*-丙二酰染料木苷	13 200 000	1 640 000	1.16	0.12	down
19	鸢尾苷	13 600 000	1 430 000	1.16	0.11	down

（续表）

序号	物质	黄芪相对含量	发酵黄芪相对含量	VIP	FC	Type
20	5,7-二羟基-6-甲氧基异黄酮-7-O-丙二酰葡萄糖苷	8 600 000	1 360 000	1.13	0.16	down
21	红车轴草素-7-O-葡萄糖苷	3 990 000	1 310 000	1.09	0.33	down
22	染料木素-7-O-半乳糖苷	3 920 000	669 000	1.15	0.17	down
23	樱黄素-5-O-葡萄糖苷	4 370 000	535 000	1.16	0.12	down
24	3′-甲氧基黄豆苷	4 190 000	520 000	1.15	0.12	down
25	8-甲氧基丙二酰基芒柄花苷	7 570 000	776 000	1.16	0.1	down

黄芪和发酵黄芪中部分二级黄酮醇差异代谢物的相对含量如表5-18所示。

表5-18　黄芪和发酵黄芪中部分二级黄酮醇差异代谢物的相对含量

序号	物质	黄芪相对含量	发酵黄芪相对含量	VIP	FC	Type
1	鼠李柠檬素	3 710 000	9 250 000	1.15	2.49	up
2	高良姜素（3,5,7-三羟基黄酮）	71 400	1 420 000	1.16	19.9	up
3	黄槲寄生苷A	132 000	266 000	1.01	2.01	up
4	鼠李素	18 200	88 600	1.16	4.86	up
5	异鼠李素-3-O-葡萄糖苷-7-O-鼠李糖苷	19 100	41 700	1.03	2.18	up
6	山奈酚-3-O-（6″-丙二酰）半乳糖苷	19 700 000	1 520 000	1.14	0.08	down
7	山奈酚-3-O-（6″-丙二酰）葡萄糖苷	18 400 000	1 460 000	1.15	0.08	down
8	6-甲基山奈酚-3-O-葡萄糖苷	15 100 000	1 370 000	1.16	0.09	down
9	山奈酚-3-O-（6″-O-乙酰）葡萄糖苷	2 340 000	109 000	1.15	0.05	down
10	山奈酚-3-O-（2″-O-乙酰）葡萄糖苷	1 970 000	170 000	1.15	0.09	down
11	山奈素-3-O-葡萄糖苷*	1 360 000	533 000	1.15	0.39	down
12	柽柳黄素-3-O-（6″-丙二酰）葡萄糖苷	1 050 000	93 900	1.13	0.09	down
13	6-甲氧基山奈酚-3-O-葡萄糖苷	1 030 000	47 200	1.15	0.05	down
14	5-去羟异鼠李素-丙二酰葡萄糖基葡萄糖苷	5 410 000	22 300	1.16	0	down
15	异鼠李素-7-O-葡萄糖苷（蔓菁苷）	895 000	49 700	1.1	0.06	down
16	鼠李素-3-O-葡萄糖苷	952 000	43 800	1.15	0.05	down

（续表）

序号	物质	黄芪相对含量	发酵黄芪相对含量	VIP	FC	Type
17	山奈素-3-*O*-（6'-*O*-乙酰基）葡萄糖苷	942 000	56 500	1.15	0.06	down
18	异鼠李素-7-*O*-葡萄糖苷（蔓菁苷）	895 000	49 700	1.10	0.06	down
19	6-羟基山奈酚-3-*O*-芸香糖-6-*O*-葡萄糖苷	707 000	49 400	1.16	0.07	down

5.4.2.18　发酵黄芪图像数据集及图像特征

获取发酵8批次不同发酵时间（0 h、6 h、12 h、18 h、24 h、30 h、36 h、42 h、48 h、54 h、60 h、66 h、72 h）的生物发酵饲料产品。从发酵袋中取出发酵黄芪，按前中后分装在6个平皿，平皿直径85 mm，拍摄获取312张图像样本，部分样本图例见图5-258。

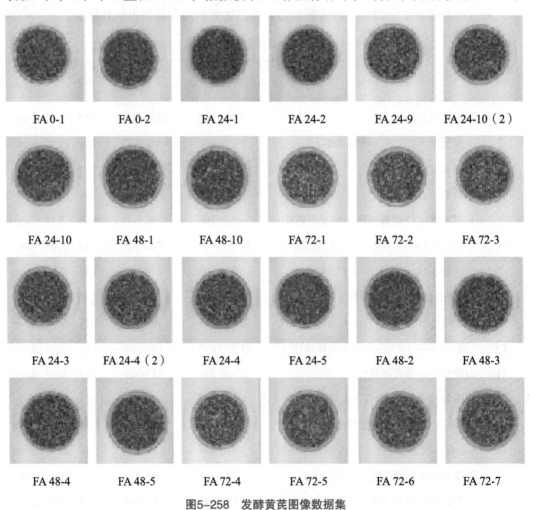

图5-258　发酵黄芪图像数据集

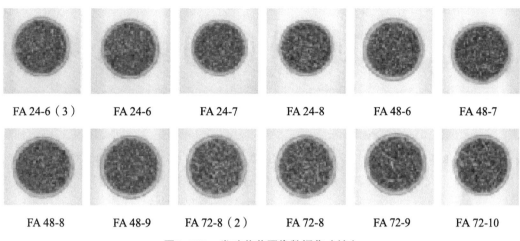

FA 24-6（3）　　　　FA 24-6　　　　FA 24-7　　　　FA 24-8　　　　FA 48-6　　　　FA 48-7

FA 48-8　　　　FA 48-9　　　FA 72-8（2）　　　FA 72-8　　　　FA 72-9　　　　FA 72-10

图5-258　发酵黄芪图像数据集（续）

5.4.2.18.1　发酵黄芪0 h图像数据集

构建发酵黄芪0 h颜色特征图像数据集（图5-259），经过处理分别得到发酵黄芪0 h RGB图像数据集（图5-260）、发酵黄芪0 h HSV图像数据集（图5-261）、发酵黄芪0 h 灰度图像数据集（图5-262）。

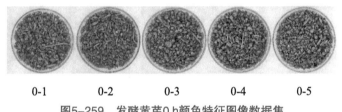

0-1　　　　　0-2　　　　　0-3　　　　　0-4　　　　　0-5

图5-259　发酵黄芪0 h颜色特征图像数据集

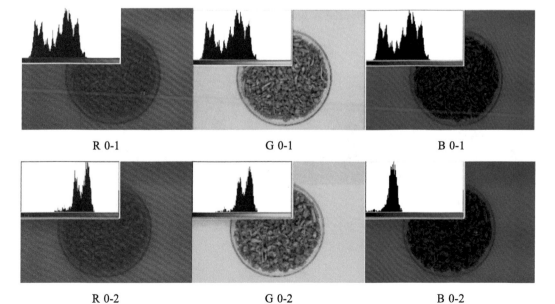

R 0-1　　　　　　　　　　G 0-1　　　　　　　　　　B 0-1

R 0-2　　　　　　　　　　G 0-2　　　　　　　　　　B 0-2

图5-260　发酵黄芪0 h RGB图像数据集

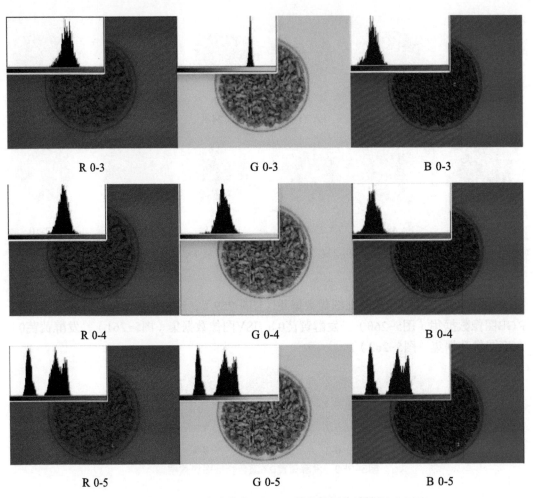

R 0-3   G 0-3   B 0-3

R 0-4   G 0-4   B 0-4

R 0-5   G 0-5   B 0-5

图5-260　发酵黄芪0 h RGB图像数据集（续）

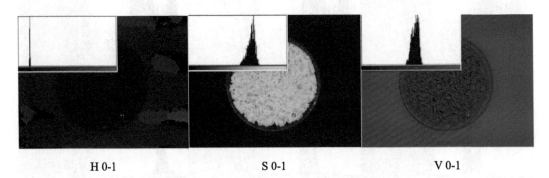

H 0-1   S 0-1   V 0-1

图5-261　发酵黄芪0 h HSV图像数据集

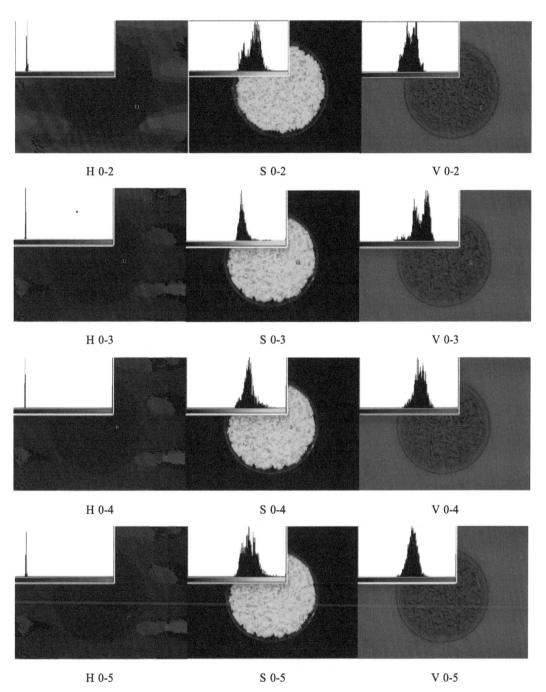

H 0-2　　　　　　　　　S 0-2　　　　　　　　　V 0-2

H 0-3　　　　　　　　　S 0-3　　　　　　　　　V 0-3

H 0-4　　　　　　　　　S 0-4　　　　　　　　　V 0-4

H 0-5　　　　　　　　　S 0-5　　　　　　　　　V 0-5

图5-261　发酵黄芪0 h HSV图像数据集（续）

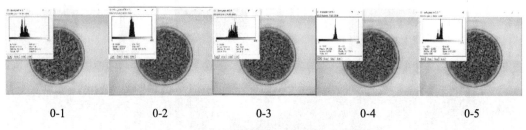

0-1　　　　0-2　　　　0-3　　　　0-4　　　　0-5

图5-262　发酵黄芪0 h灰度图像数据集

5.4.2.18.2　发酵黄芪24 h图像数据集

构建发酵黄芪24 h颜色特征图像数据集（图5-263），经过处理分别得到发酵黄芪24 h RGB图像数据集（图5-264）、发酵黄芪24 h HSV图像数据集（图5-265）、发酵黄芪24 h灰度图像数据集（图5-266）。

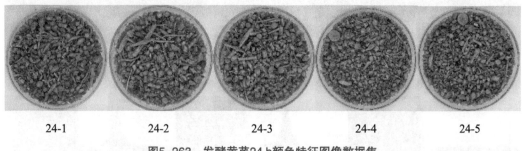

24-1　　　　24-2　　　　24-3　　　　24-4　　　　24-5

图5-263　发酵黄芪24 h颜色特征图像数据集

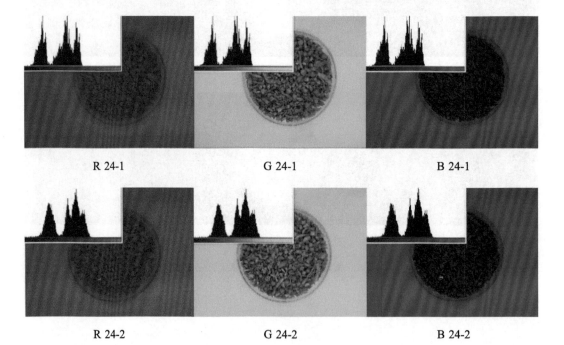

R 24-1　　　　　　G 24-1　　　　　　B 24-1

R 24-2　　　　　　G 24-2　　　　　　B 24-2

图5-264　发酵黄芪24 h RGB图像数据集

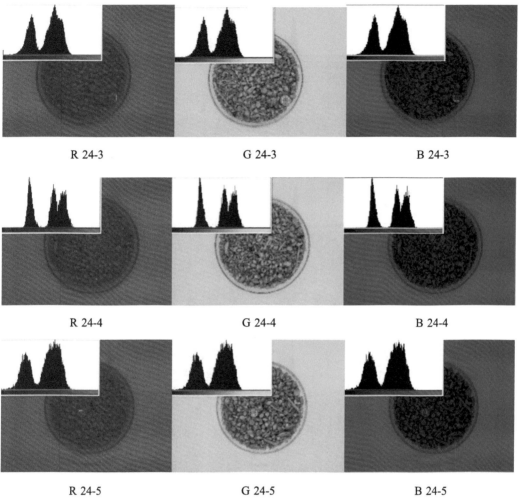

R 24-3　　　　　　　　G 24-3　　　　　　　　B 24-3

R 24-4　　　　　　　　G 24-4　　　　　　　　B 24-4

R 24-5　　　　　　　　G 24-5　　　　　　　　B 24-5

图5-264　发酵黄芪24 h RGB图像数据集（续）

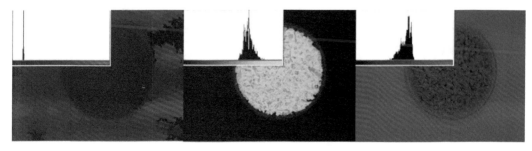

H 24-1　　　　　　　　S 24-1　　　　　　　　V 24-1

图5-265　发酵黄芪24 h HSV图像数据集

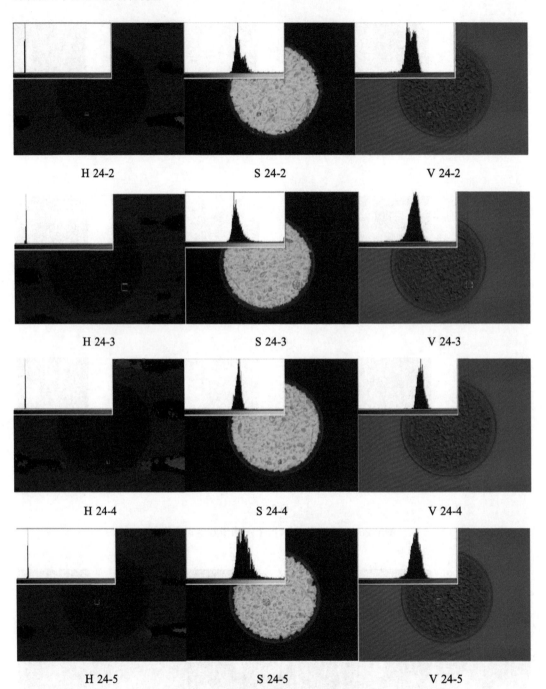

H 24-2　　　　　　　　　S 24-2　　　　　　　　　V 24-2

H 24-3　　　　　　　　　S 24-3　　　　　　　　　V 24-3

H 24-4　　　　　　　　　S 24-4　　　　　　　　　V 24-4

H 24-5　　　　　　　　　S 24-5　　　　　　　　　V 24-5

图5-265　发酵黄芪24 h HSV图像数据集（续）

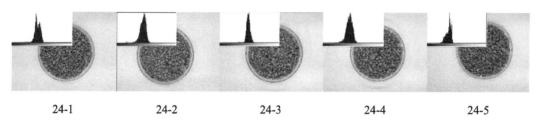

24-1　　　　　24-2　　　　　24-3　　　　　24-4　　　　　24-5

图5-266　发酵黄芪24 h灰度图像数据集

5.4.2.18.3　发酵黄芪48 h图像数据集

构建发酵黄芪48 h颜色特征图像数据集（图5-267），经过处理分别得到发酵黄芪48 h RGB图像数据集（图5-268）、发酵黄芪48 h HSV图像数据集（图5-269）、发酵黄芪48 h灰度图像数据集（图5-270）。

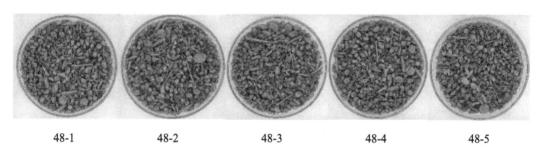

48-1　　　　　48-2　　　　　48-3　　　　　48-4　　　　　48-5

图5-267　发酵黄芪48 h颜色特征图像数据集

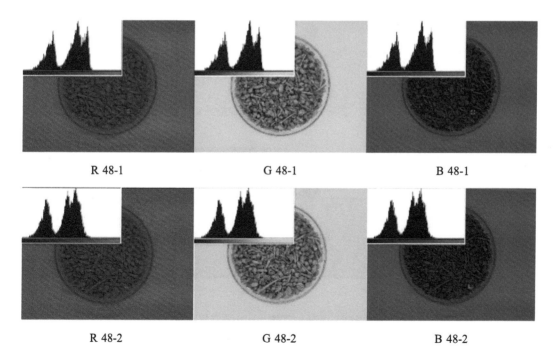

R 48-1　　　　　　　G 48-1　　　　　　　B 48-1

R 48-2　　　　　　　G 48-2　　　　　　　B 48-2

图5-268　发酵黄芪48 h RGB图像数据集

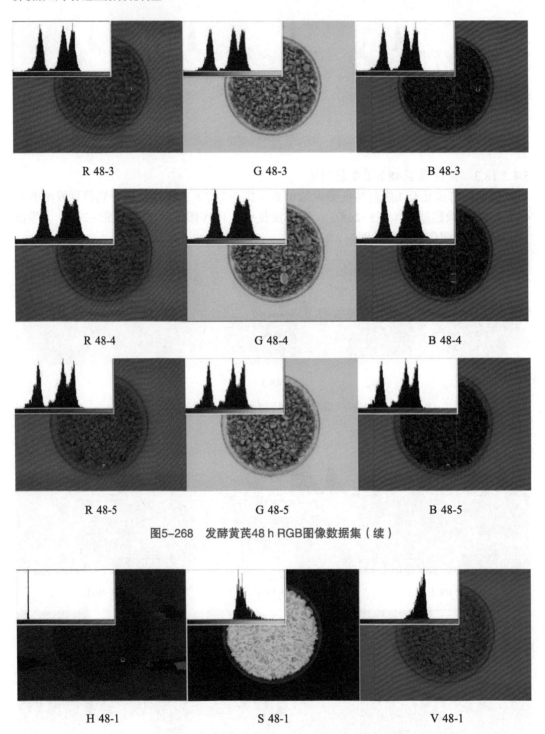

R 48-3   G 48-3   B 48-3

R 48-4   G 48-4   B 48-4

R 48-5   G 48-5   B 48-5

图5-268　发酵黄芪48 h RGB图像数据集（续）

H 48-1   S 48-1   V 48-1

图5-269　发酵黄芪48 h HSV图像数据集

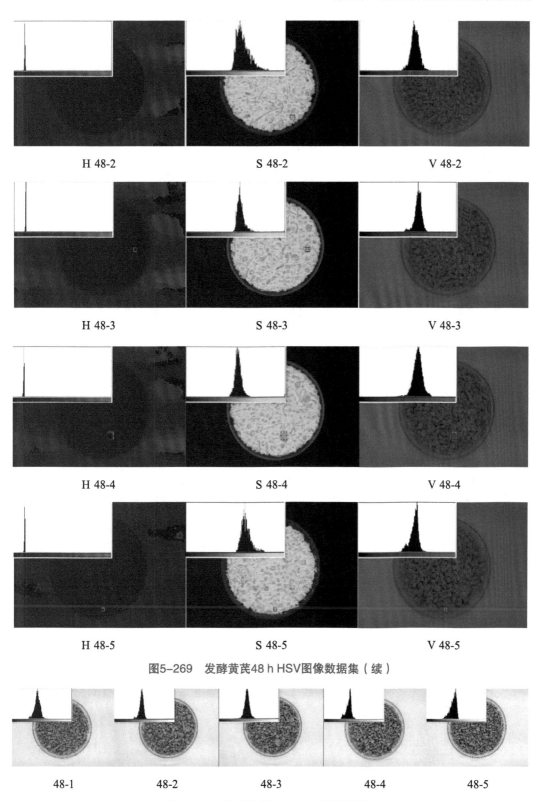

H 48-2　　　　　　　　　S 48-2　　　　　　　　　V 48-2

H 48-3　　　　　　　　　S 48-3　　　　　　　　　V 48-3

H 48-4　　　　　　　　　S 48-4　　　　　　　　　V 48-4

H 48-5　　　　　　　　　S 48-5　　　　　　　　　V 48-5

图5-269　发酵黄芪48 h HSV图像数据集（续）

48-1　　　　　48-2　　　　　48-3　　　　　48-4　　　　　48-5

图5-270　发酵黄芪48 h灰度图像数据集

5.4.2.18.4　发酵黄芪72 h图像数据集

构建发酵黄芪72 h颜色特征图像数据集（图5-271），经过处理分别得到发酵黄芪72 h RGB图像数据集（图5-272）、发酵黄芪72 h HSV图像数据集（图5-273）、发酵黄芪72 h灰度图像数据集（图5-274）。

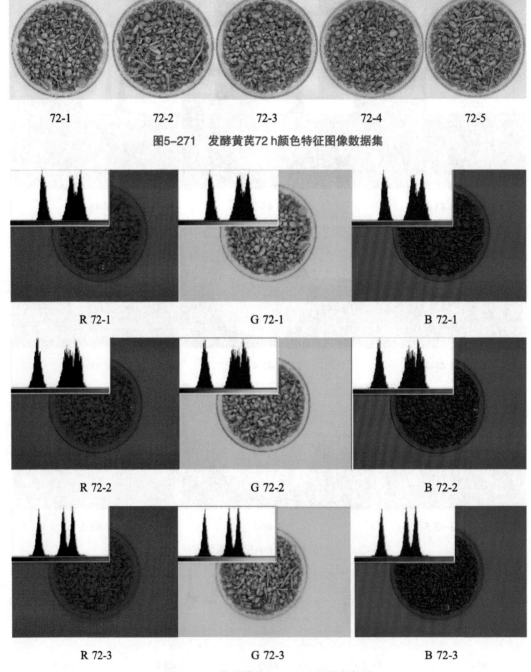

图5-271　发酵黄芪72 h颜色特征图像数据集

图5-272　发酵黄芪72 h RGB图像数据集

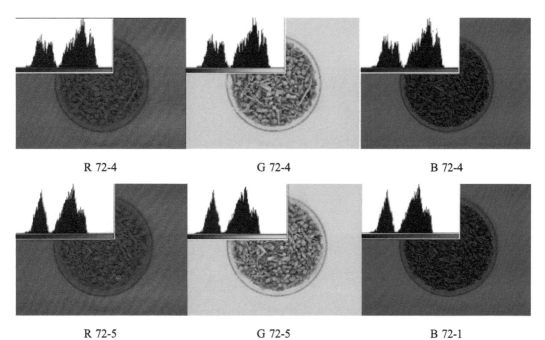

R 72-4	G 72-4	B 72-4
R 72-5	G 72-5	B 72-1

图5-272 发酵黄芪72 h RGB图像数据集（续）

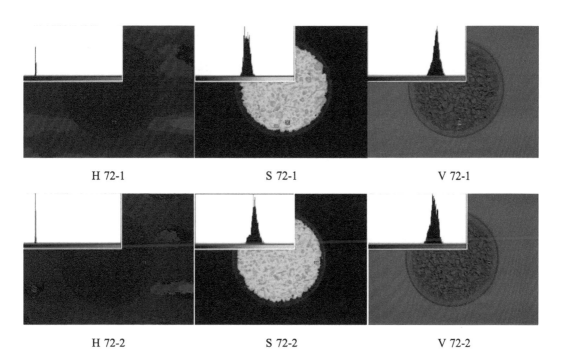

H 72-1	S 72-1	V 72-1
H 72-2	S 72-2	V 72-2

图5-273 发酵黄芪72 h HSV图像数据集

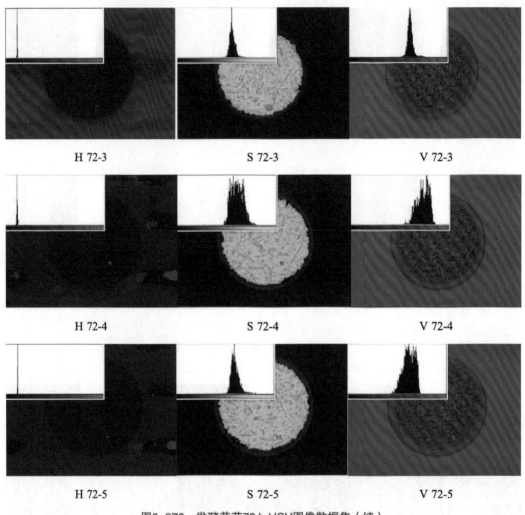

H 72-3   S 72-3   V 72-3

H 72-4   S 72-4   V 72-4

H 72-5   S 72-5   V 72-5

图5-273   发酵黄芪72 h HSV图像数据集（续）

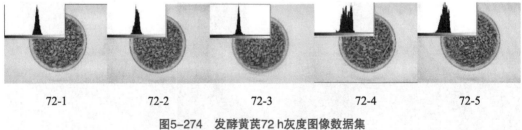

72-1   72-2   72-3   72-4   72-5

图5-274   发酵黄芪72 h灰度图像数据集

5.4.2.19   发酵甘草茎叶的制备方法

以甘草茎叶为主料（65%），麸皮（20%）、豆粕粉（7%）和玉米粉（8%）为辅料，以复合菌作为发酵菌种，添加适量的酶制剂和水，混合均匀后装入规格为40 g/包的发酵袋中，发酵袋上装有单向通气阀门，将密封排出多余气体后的发酵袋放入生化培养箱中按一定的时间和温度进行菌酶协同发酵。发酵结束后，将发酵甘草茎叶45℃烘干，粉碎，备用。

5.4.2.20　甘草茎叶的发酵工艺

以甘草茎叶为研究对象，采用菌酶协同固态发酵技术，分别以多糖含量（mg/g）及多酚含量（mg/g）为指标，应用单因素试验设计优化发酵工艺，结果表明：选用果胶酶且添加量为4%，菌添加量为3‰，发酵时间36 h，发酵温度27℃，料液比1：0.7。选用果胶酶且添加量为2.5%，菌添加量为2.5‰，发酵时间36 h，发酵温度27℃，料液比1：0.7。

5.4.2.21　发酵甘草茎叶的原始近红外光谱的分析

通常，NIR波段由-CH，-NH和-OH基团的泛音和基本振动组合而成。图5-275显示了不同发酵时间甘草茎叶样品在900～1 700 nm内的近红外光谱，可以看出，近红外光谱走向基本一致，但是吸收峰强度不一，说明样品中的各成分含量存在差异，这为发酵甘草茎叶中总多糖含量的定量分析提供了光谱数据；本试验光谱数据强烈吸收信号主要集中在1 205 nm和1 459 nm处，分别主要对应O-H键的二级和一级倍频吸收，其中位于1 459 nm处的O-H键一级倍频吸收最强，这和发酵甘草茎叶中大量含氢基团振动有关，但是原始光谱图中有大量无效信息，包括由样品粉碎粒度、样品颜色、仪器状态等引入基线漂移和噪声等，需选择合适方法进行光谱预处理，以消除无效变化并提高预测模型的准确度和可靠性。

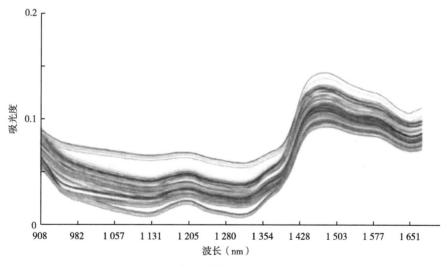

图5-275　发酵甘草茎叶近红外原始光谱

光谱预处理技术可以有效消除光谱中的无效信息，使用经光谱预处理技术处理之后的光谱建模可以有效提高模型的预测能力。本研究使用4种常见的光谱预处理技术分别对原始光谱进行处理，并使用处理之后的光谱建立PLS模型，模型结果如表5-19所示。由表5-19可知，光谱预处理方法显著提高模型的预测能力，原始光谱建立的PLS模型Rc为0.771，Rc^2为0.594，RMSEC为25.224，RPDc为1.569，验证集Rv仅为0.660，而原始光谱经过2^{nd}-der+SNV+Detrend处理之后，对应光谱建立PLS模型预测结果的Rc和Rv训练提升到0.944和0.941，RMSEC和RMSEV均为最小，RPDc和RPDv均为最高，模型最好。模型的Rc与Rv值越接近1以及RMSEC和RMSEP值越低，表示模型性能越好，当模型预测的RPD值大于1.4时，表示模型可以实际应用，RPD值越高，模型鲁棒性越高，抗干扰能力越好。对比无预处理光谱图，经过2^{nd}-der+SNV+Detrend预处理的光谱图（图5-276），光谱分布更加集中，吸收峰更加明显。这表明经过预处理后，近红外光谱数据能够更好的反应样品中成分含量的近红外吸收特点。因此，选择使用2^{nd}-der+SNV+Detrend方法优化之后的光谱进行波长筛选，做进一步优化。

表5-19　不同光谱预处理方法对模型性能的影响

预处理方法	校正集				验证集			
	Rc	Rc^2	RMSEC	RPDc	Rv	Rv^2	RMSEV	RPDv
None	0.771	0.594	25.224	1.569	0.660	0.436	30.084	1.332
1st-der	0.766	0.587	25.439	1.556	0.734	0.553	26.454	1.500
2nd-der	0.891	0.794	17.966	2.203	0.879	0.772	23.954	2.094
SNV	0.844	0.712	21.243	1.863	0.829	0.687	22.170	1.787
Detrend	0.882	0.778	18.640	2.122	0.859	0.738	20.277	1.954
1st-der+SNV	0.927	0.860	14.808	2.673	0.923	0.852	15.223	2.599
1st-der+Detrend	0.741	0.549	26.576	1.489	0.720	0.519	27.463	1.442
2nd-der+SNV	0.943	0.889	13.189	3.002	0.939	0.881	13.659	2.900
2nd-de+Detrend	0.899	0.808	17.327	2.282	0.882	0.788	18.207	2.172
SNV+Detrend	0.883	0.779	18.612	2.127	0.873	0.763	19.282	2.054
1st-der+SNV+Detrend	0.919	0.844	15.601	2.532	0.908	0.825	16.554	2.390
2nd-der+SNV+Detrend	0.944	0.892	13.085	3.043	0.941	0.885	13.46	2.949
1st-der+2nd-der+SNV+Detrend	0.938	0.881	13.766	2.899	0.935	0.874	14.409	2.817

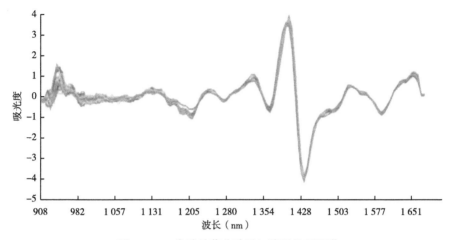

图5-276 发酵甘草茎叶近红外预处理图谱

采用MicroNIR™ Pro v3.1分析软件，利用PLS建立模型，通过2nd-der+SNV+Detrend预处理方法对光谱进行预处理，波段范围为900～1 700 nm，主因子数为6，构建校正集模型与验证集模型，所得预测值与测定值的相关性见图5-277。结果显示，预测值和测定值拟合曲线为$y=0.970\ 7x+3.108$，斜率趋近于1，说明二者结果较接近。校正集模型所得R为0.949，R^2为0.901，RMSEC为12.854，RPD为3.178；验证集模型所得R为0.941，R^2为0.886，RMSEV为12.954，RPD为2.962。以上结果说明，构建的模型预测性能良好，准确度较高。

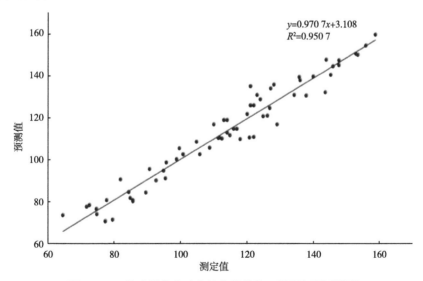

图5-277 发酵甘草茎叶多糖含量的校正模型与预测模型

发酵甘草茎叶的主要活性物质见表5-20。

表5-20　发酵甘草茎叶和未发酵甘草茎叶中主要差异代谢物

序号	活性物质	化合物	化学式	发酵甘草茎叶	甘草茎叶	VIP	Fold Change	Log₂FC
1		Glabrol	$C_{25}H_{28}O_4$	1 172 307	216 868	1.231 4	5.021 8	2.328 2
2		Isobavachalcone D	$C_{19}H_{20}O_4$	2 813 620	645 400	1.233 5	4.288 7	2.100 6
3		（2S）-Abyssinone Ⅱ	$C_{20}H_{20}O_5$	1 496 914	392 561	1.232 0	3.851 6	1.945 6
4		Luteolin-6, 8-di-C-arabinoside	$C_{25}H_{26}O_{14}$	225 221	41 680	1.156 1	3.352 7	1.745 3
5		Kaempferol-7-O-rhamnoside	$C_{21}H_{20}O_{10}$	664 140	227 485	1.232 2	3.042 1	1.605 0
6		3', 4', 6-Trihydroxyaurone	$C_{15}H_{10}O_5$	1 500 952	322 696	1.212 9	3.730 0	1.899 2
7		Kaempferol-3-O-rhamnoside（Afzelin）（Kaempferin）	$C_{21}H_{20}O_{10}$	659 392	204 904	1.228 5	3.339 9	1.739 8
8		Chrysin	$C_{15}H_{10}O_4$	579 029	101 023	1.226 0	6.908 6	2.788 4
9	类黄酮	6, 7-Dimethoxy-4-chromanone	$C_{11}H_{12}O_4$	374 554	74 753	1.236 5	5.197 8	2.377 9
10		5, 10-dihydroxy-1, 1, 2-trimethyl-4-（3-methylbut-2-en-1-yl）-2 h-furo[2, 3-c]xanthen-6-one	$C_{23}H_{24}O_5$	1 861 488	308 205	1.236 9	5.905 1	2.562 0
11		3, 4-Didehydroglabridin	$C_{20}H_{18}O_4$	498 748	70 794	1.193 3	12.184 3	3.606 9
12		Calycosin-7-O-glucoside	$C_{22}H_{22}O_{10}$	1 001 480	5 775 786	1.235 5	0.182 0	-2.457 8
13		Kaempferide-3-O-（6"-malonyl）glucoside	$C_{25}H_{24}O_{14}$	522 349	3 417 626	1.237 0	0.137 4	-2.863 2
14		Aromadendrin-7-O-glucoside	$C_{21}H_{22}O_{11}$	372 625	2 124 939	1.235 7	0.165 9	-2.591 4
15		Hispidulin-7-O-glucoside（Homoplantaginin）	$C_{22}H_{22}O_{11}$	768 483	6 079 722	1.236 1	0.142 6	-2.809 8
16		Sophoricoside	$C_{21}H_{20}O_{10}$	682 512	4 462 516	1.234 1	0.152 5	-2.713 5
17		Syringin	$C_{17}H_{24}O_9$	40 223	135 150	1.190 8	0.223 0	-2.165 1
18	酚酸	3-Aminosalicylic acid	$C_7H_7NO_3$	279 840	65 087	1.237 9	4.221 3	2.077 7
19		Phenylpropionic acid-O-β-D-glucopyranoside	$C_{15}H_{18}O_8$	25 879	1 154 920	1.236 1	0.027 2	-5.198 4

（续表）

序号	活性物质	化合物	化学式	发酵甘草茎叶	甘草茎叶	VIP	Fold Change	Log₂FC
20		3, 4-Dimethoxycinnamic acid	$C_{11}H_{12}O_4$	1 350 700	33 989	1.238 1	38.060 5	5.250 2
21		Ferulic acid methyl ester	$C_{11}H_{12}O_4$	528 436	93 542	1.237 6	5.951 6	2.573 3
22		Ethyl ferulate	$C_{12}H_{14}O_4$	6 796 435	77 377	1.238 1	89.336 3	6.481 2
23	酚酸	3, 4-dihydroxybenzaldehyde-xylose-glucoside	$C_{18}H_{24}O_{12}$	189 884	775 860	1.232 6	0.210 0	−2.251 7
24		3, 4-Dimethoxyphenyl acetic acid	$C_{10}H_{12}O_4$	623 665	14 027	1.234 8	32.588 5	5.026 3
25		p-Coumaric acid-4-*O*-glucoside	$C_{15}H_{18}O_8$	417 444	7 077 673	1.237 0	0.059 7	−4.065 9
26		Salicylic acid-2-*O*-glucoside	$C_{13}H_{16}O_8$	175 675	1 649 817	1.237 7	0.108 4	−3.205 3
27		Ethyl caffeate	$C_{11}H_{12}O_4$	1 492 860	40 733	1.238 2	35.356 6	5.143 9
28		（1S，3S）-1-Methyl-1, 2, 3, 4-tetrahydro-*β*-carboline-3-carboxylic acid	$C_{13}H_{14}N_2O_2$	25 796 364	271 026	1.238 0	97.818 0	6.612 0
29		furan-2-carbohydrazide	$C_5H_6N_2O_2$	2 579 620	521 195	1.237 8	4.676 4	2.225 4
30		Harmane	$C_{12}H_{10}N_2$	1 231 539	15 862	1.220 8	37.815 2	5.240 9
31		N-Phenylethylcrinasiadine	$C_{22}H_{17}NO_3$	155 090	2 508 702	1.237 4	0.063 5	−3.978 1
32		Phenylethanolamine	$C_8H_{11}NO$	3 531 303	198 455	1.191 0	8.366 3	3.064 6
33		14α-Hydroxymatrine	$C_{15}H_{24}N_2O_2$	411 271	19 106	1.223 4	21.157 4	4.403 1
34	生物碱	Sophoranol	$C_{15}H_{24}N_2O_2$	411 271	19 106	1.223 4	21.157 4	4.403 1
35		1-Methyl-6-Oxo-1, 6-Dihydropyridine-3-Carboxamide	$C_7H_8N_2O_2$	35 665	146 787	1.231 5	0.228 4	−2.130 6
36		Indole-3-acetic acid （IAA）	$C_{10}H_9NO_2$	912 426	61 685	1.025 4	4.141 1	2.050 0
37		Tryptophol	$C_{10}H_{11}NO$	134 347	14 313	1.234 1	10.727 8	3.423 3
38		Indole-3-lactic acid	$C_{11}H_{11}NO_3$	393 670	48 504	1.236 2	8.404 7	3.071 2
39		N-（3-hydroxy-4-methoxyphenethyl）-4-hydroxybutanamide	$C_{14}H_{21}NO_4$	12 044 888	96 445 984	1.237 0	0.117 5	−3.089 0
40		Vanillylamine	$C_8H_{11}NO_2$	1 381 018	72 896	1.236 1	17.755 6	4.150 2

（续表）

序号	活性物质	化合物	化学式	发酵甘草茎叶	甘草茎叶	VIP	Fold Change	Log₂FC
41	萜类化合物	Villosolside	$C_{16}H_{26}O_9$	6 386	83 378	1.227 3	0.107 3	−3.220 9
42		Kisasagenol A Triacetate	$C_{22}H_{22}O_{10}$	356 940	4 264 414	1.234 6	0.080 1	−3.642 1
43		Hypoglycyrrhizic acid（β）	$C_{30}H_{46}O_4$	29 873	4 643	1.235 3	6.898 4	2.786 3
44	木脂素和香豆素	Isohydroxymatairesinol	$C_{20}H_{22}O_7$	176 814	54 032	1.200 9	4.054 7	2.019 6
45		Erythro-Guaiacylglycerol-β-dihydroconiferyl Ether	$C_{20}H_{26}O_7$	58 977	10 485	1.231 8	7.000 2	2.807 4
46		Esculin（6, 7-Dihydroxycoumarin-6-O-glucoside）	$C_{15}H_{16}O_9$	53 855	848 067	1.235 4	0.059 1	−4.080 1
47		Balanophonin B	$C_{20}H_{20}O_7$	146 638	19 169	1.154 5	4.318 9	2.110 7
48		Demethyl-erythro-Guaiacylglycerol β-Sinapyl Ether	$C_{20}H_{24}O_8$	78 685	18 931	1.216 8	4.005 3	2.001 9
49		（2S，3R，4S，6S）-2-[4-[（1R，2R）-1,3-Dihydroxy-2-[4-[（E）-3-hydroxyprop-1-enyl]-2,6-dimethoxyphenoxy]propyl]-2,6-dimethoxyphenoxy]-6-（hydroxymethyl）oxane-3,4-diol	$C_{28}H_{38}O_{13}$	5 539	49 641	1.146 7	0.202 6	−2.303 6
50	其他类	5, 7-Dihydroxychromone	$C_9H_6O_4$	417 267	102 853	1.235 1	4.400 8	2.137 8

5.4.2.22　发酵甘草茎叶的图像数据集

获取发酵12批次不同发酵时间（0 h、12 h、24 h、36 h、48 h、60 h、72 h、84 h、96 h、108 h、120 h、132 h、144 h）的生物发酵饲料产品。从发酵袋中取出发酵甘草茎叶，按前中后分装在3个平皿，平皿直径85 mm，拍摄获取468张图像样本，部分样本图例见图5-278。

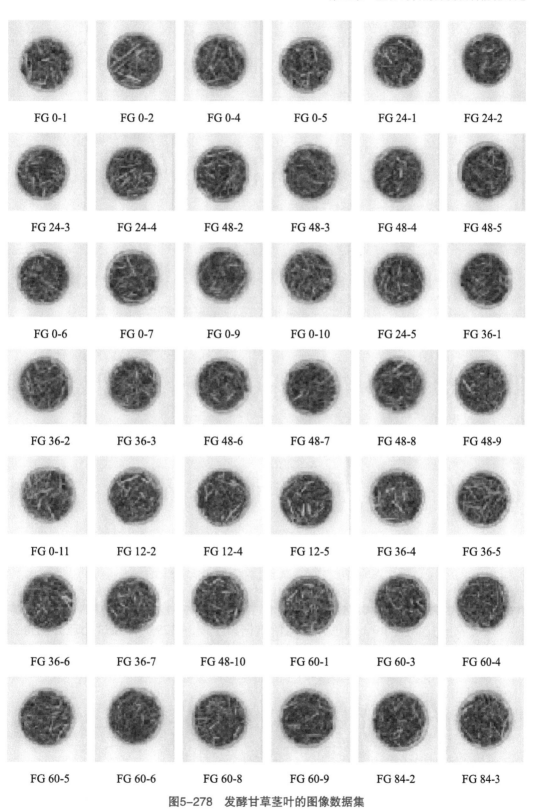

图5-278 发酵甘草茎叶的图像数据集

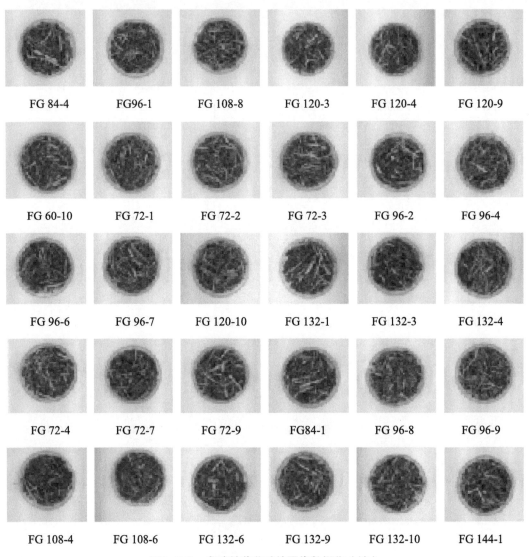

FG 84-4	FG96-1	FG 108-8	FG 120-3	FG 120-4	FG 120-9
FG 60-10	FG 72-1	FG 72-2	FG 72-3	FG 96-2	FG 96-4
FG 96-6	FG 96-7	FG 120-10	FG 132-1	FG 132-3	FG 132-4
FG 72-4	FG 72-7	FG 72-9	FG84-1	FG 96-8	FG 96-9
FG 108-4	FG 108-6	FG 132-6	FG 132-9	FG 132-10	FG 144-1

图5-278　发酵甘草茎叶的图像数据集（续）

5.4.2.22.1　发酵甘草茎叶0 h图像数据集

构建发酵甘草茎叶0 h颜色特征图像数据集（图5-279），经过处理分别得到发酵甘草茎叶0 h RGB图像数据集（图5-280）、发酵甘草茎叶0 h HSV图像数据集（图5-281）、发酵甘草茎叶0 h灰度图像数据集（图5-282）。

| 0-1 | 0-2 | 0-3 | 0-4 | 0-5 |

图5-279　发酵甘草茎叶0 h颜色特征图像数据集

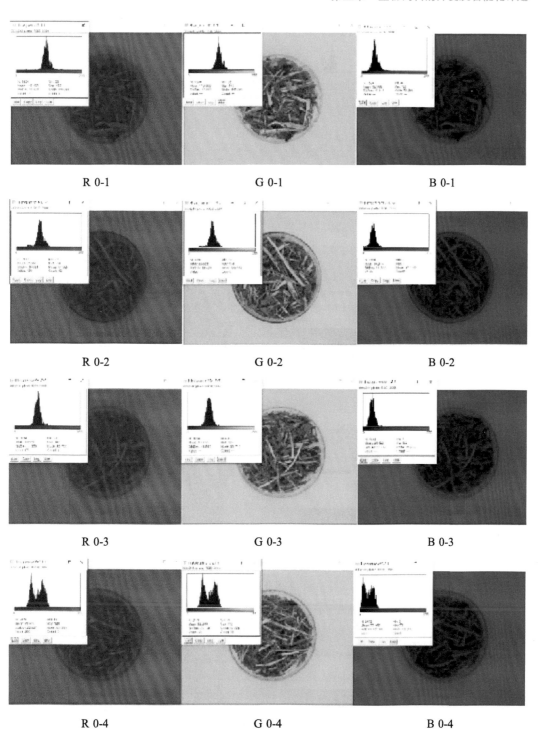

R 0-1 G 0-1 B 0-1

R 0-2 G 0-2 B 0-2

R 0-3 G 0-3 B 0-3

R 0-4 G 0-4 B 0-4

图5-280 发酵甘草茎叶0 h RGB图像数据集

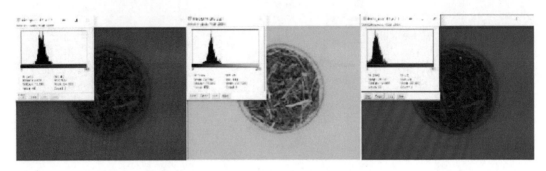

R 0-5　　　　　　　　　　G 0-5　　　　　　　　　　B 0-5

图5-280　发酵甘草茎叶0 h RGB图像数据集（续）

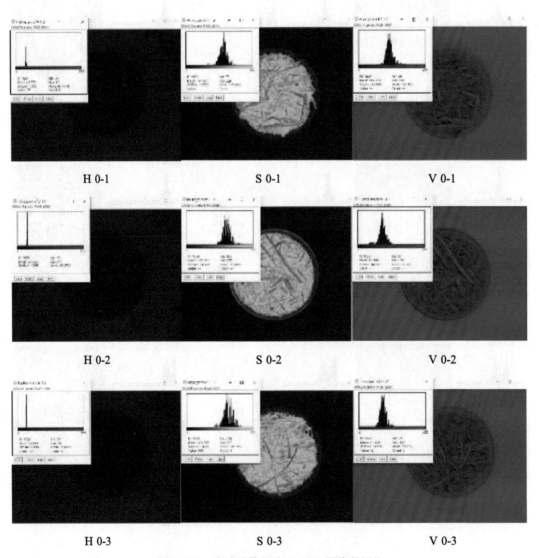

H 0-1　　　　　　　　　　S 0-1　　　　　　　　　　V 0-1

H 0-2　　　　　　　　　　S 0-2　　　　　　　　　　V 0-2

H 0-3　　　　　　　　　　S 0-3　　　　　　　　　　V 0-3

图5-281　发酵甘草茎叶0 h HSV图像数据集

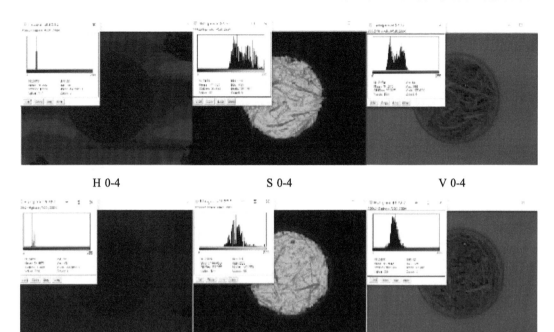

H 0-4	S 0-4	V 0-4

H 0-5	S 0-5	V 0-5

图5-281 发酵甘草茎叶0 h HSV图像数据集（续）

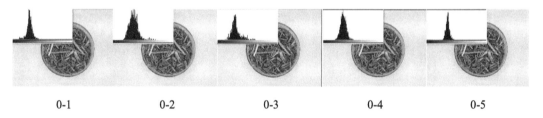

0-1	0-2	0-3	0-4	0-5

图5-282 发酵甘草茎叶0 h灰度图像数据集

5.4.2.22.2 发酵甘草茎叶12 h图像数据集

构建发酵甘草茎叶12 h颜色特征图像数据集（图5-283），经过处理分别得到发酵甘草茎叶12 h RGB图像数据集（图5-284）、发酵甘草茎叶12 h HSV图像数据集（图5-285）、发酵甘草茎叶12 h灰度图像数据集（图5-286）。

12-1	12-2	12-3	12-4	12-5

图5-283 发酵甘草茎叶12 h颜色特征图像数据集

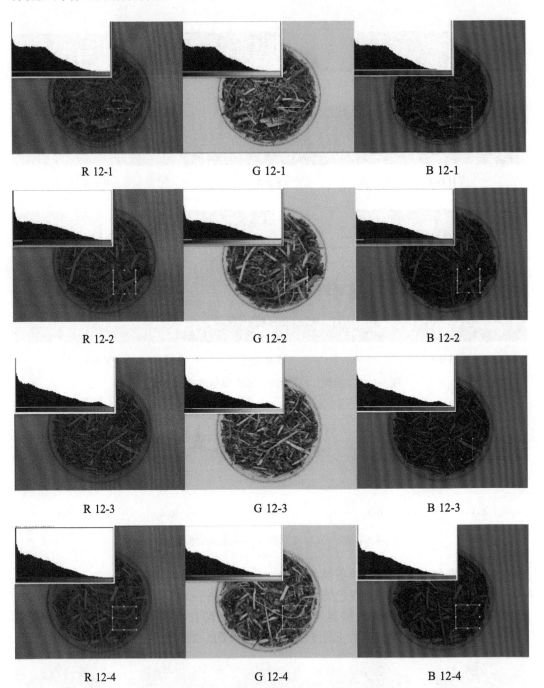

R 12-1　　　　　　　　　G 12-1　　　　　　　　　B 12-1

R 12-2　　　　　　　　　G 12-2　　　　　　　　　B 12-2

R 12-3　　　　　　　　　G 12-3　　　　　　　　　B 12-3

R 12-4　　　　　　　　　G 12-4　　　　　　　　　B 12-4

图5-284　发酵甘草茎叶12 h RGB图像数据集

| R 12-5 | G 12-5 | B 12-5 |

图5-284　发酵甘草茎叶12 h RGB图像数据集（续）

H 12-1	S 12-1	V 12-1
H 12-2	S 12-2	V 12-2
H 12-3	S 12-3	V 12-3

图5-285　发酵甘草茎叶12 h HSV图像数据集

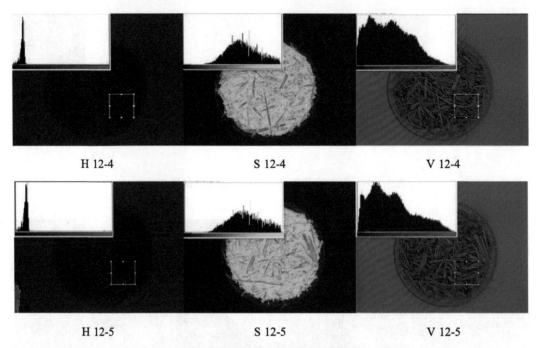

H 12-4   S 12-4   V 12-4

H 12-5   S 12-5   V 12-5

图5-285　发酵甘草茎叶12 h HSV图像数据集（续）

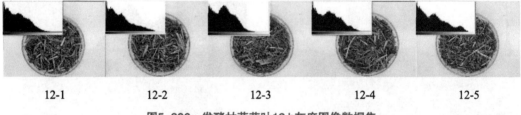

12-1   12-2   12-3   12-4   12-5

图5-286　发酵甘草茎叶12 h灰度图像数据集

5.4.2.22.3　发酵甘草茎叶24 h图像数据集

构建发酵甘草茎叶24 h颜色特征图像数据集（图5-287），经过处理分别得到发酵甘草茎叶24 h RGB图像数据集（图5-288）、发酵甘草茎叶24 h HSV图像数据集（图5-289）、发酵甘草茎叶24 h灰度图像数据集（图5-290）。

24-1   24-2   24-3   24-4   24-5

图5-287　发酵甘草茎叶24 h颜色特征图像数据集

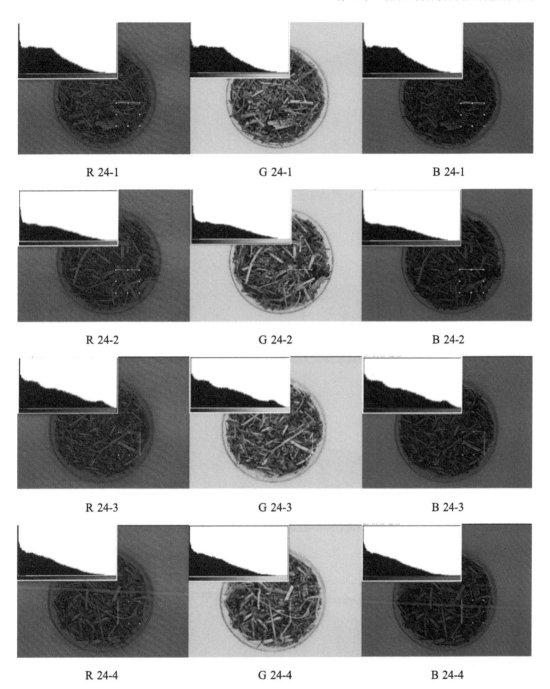

R 24-1　　　　　　　　G 24-1　　　　　　　　B 24-1

R 24-2　　　　　　　　G 24-2　　　　　　　　B 24-2

R 24-3　　　　　　　　G 24-3　　　　　　　　B 24-3

R 24-4　　　　　　　　G 24-4　　　　　　　　B 24-4

图5-288　发酵甘草茎叶24 h RGB图像数据集

R 24-5   G 24-5   B 24-5

图5-288　发酵甘草茎叶24 h RGB图像数据集（续）

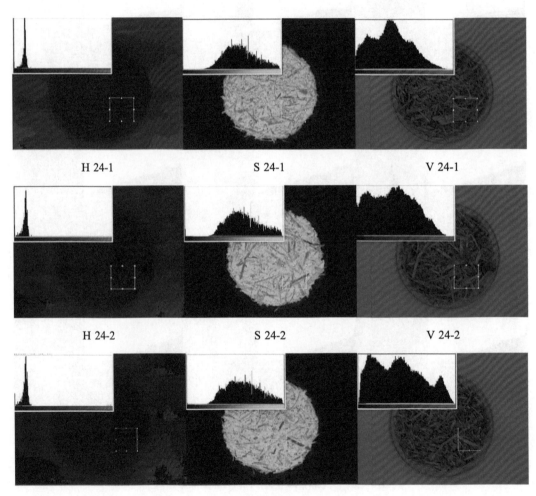

H 24-1   S 24-1   V 24-1

H 24-2   S 24-2   V 24-2

H 24-3   S 24-3   V 24-3

图5-289　发酵甘草茎叶24 h HSV图像数据集

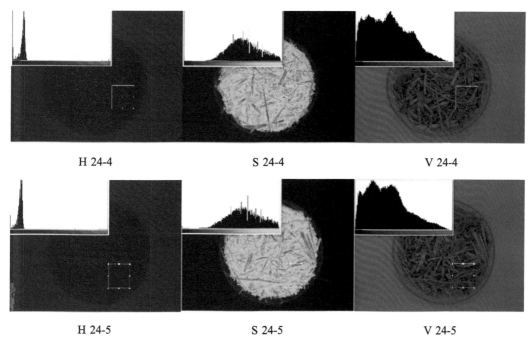

H 24-4　　　　　　　　　S 24-4　　　　　　　　　V 24-4

H 24-5　　　　　　　　　S 24-5　　　　　　　　　V 24-5

图5-289　发酵甘草茎叶24 h HSV图像数据集（续）

24-1　　　　　　24-2　　　　　　24-3　　　　　　24-4　　　　　　24-5

图5-290　发酵甘草茎叶24 h灰度图像数据集

5.4.2.22.4　发酵甘草茎叶36 h图像数据集

构建发酵甘草茎叶36 h颜色特征图像数据集（图5-291），经过处理分别得到发酵甘草茎叶36 h RGB图像数据集（图5-292）、发酵甘草茎叶36 h HSV图像数据集（图5-293）、发酵甘草茎叶36 h灰度图像数据集（图5-294）。

36-1　　　　　　36-2　　　　　　36-3　　　　　　36-4　　　　　　36-5

图5-291　发酵甘草茎叶36 h颜色特征图像数据集

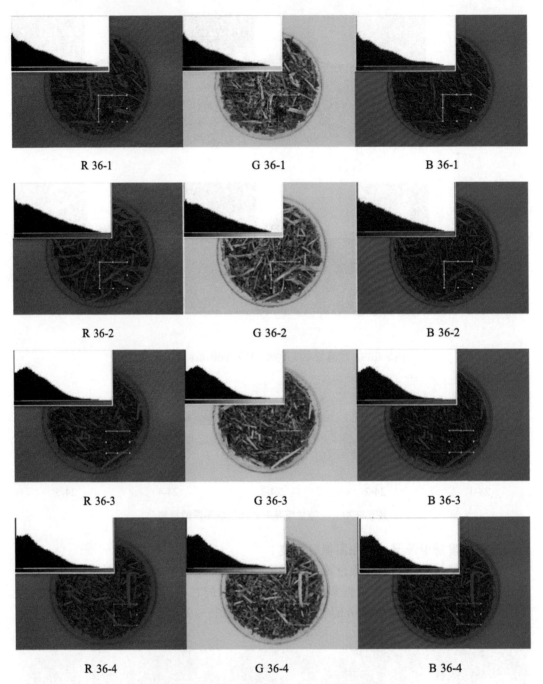

R 36-1　　　　　　　　　G 36-1　　　　　　　　　B 36-1

R 36-2　　　　　　　　　G 36-2　　　　　　　　　B 36-2

R 36-3　　　　　　　　　G 36-3　　　　　　　　　B 36-3

R 36-4　　　　　　　　　G 36-4　　　　　　　　　B 36-4

图5-292　发酵甘草茎叶36 h RGB图像数据集

R 36-5　　　　　　　　　G 36-5　　　　　　　　　B 36-5

图5-292　发酵甘草茎叶36 h RGB图像数据集（续）

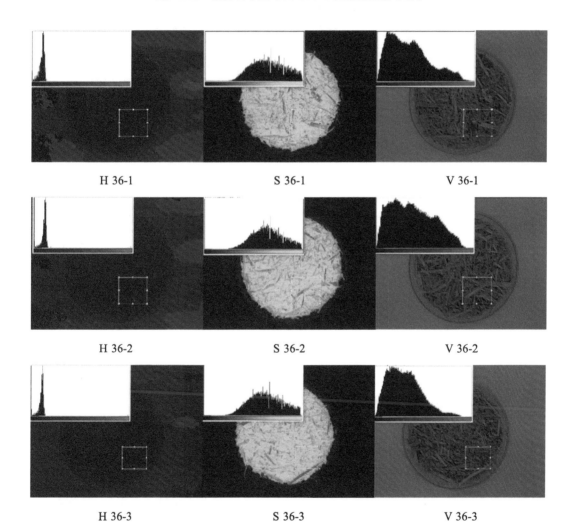

H 36-1　　　　　　　　　S 36-1　　　　　　　　　V 36-1

H 36-2　　　　　　　　　S 36-2　　　　　　　　　V 36-2

H 36-3　　　　　　　　　S 36-3　　　　　　　　　V 36-3

图5-293　发酵甘草茎叶36 h HSV图像数据集

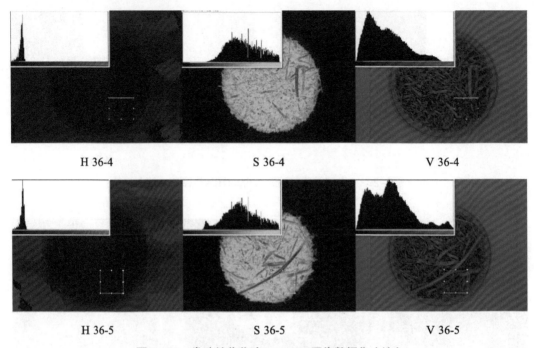

H 36-4　　　　　　　　　　S 36-4　　　　　　　　　　V 36-4

H 36-5　　　　　　　　　　S 36-5　　　　　　　　　　V 36-5

图5-293　发酵甘草茎叶36 h HSV图像数据集（续）

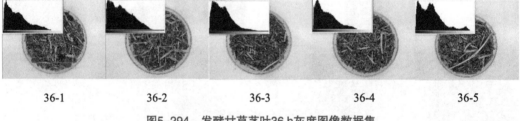

36-1　　　　　36-2　　　　　36-3　　　　　36-4　　　　　36-5

图5-294　发酵甘草茎叶36 h灰度图像数据集

5.4.2.22.5　发酵甘草茎叶48 h图像数据集

　　构建发酵甘草茎叶48 h颜色特征图像数据集（图5-295），经过处理分别得到发酵甘草茎叶48 h RGB图像数据集（图5-296）、发酵甘草茎叶48 h HSV图像数据集（图5-297）、发酵甘草茎叶48 h灰度图像数据集（图5-298）。

48-1　　　　　48-2　　　　　48-3　　　　　48-4　　　　　48-5

图5-295　发酵甘草茎叶48 h颜色特征图像数据集

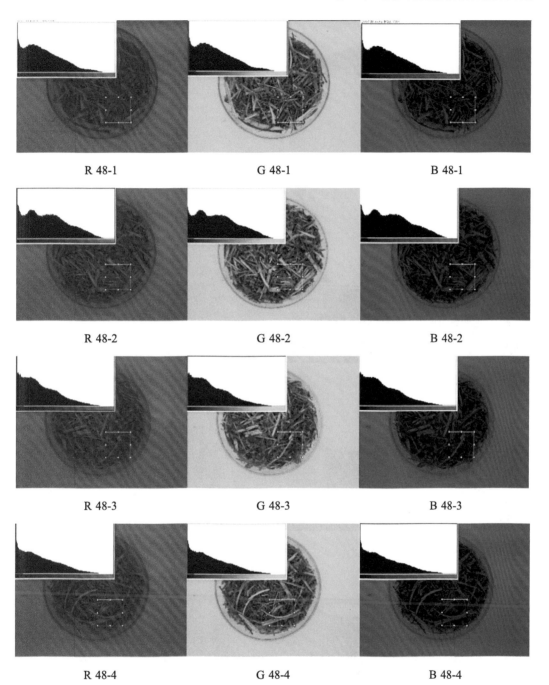

R 48-1　　　　　　　　　G 48-1　　　　　　　　　B 48-1

R 48-2　　　　　　　　　G 48-2　　　　　　　　　B 48-2

R 48-3　　　　　　　　　G 48-3　　　　　　　　　B 48-3

R 48-4　　　　　　　　　G 48-4　　　　　　　　　B 48-4

图5-296　发酵甘草茎叶48 h RGB图像数据集

R 48-5   G 48-5   B 48-5

图5-296 发酵甘草茎叶48 h RGB图像数据集（续）

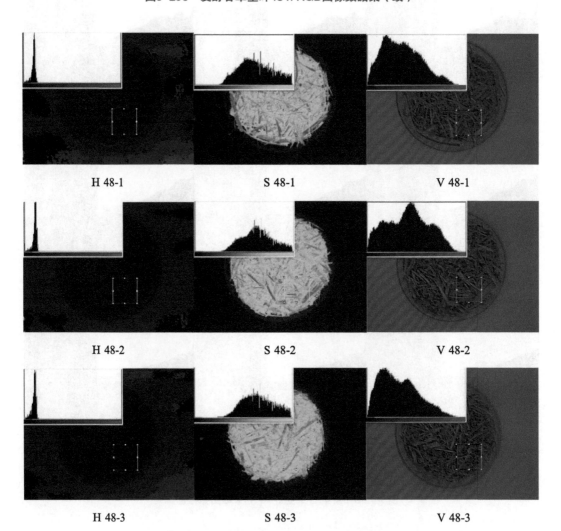

H 48-1   S 48-1   V 48-1

H 48-2   S 48-2   V 48-2

H 48-3   S 48-3   V 48-3

图5-297 发酵甘草茎叶48 h HSV图像数据集

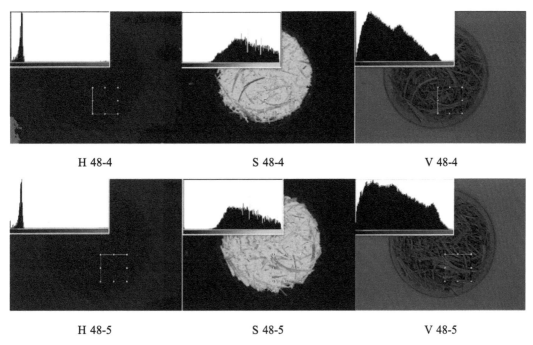

图5-297 发酵甘草茎叶48 h HSV图像数据集（续）

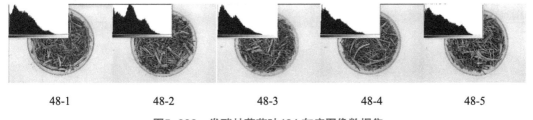

图5-298 发酵甘草茎叶48 h灰度图像数据集

5.4.2.22.6 发酵甘草茎叶60 h图像数据集

构建发酵甘草茎叶60 h颜色特征图像数据集（图5-299），经过处理分别得到发酵甘草茎叶60 h RGB图像数据集（图5-300）、发酵甘草茎叶60 h HSV图像数据集（图5-301）、发酵甘草茎叶60 h灰度图像数据集（图5-302）。

图5-299 发酵甘草茎叶60 h颜色特征图像数据集

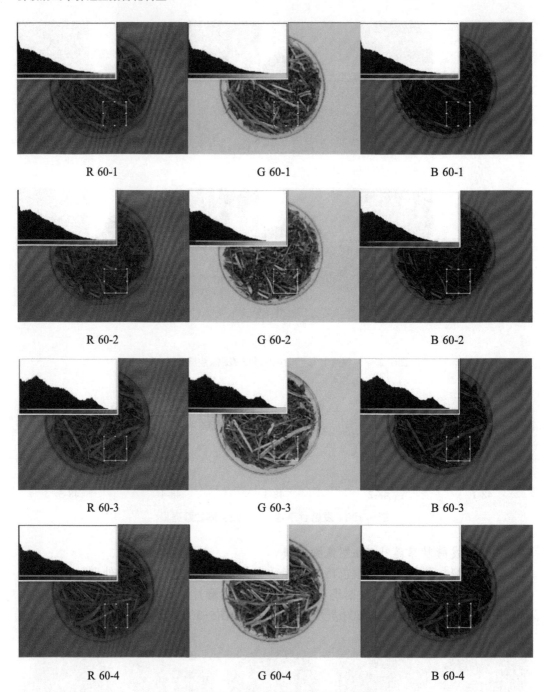

R 60-1　　　　　　　　　　G 60-1　　　　　　　　　　B 60-1

R 60-2　　　　　　　　　　G 60-2　　　　　　　　　　B 60-2

R 60-3　　　　　　　　　　G 60-3　　　　　　　　　　B 60-3

R 60-4　　　　　　　　　　G 60-4　　　　　　　　　　B 60-4

图5-300　发酵甘草茎叶60 h RGB图像数据集

R 60-5　　　　　　　　　　G 60-5　　　　　　　　　　B 60-5

图5-300　发酵甘草茎叶60 h RGB图像数据集（续）

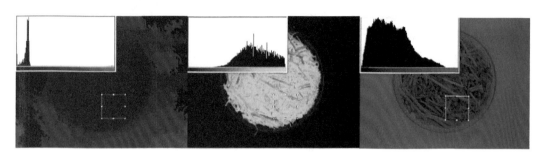

H 60-1　　　　　　　　　　S 60-1　　　　　　　　　　V 60-1

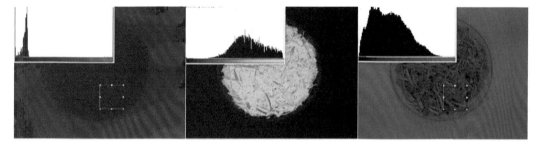

H 60-2　　　　　　　　　　S 60-2　　　　　　　　　　V 60-2

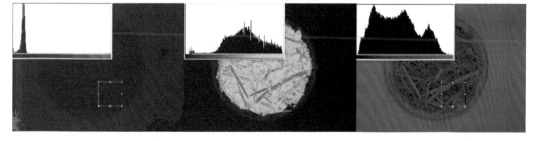

H 60-3　　　　　　　　　　S 60-3　　　　　　　　　　V 60-3

图5-301　发酵甘草茎叶60 h HSV图像数据集

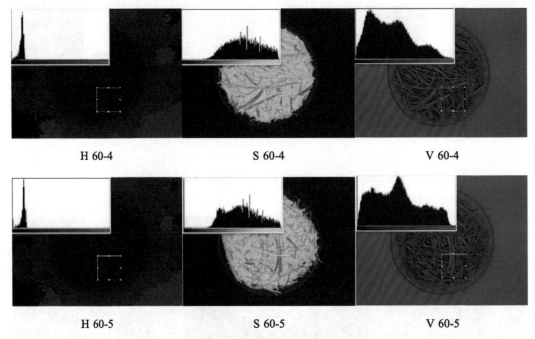

图5-301　发酵甘草茎叶60 h HSV图像数据集（续）

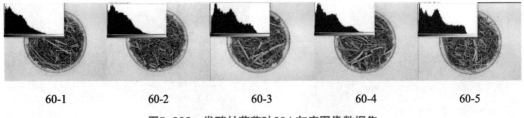

图5-302　发酵甘草茎叶60 h灰度图像数据集

5.4.2.22.7　发酵甘草茎叶72 h图像数据集

　　构建发酵甘草茎叶72 h颜色特征图像数据集（图5-303），经过处理分别得到发酵甘草茎叶72 h RGB图像数据集（图5-304）、发酵甘草茎叶72 h HSV图像数据集（图5-305）、发酵甘草茎叶72 h灰度图像数据集（图5-306）。

图5-303　发酵甘草茎叶72 h颜色特征图像数据集

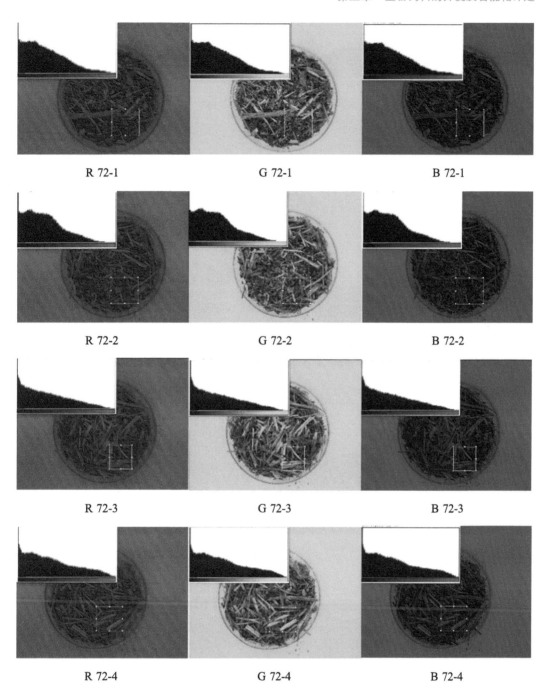

R 72-1　　　　　　　　　　G 72-1　　　　　　　　　　B 72-1

R 72-2　　　　　　　　　　G 72-2　　　　　　　　　　B 72-2

R 72-3　　　　　　　　　　G 72-3　　　　　　　　　　B 72-3

R 72-4　　　　　　　　　　G 72-4　　　　　　　　　　B 72-4

图5-304　发酵甘草茎叶72 h RGB图像数据集

R 72-5　　　　　　　　G 72-5　　　　　　　　B 72-5

图5-304　发酵甘草茎叶72 h RGB图像数据集（续）

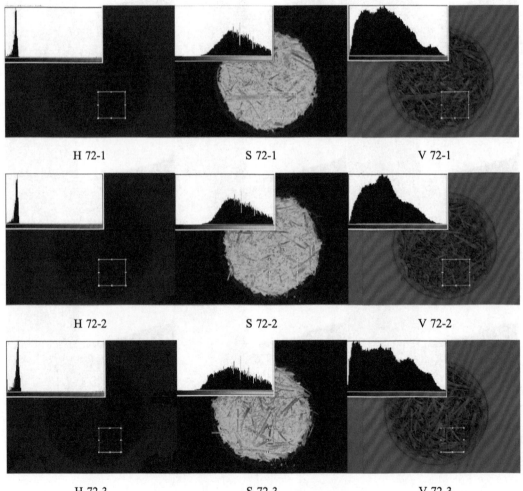

H 72-1　　　　　　　　S 72-1　　　　　　　　V 72-1

H 72-2　　　　　　　　S 72-2　　　　　　　　V 72-2

H 72-3　　　　　　　　S 72-3　　　　　　　　V 72-3

图5-305　发酵甘草茎叶72 h HSV图像数据集

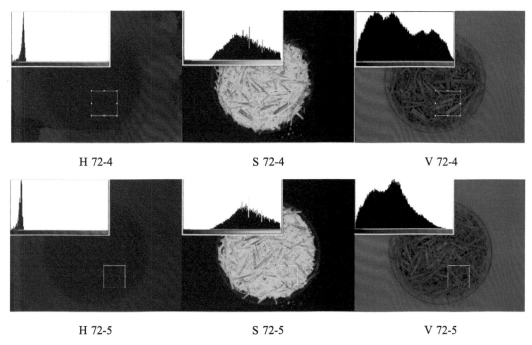

图5-305　发酵甘草茎叶72 h HSV图像数据集（续）

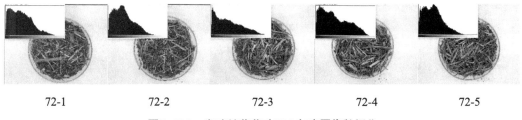

图5-306　发酵甘草茎叶72 h灰度图像数据集

5.4.2.22.8　发酵甘草茎叶84 h图像数据集

构建发酵甘草茎叶84 h颜色特征图像数据集（图5-307），经过处理分别得到发酵甘草茎叶84 h RGB图像数据集（图5-308）、发酵甘草茎叶84 h HSV图像数据集（图5-309）、发酵甘草茎叶84 h灰度图像数据集（图5-310）。

图5-307　发酵甘草茎叶84 h颜色特征图像数据集

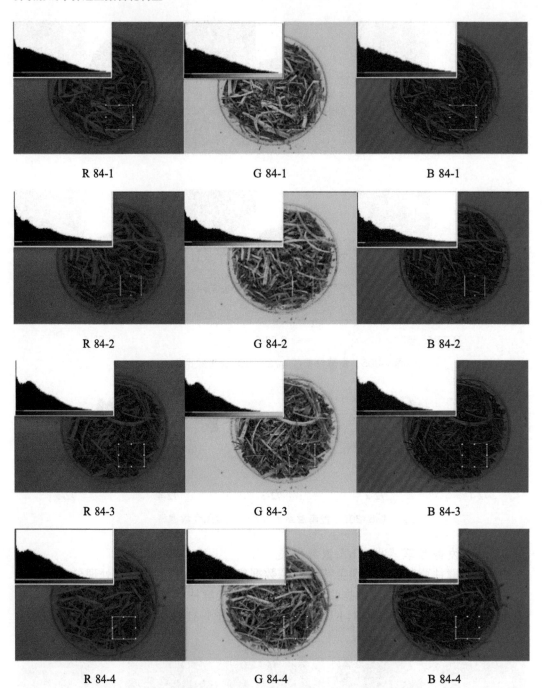

R 84-1   G 84-1   B 84-1

R 84-2   G 84-2   B 84-2

R 84-3   G 84-3   B 84-3

R 84-4   G 84-4   B 84-4

图5-308 发酵甘草茎叶84 h RGB图像数据集

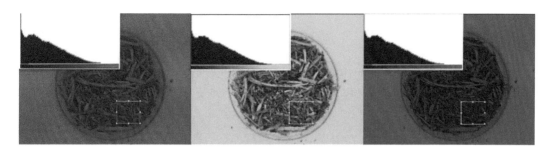

R 84-5   G 84-5   B 84-5

图5-308 发酵甘草茎叶84 h RGB图像数据集（续）

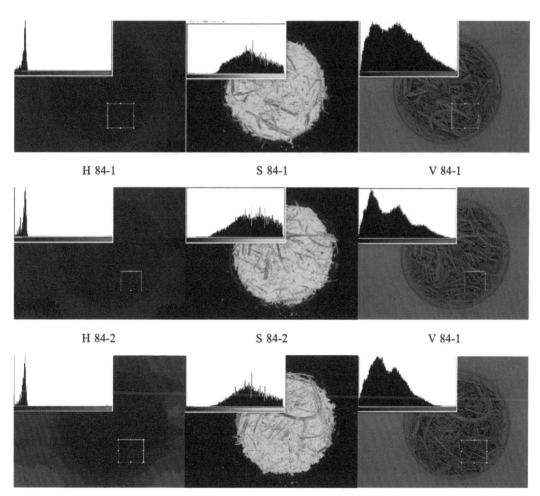

H 84-1   S 84-1   V 84-1

H 84-2   S 84-2   V 84-1

H 84-3   S 84-3   V 84-3

图5-309 发酵甘草茎叶84 h HSV图像数据集

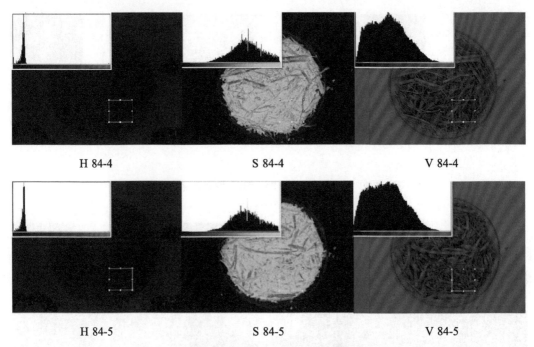

图5-309　发酵甘草茎叶84 h HSV图像数据集（续）

图5-310　发酵甘草茎叶84 h灰度图像数据集

5.4.2.22.9　发酵甘草茎叶96 h图像数据集

构建发酵甘草茎叶96 h颜色特征图像数据集（图5-311），经过处理分别得到发酵甘草茎叶96 h RGB图像数据集（图5-312）、发酵甘草茎叶96 h HSV图像数据集（图5-313）、发酵甘草茎叶96 h灰度图像数据集（图5-314）。

图5-311　发酵甘草茎叶96 h颜色特征图像数据集

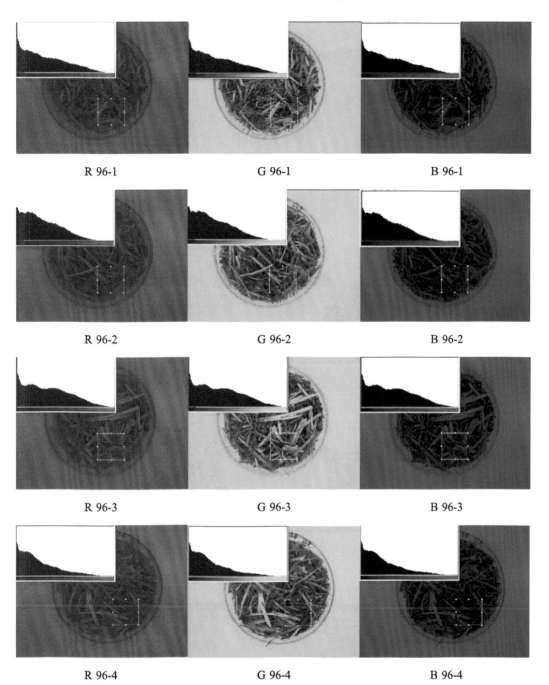

图5-312 发酵甘草茎叶96 h RGB图像数据集

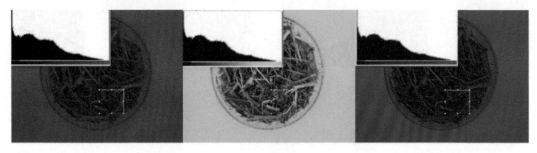

R 96-5　　　　　　　　　G 96-5　　　　　　　　　B 96-5

图5-312　发酵甘草茎叶96 h RGB图像数据集（续）

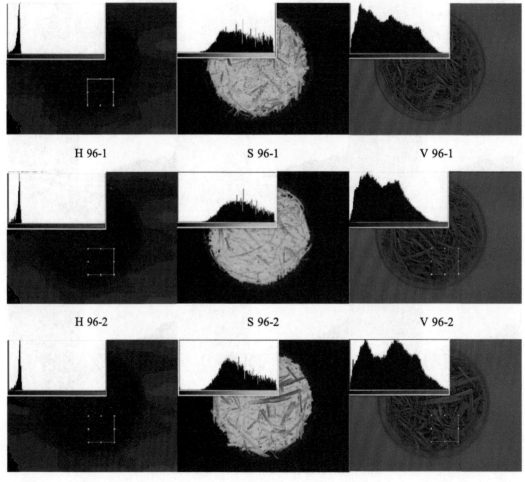

H 96-1　　　　　　　　　S 96-1　　　　　　　　　V 96-1

H 96-2　　　　　　　　　S 96-2　　　　　　　　　V 96-2

H 96-3　　　　　　　　　S 96-3　　　　　　　　　V 96-3

图5-313　发酵甘草茎叶96 h HSV图像数据集

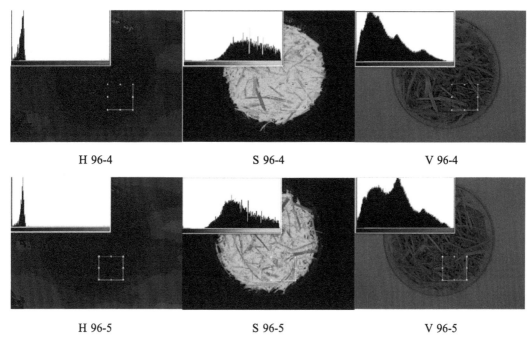

| H 96-4 | S 96-4 | V 96-4 |

| H 96-5 | S 96-5 | V 96-5 |

图5-313　发酵甘草茎叶96 h HSV图像数据集（续）

| 96-1 | 96-2 | 96-3 | 96-4 | 96-5 |

图5-314　发酵甘草茎叶96 h灰度图像数据集

5.4.2.22.10　发酵甘草茎叶108 h图像数据集

　　构建发酵甘草茎叶108 h颜色特征图像数据集（图5-315），经过处理分别得到发酵甘草茎叶108 h RGB图像数据集（图5-316）、发酵甘草茎叶108 h HSV图像数据集（图5-317）、发酵甘草茎叶108 h灰度图像数据集（图5-318）。

| 108-1 | 108-2 | 108-3 | 108-4 | 108-5 |

图5-315　发酵甘草茎叶108 h颜色特征图像数据集

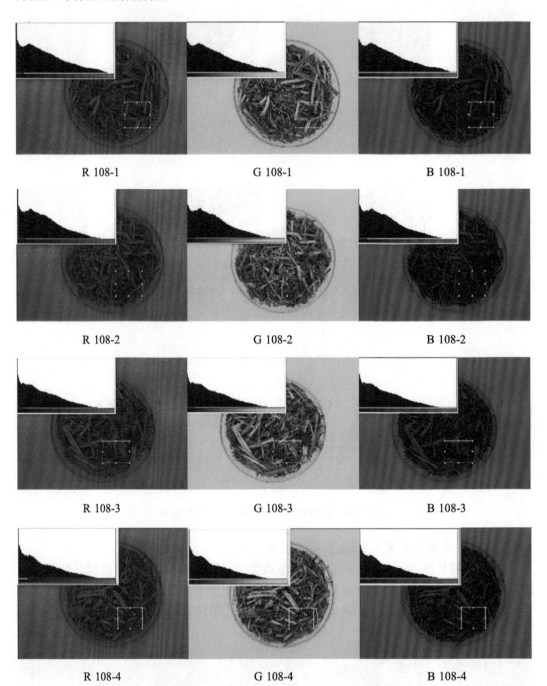

R 108-1 G 108-1 B 108-1

R 108-2 G 108-2 B 108-2

R 108-3 G 108-3 B 108-3

R 108-4 G 108-4 B 108-4

图5-316　发酵甘草茎叶108 h RGB图像数据集

R 108-5 　　　　　　　　G 108-5 　　　　　　　　B 108-1

图5-316　发酵甘草茎叶108 h RGB图像数据集（续）

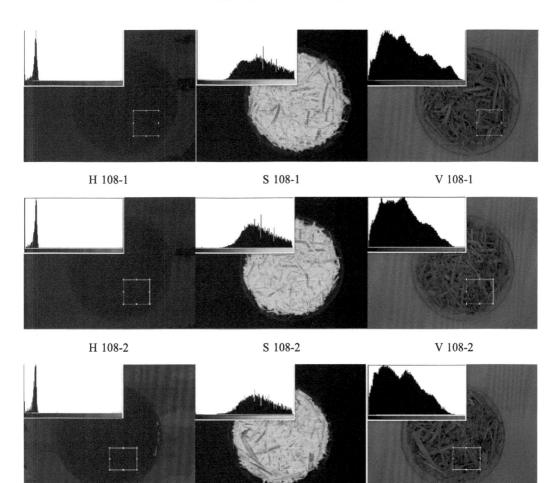

H 108-1 　　　　　　　　S 108-1 　　　　　　　　V 108-1

H 108-2 　　　　　　　　S 108-2 　　　　　　　　V 108-2

H 108-3 　　　　　　　　S 108-3 　　　　　　　　V 108-3

图5-317　发酵甘草茎叶108 h HSV图像数据集

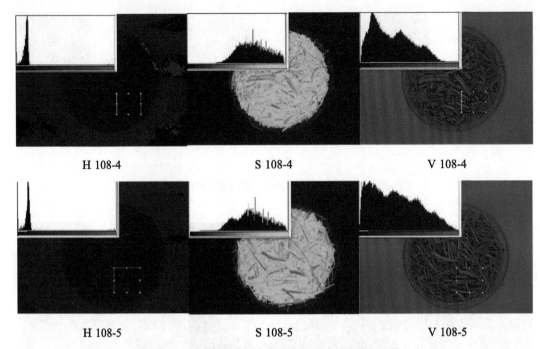

H 108-4   S 108-4   V 108-4

H 108-5   S 108-5   V 108-5

图5-317　发酵甘草茎叶108 h HSV图像数据集（续）

108-1   108-2   108-3   108-4   108-5

图5-318　发酵甘草茎叶108 h灰度图像数据集

5.4.2.22.11　发酵甘草茎叶120 h图像数据集

　　构建发酵甘草茎叶120 h颜色特征图像数据集（图5-319），经过处理分别得到发酵甘草茎叶120 h RGB图像数据集（图5-320）、发酵甘草茎叶120 h HSV图像数据集（图5-321）、发酵甘草茎叶120 h灰度图像数据集（图5-322）。

120-1   120-2   120-3   120-4   120-5

图5-319　发酵甘草茎叶120 h颜色特征图像数据集

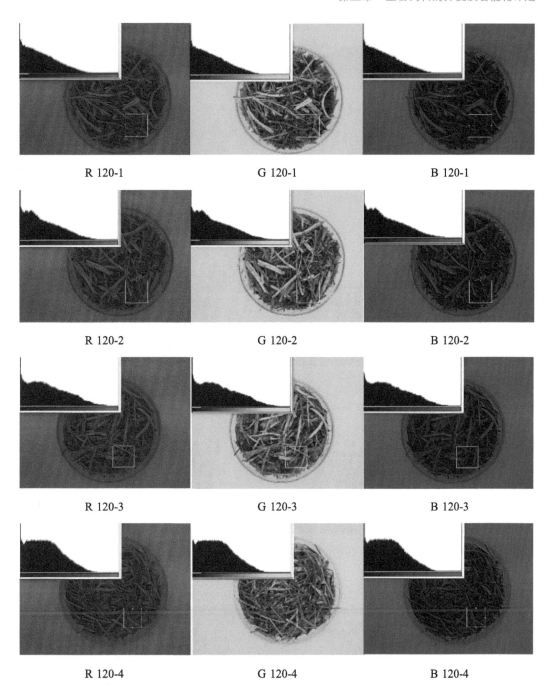

R 120-1　　　　　　　　　G 120-1　　　　　　　　　B 120-1

R 120-2　　　　　　　　　G 120-2　　　　　　　　　B 120-2

R 120-3　　　　　　　　　G 120-3　　　　　　　　　B 120-3

R 120-4　　　　　　　　　G 120-4　　　　　　　　　B 120-4

图5-320　发酵甘草茎叶120 h RGB图像数据集

R 120-5   G 120-5   B 120-5

图5-320　发酵甘草茎叶120 h RGB图像数据集（续）

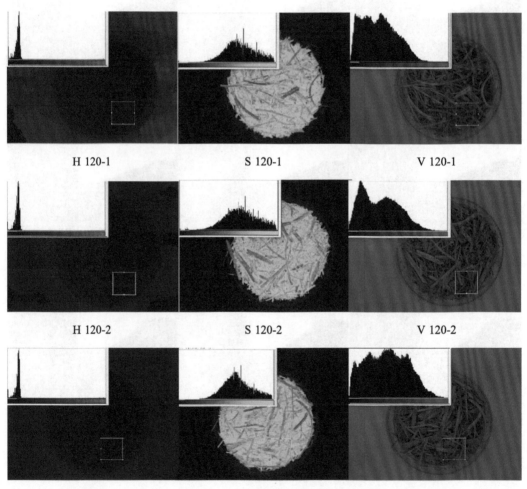

H 120-1   S 120-1   V 120-1

H 120-2   S 120-2   V 120-2

H 120-3   S 120-3   V 120-3

图5-321　发酵甘草茎叶120 h HSV图像数据集

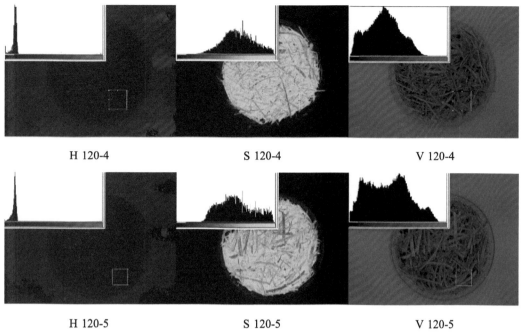

图5-321　发酵甘草茎叶120 h HSV图像数据集（续）

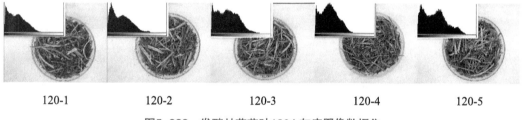

图5-322　发酵甘草茎叶120 h灰度图像数据集

5.4.2.22.12　发酵甘草茎叶132 h图像数据集

　　构建发酵甘草茎叶132 h颜色特征图像数据集（图5-323），经过处理分别得到发酵甘草茎叶132 h RGB图像数据集（图5-324）、发酵甘草茎叶132 h HSV图像数据集（图5-325）、发酵甘草茎叶132 h灰度图像数据集（图5-326）。

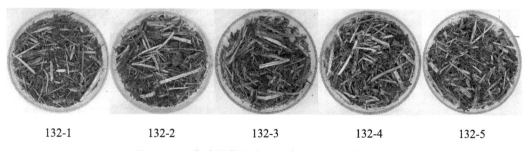

图5-323　发酵甘草茎叶132 h颜色特征图像数据集

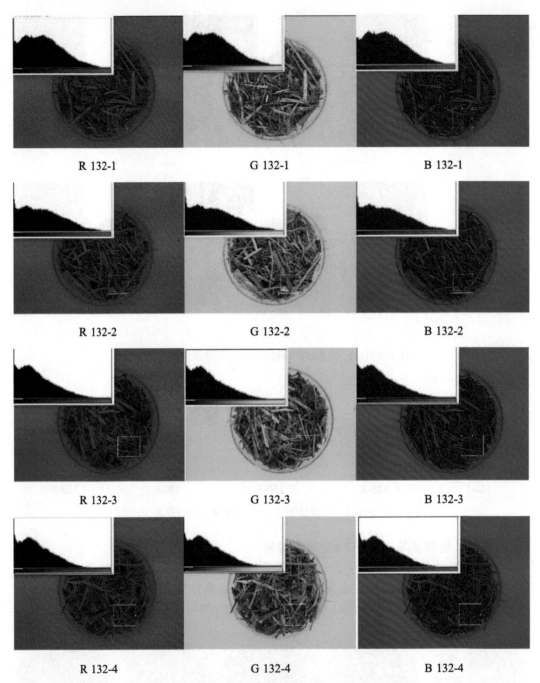

图5-324　发酵甘草茎叶132 h RGB图像数据集

R 132-5　　　　　　　　　　G 132-5　　　　　　　　　　B 132-5

图5-324　发酵甘草茎叶132 h RGB图像数据集（续）

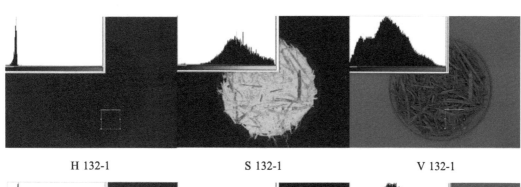

H 132-1　　　　　　　　　　S 132-1　　　　　　　　　　V 132-1

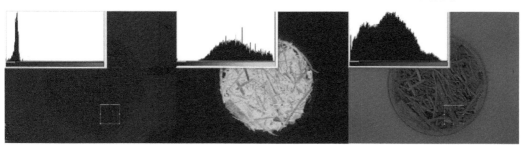

H 132-2　　　　　　　　　　S 132-2　　　　　　　　　　V 132-2

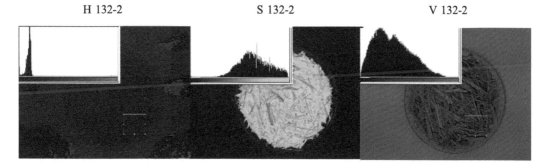

H 132-3　　　　　　　　　　S 132-3　　　　　　　　　　V 132-3

图5-325　发酵甘草茎叶132 h HSV图像数据集

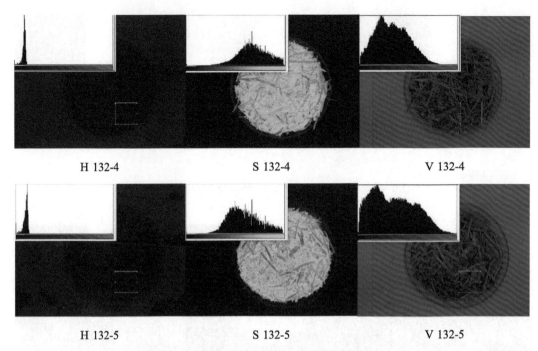

H 132-4 S 132-4 V 132-4

H 132-5 S 132-5 V 132-5

图5-325 发酵甘草茎叶132 h HSV图像数据集（续）

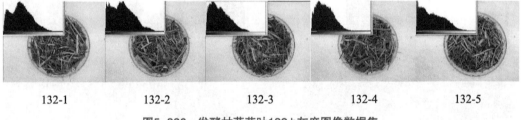

132-1 132-2 132-3 132-4 132-5

图5-326 发酵甘草茎叶132 h灰度图像数据集

5.4.2.22.13 发酵甘草茎叶144 h图像数据集

构建发酵甘草茎叶144 h颜色特征图像数据集（图5-327），经过处理分别得到发酵甘草茎叶144 h RGB图像数据集（图5-328）、发酵甘草茎叶144 h HSV图像数据集（图5-329）、发酵甘草茎叶144 h灰度图像数据集（图5-330）。

144-1 144-2 144-3 144-4 144-5

图5-327 发酵甘草茎叶144 h颜色特征图像数据集

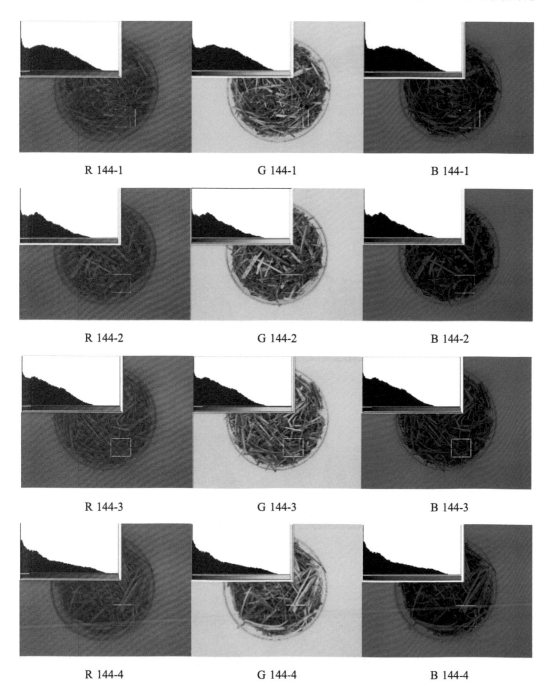

R 144-1   G 144-1   B 144-1

R 144-2   G 144-2   B 144-2

R 144-3   G 144-3   B 144-3

R 144-4   G 144-4   B 144-4

图5-328 发酵甘草茎叶144 h RGB图像数据集

R 144-5   G 144-5   B 144-5

图5-328　发酵甘草茎叶144 h RGB图像数据集（续）

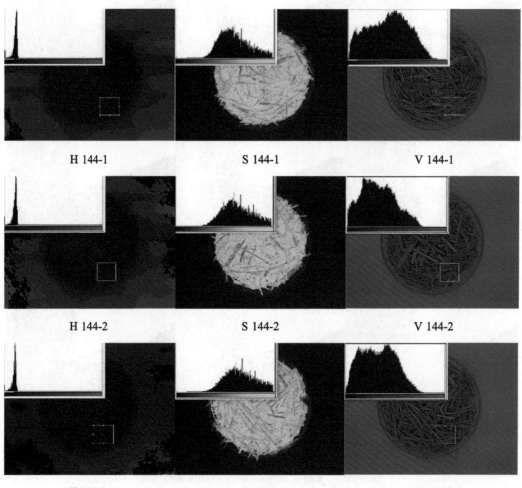

H 144-1   S 144-1   V 144-1

H 144-2   S 144-2   V 144-2

H 144-3   S 144-3   V 144-3

图5-329　发酵甘草茎叶144 h HSV图像数据集

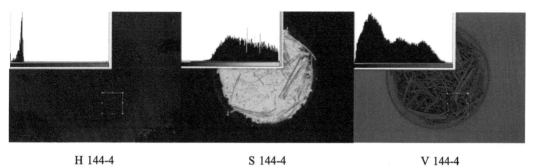

H 144-4　　　　　　　　　　S 144-4　　　　　　　　　　V 144-4

H 144-5　　　　　　　　　　S 144-5　　　　　　　　　　V 144-5

图5-329　发酵甘草茎叶144 h HSV图像数据集（续）

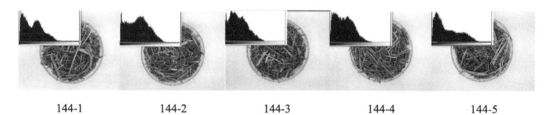

144-1　　　　　144-2　　　　　144-3　　　　　144-4　　　　　144-5

图5-330　发酵甘草茎叶144 h灰度图像数据集